U0689359

环境电磁监测与评价

杨维耿
翟国庆　编著

ZHEJIANG UNIVERSITY PRESS
浙江大学出版社

图书在版编目（CIP）数据

环境电磁监测与评价 / 杨维耿，翟国庆编著. —杭州：浙江大学出版社，2011.8
ISBN 978-7-308-09002-5

Ⅰ. ①环… Ⅱ. ①杨… ②翟… Ⅲ. ①电磁污染监测
Ⅳ. ①X837

中国版本图书馆 CIP 数据核字(2011)第 169208 号

环境电磁监测与评价

杨维耿　翟国庆　编著

责任编辑	石国华
封面设计	刘依群
出版发行	浙江大学出版社
	（杭州市天目山路 148 号　邮政编码 310007）
	（网址：http://www.zjupress.com）
排　　版	杭州星云光电图文制作工作室
印　　刷	富阳市育才印刷有限公司
开　　本	787mm×1092mm　1/16
印　　张	15.5
字　　数	397 千
版 印 次	2011 年 8 月第 1 版　2011 年 8 月第 1 次印刷
书　　号	ISBN 978-7-308-09002-5
定　　价	28.00 元

前　言

　　现代广播、电视、通信、高压输变电、轨道交通、工业科研医疗等技术给人们的工作和生活带来极大便利的同时，相关设施产生的电磁场或电磁辐射也备受公众关注。由于电磁辐射在空间的能量随传播距离增加而衰减，因此只要合理地规划布局这些设施，并采取必要的防护措施，是完全可以避免电磁辐射对人体构成伤害，使相关经济技术发展驶入可持续发展的良性轨道。

　　《环境电磁监测与评价》一书从实际需要出发，全面系统地介绍了电磁辐射的理论基础和专业知识，包括环境电磁场的基本原理，电磁场源和环境电磁的监测、数据处理和质量保证，电磁辐射的环境影响预测和评价，电磁污染的防治措施和环境电磁管理等。本书在充分反映国内外同行的研究成果、经验的同时，重点介绍了几十年来我国在环境电磁监测与评价方面所积累的经验和研究成果。本书内容所用素材包括实例和案例，大多来源于作者们多年来从事环境电磁教学、监测、评价及竣工环保验收累积的资料和教学讲义。

　　本书内容丰富，针对性和实用性强，特色明显。本书的出版，将有助于提高电磁环境保护人员的理论水平、监测技术和管理水平。本书可作为环境电磁监测、评价的培训教材，供环境监测和管理人员使用，也可作为环境类专业学生的教材或教学参考书。

　　本书各章节编写分工如下：第一章（杨维耿、胡丹）；第二章（瞿国庆、施祥）；第三章（瞿国庆）；第四章（杨维耿、刘新伟）；第五章（刘鸿诗、范方辉）；第六章（瞿国庆）；第七章（肖军、向元益）；第八章（肖曙光、宋伟力）；第九章（瞿国庆、杨维耿）；第十章（何俊、胡丹）；全书最后由瞿国庆统稿、审定。

　　本书的出版得到环境保护部核安全管理司 2009 年《核与辐射安全监管》项目的资助。在本书编写过程中得到了环境保护部核安全管理司、浙江省环境保护厅的大力支持，潘仲麟教授、王毅研究员也对本书的出版给予了悉心指导，在本书文献资料收集过程中得到贾丽、徐婧、周兵、郑玥、舒畅等的大力协助，在此一并表示感谢。

　　限于编者水平和经验，错误与不足仍在所难免，欢迎读者批评指正，并提出宝贵意见。

作　者

2011 年 7 月

目　录

第1章 绪 论

随着社会经济和科学技术的不断发展,伴有电磁辐射的设备和活动日益增多,包括电视台、广播站、雷达站、卫星通信站、微波中继站等在内的发射或接收电磁波的装置数量不断增加。从传递和接受信息来说,这些设备发出的电磁波是有用信号,但这些辐射同时也增加了环境中的电磁辐射水平,且影响范围较为广泛。同时,数量更多、分布更为分散的工业、科学和医疗设备运行过程中也存在电磁辐射,产生局部环境的电磁污染。为此,有人将电磁辐射污染称作继大气污染、水污染和噪声污染之后,威胁人类健康的第四大污染。为了既支持与电磁辐射相关设施及产业的健康发展,又保护好环境,实现可持续发展的战略目标,对电磁辐射进行测试、评价、管理,采取各种有效的防护措施,将电磁波辐射的危害降至最低限度,是一项全社会都关注的事业。

1.1 电磁辐射的来源

电磁辐射按其来源可分为天然和人工的两种,分别对应自然电磁环境和人为电磁环境。天然产生的电磁辐射又分为地球产生的和来自外层空间的两种情况。地球上的电磁辐射形成的天然途径主要是雷电及地球表面的热辐射,外层空间产生的电磁辐射主要是太阳及其他星球产生的。在地球上,由太阳和地球复合黑体产生的射频电磁辐射,较人工产生的射频要小几个数量级,因此,目前环境中的实际射频本底只是人工产生的。环境中的射频电磁辐射,一是人们为传递信息而发射的射频电磁辐射,另一是在工科医中利用电磁辐射能时泄漏出的辐射。一切电器设备(设施)在运行时都会产生电磁辐射,这些设备(设施)主要有:

(1)有用信号发射类:如广播、电视、通讯等。

(2)漏能辐射类:如热合机、热疗机、高频冶炼等。

(3)高压电线附近感生类:如高压输电、高压变压等。

(4)电火花类:汽车电打火、电气化机车、电车等。

1.2 电磁辐射的危害及生物效应

电磁辐射对人类来说是非常有用的资源,但电磁辐射本身也是一种污染要素,即它对人体存在有害的一面。电磁辐射的危害主要包括对人体健康和对电气设备干扰两类。

1.2.1 对人体健康的影响

人们已经发现人体暴露在强电磁场中会出现一些有害效应,如白内障、影响体温调节、热损伤、行为形式的改变、痉挛和耐久力下降等。电磁辐射引起的危害按机理分为热效应和非热效应两类。

1. 热效应

如果电磁辐射能量吸收速率很慢,人体经过自身的热调节系统把吸收的热量散发出去,就不致引起机体升温而产生相伴的热效应。反之,若能量吸收过快,人体自我热调节机制不能及时把吸收的热量散发出去,就会引起体温升高,并继而出现热效应。对功率密度大于100mW/cm^2时出现热效应,这一点业界已没有争议。

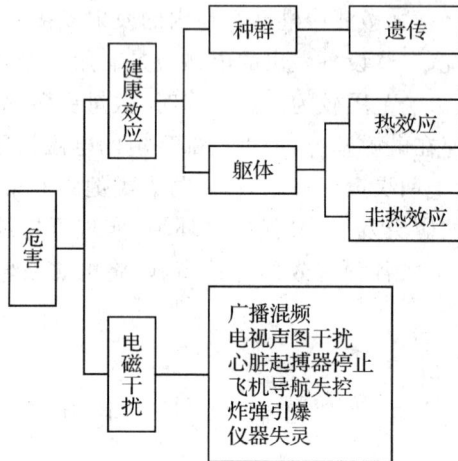

图 1-1　电磁辐射危害

2. 非热效应

在许多情况下,人体吸收的电磁辐射能似不足以引起体温升高,但仍出现许多症状。这类效应大致可以解释为:电磁辐射作用于人体神经系统,影响新陈代谢及脑电流,使人的行为发生变化及相关器官发生变化,并进而影响人体的循环系统、免疫及生殖和代谢功能,严重的甚至会诱发癌症。

1.2.2　对电器设备的影响

1. 干扰通讯

为保证通讯的畅通无阻,无线电管理部门对电磁频率进行分配,功率进行限制,以保证相互兼容,互不干扰。但如不遵守有关规定,擅自改动频率或增加发射功率,就可能出现干扰现象。另外,环境电磁噪声水平不断提高,这些噪声也会对通讯质量产生影响。

2. 影响精密仪器

一些精密仪器都很灵敏,环境中的电磁噪声,如汽车打火等都可能引起仪器的假计数,甚至误动作,有时还可以引起炸弹引爆和飞机不能正常起飞或降落。

3. 影响家用电器

最常见的是影响收音机和电视机,使之在某些频道不能正常收听、收看。

4. 影响心脏起搏器

科学家们已经发现,手机可以使 1 米以内的心脏起搏器停机,导致非常严重的后果。

1.3 电磁辐射污染的现状和发展趋势

随着社会的发展,人类进入信息社会,伴有电磁辐射的设备和活动日益增多,因此,人们所处的电磁环境状况不容乐观,主要表现在以下几个方面:

(1)通信技术的发展使居民处在基站天线的包围之下,首先造成的是电磁干扰;另外,一部分天线的不合理架设造成了高层居民严重的电磁辐射污染。由于城乡的快速发展,人烟稀少的郊区同样不能避免电磁辐射污染,大功率的电磁波发射系统正逐步地被民房包围。

(2)广播电视发射系统的不断增加,方便了文化、信息交流等各项事业的发展。但目前,很多发射系统规划不当,对周围区域的电磁环境影响很大。

(3)高压电力系统的发展拉近了人们与工频电磁场的距离。高压输电线、高压电缆、送变电站等高压输电设施大量进入市区,而且电压等级不断增加,这大大加剧了整个城市或地区的电磁污染。

(4)城市交通运输业的快速发展不仅造成上下班高峰时段的交通繁忙,其产生的电磁辐射强度也存在一个高峰时段。不仅如此,品种、数量众多的轨道交通等交通工具还会在一定程度上干扰广电、通信设施的正常信号。

(5)在战争或军事演练中,众多新式武器中,有些能产生强大的电磁场,它们使用的结果是产生更大规模、破坏性更强的电磁辐射污染。

(6)室内电子设备广泛应用与居室面积狭小问题共存,造成电磁辐射累积效应显著。电子设备应用、布局的不合理性更不利于良好电磁环境的保护。

1.4 电磁辐射环境管理现状

自 20 世纪 80 年代中期原国家环境保护总局颁布《电磁辐射防护规定》(GB8702-88)并开展电磁辐射环境管理以来,特别是 1997 年颁布《电磁辐射环境管理办法》(国家环保总局第 18 号令)以后,电磁辐射环境管理工作逐步开始规范。我国于 2000 年完成了首次全国电磁辐射污染源调查,该调查经国家统计局批准,是一项国情资料调查。经过这次调查,不但摸清了电磁辐射污染源的现状,开展了许多相关的研究,同时也是一次电磁辐射环境管理的广泛宣传过程,使各界了解了电磁辐射环境管理的重要性,为电磁辐射环境管理和决策提供了有力的技术支持。

1.4.1 电磁辐射及其环境管理的特点

与其他环境要素相比,电磁辐射具有以下显著特点:

(1)电磁辐射污染是一种能量流污染。

(2)电磁辐射污染看不见、摸不着、听不到,是人们无法直接感知的。

(3)电磁辐射危害难以判断,特别是对于非热效应还存在争议。

(4)电磁辐射兼有用资源和污染要素双重性,作为资源来说应用越来越广,因而环境中的污染水平也越来越高。

(5)电磁辐射面大量广。

正因为电磁辐射与其他环境污染相比，有其自身的特点，因此对电磁辐射的环境管理离不开专门的仪器和专业的人员。

1.4.2 电磁辐射建设项目的环境管理

根据《电磁辐射环境保护管理办法》要求，对于电磁辐射建设项目的环境管理工作包括以下环节：

1. 申报登记

从事电磁辐射活动的单位和个人建设或者使用《电磁辐射建设项目和设备名录》中所列的电磁辐射建设项目或者设备，必须在建设项目申请立项前或者在购置设备前，向有环境影响报告书(表)审批权的环境保护行政主管部门办理环境保护申报登记手续。

2. 环境影响评价

从事电磁辐射活动的单位或个人，必须在项目立项前，对电磁辐射活动可能造成的环境影响进行评价，编制环境影响报告书(表)，并按规定的程序报相应环境保护行政主管部门审批。

3. 建设过程中的环境管理

从事电磁辐射活动的单位或个人应当按照相关要求，做好施工期的环境保护工作，接受当地环保部门的监督管理。

4. 竣工环境保护验收

电磁辐射建设项目的环境保护设施必须与主体工程同时设计、同时施工、同时投产运行。在电磁辐射建设项目和设备正式投入生产和使用前，建设单位应当向该项目的原审批部门申请对项目进行竣工环境保护验收，并按规定提交验收申请报告和验收调查(监测)报告(表)。

5. 项目实施后的监督管理

从事电磁辐射活动的单位和个人必须定期检查电磁辐射设备及其环境保护设施的性能，及时发现隐患并采取补救措施。对于电磁辐射活动造成的环境影响接受环保部门的监督性监测和监督管理。

1.4.3 电磁辐射环境管理体制

根据我国的具体情况，为保证伴有电磁辐射正常事业的发展，同时又使公众健康及其生活环境得到有效的保护，实行如下的管理体制：

1. 分级审批

对总功率大于200千瓦的大型电视发射塔，1000千瓦以上的广播台、站，跨省级行政区电磁辐射建设项目，由环境保护部直接进行环境影响报告书审批和竣工验收。

其他电磁辐射项目由省、自治区、直辖市环保局或受省级环保厅(局)委托的市级环保局负责环境影响报告书审批和竣工验收。

2. 双轨监督

从事电磁辐射的单位主管部门有义务督促其下属单位遵守环境保护部门的法规和标准，执行行业内部监督。

各级环境保护部门有权对辖区内的电磁辐射设施、项目进行监督，包括监督性监测。

3. 执行他审和自审

一切电子仪器、设备都存在电磁辐射,不可能全都直接由环境保护管理部门加以管理。根据《电磁辐射防护规定》(GB8702-88),只对豁免值以上的电磁辐射项目进行前述的分级审批和监督,实行他审。对于大量的辐射水平低的、功率小的则实行自审,亦即要求生产、使用部门按照电磁辐射防护有关规定自行检查。对违反电磁辐射防护有关规定的要自行改正。对于自审这一类伴有电磁辐射的设施,环保部门偶尔进行抽查。

4. 强制和劝告

对于豁免水平以上的电磁辐射设施、项目、实行强制性管理。按《电磁辐射防护规定》(GB8702-88)、《电磁辐射环境管理办法》(国家环保局局长第 18 号令)、《电磁辐射环境影响评价方法与标准》(HJ/T10.3-1996)和《电磁辐射监测仪器和方法》(HJ/T10.2-1996)等规定和标准严格要求。

对豁免水平以下伴有电磁辐射的设施、项目的劝告方式是:要求自行管理。

对于使用手机、微波炉、电热毯等的广大消费者(使用者),主要是宣传有关常识,并劝告合理使用,减少一切不必要的照射,学会自我保护。

1.4.4　电磁辐射防护相关标准

电磁辐射防护标准经历了较长时间的探讨,现仍没有全世界统一的标准。1953 年,Schwan 提出 $10mW/cm^2$ 的标准。他的基础是热效应,他假定人一天从食物中摄取的能量 3000 千卡,有效利用系数为 30%,即有 2100 千卡热量要散发出去。按标准人体面积为 $2m^2$,正常人体平均散热率为 $5mW/cm^2$,考虑人体可以承受加大一倍的散热量,加之一般受照面积不会大于人体表面的二分之一,故建议放射防护限值为 $10mW/cm^2$。

前苏联制定电磁辐射防护标准时,依据动物实验和流行病学调查,认为能引起功能障碍的功率密度为 $1mW/cm^2$(1 小时照射)。如受照 10 小时,再考虑人员个体差异取 10 倍的安全系数,则职业受照人员的标准取 $10\mu W/cm^2$,对公众再取 1/10 的系数,则准则为 $1\mu W/cm^2$。

1974 年,国际辐射防护协会(IRPA)成立非电离辐射工作组,其任务之一是调查射频电磁场的有害效应问题。1977 年,非电离辐射工作组改为国际非电离辐射委员会(INIRC),在联合国环境规划署的资助下,INIRC 与世界卫生组织合作制定非电离辐射防护标准。1984 年,INIRC 推荐了从 $100k \sim 300GHz$ 的防护暂行标准。该标准按频段给出防护限值,对最敏感的 $10 \sim 400MHz$ 段,职业限值为 $1mW/cm^2$,公众限值为 $200\mu W/cm^2$。有很多研究报告指出 $200\mu W/cm^2$ 以上的微波作业人员可引起较明显的中枢神经和心血管系统的功能紊乱及白细胞、血小板轻度减少,低于 $50\mu W/cm^2$(6 小时/天)的工作人员,除主诉神经衰弱症状外,未见客观体检变化。我国参照 INIRC 推荐限值,并考虑当时国内现状,制定的《电磁辐射防护规定》(CB8702-88)中,最敏感频段($10 \sim 400MHz$)公众限值为 $40\mu W/cm^2$。

需要说明的是,这个标准是指各种人工电磁辐射源的总贡献。对每一个具体的电磁辐射污染源的贡献均应小于 $40\mu W/cm^2$ 的若干分之一。在 HJ/T10.3-1996 中规定对于国家环保局审批的大型项目分配额度为场强取 $1/\sqrt{2}$,功率密度取 1/2。其他项目,场强取 $1/\sqrt{5}$,功率密度为 1/5。

1.5　国内外电磁环境监测技术发展现状

为减少电磁辐射对周围环境和人体的危害,世界各国尤其是发达国家都在研究电磁环境,并采用相应的法规和措施,保护人类赖以生存的环境。电磁环境监测是防止电磁辐射损害人类健康的重要措施之一。20世纪50年代,由于大功率无线电装置及导弹等含电爆装置的武器装备投入越来越多,电磁环境问题逐渐得到重视。60年代后,美国等科技先进国家开展了电磁环境兼容性及其测试仪表、测试技术等方面的研究,并制定了一系列军用、民用标准及规范。80年代以来,电磁环境方面的研究已成为十分活跃的学科领域,美、德、法、日等国家在电磁环境兼容性标准与规范、分析预测、设计、测量及管理、电磁环境监测等方面的研究均达到了很高水平,并取得了一系列成果。目前美国已经使用计算机控制的全自动环境电磁辐射监测系统进行环境监测,测量的频段上限可达26GHz。

我国对电磁环境方面的研究起步较晚。进入20世纪90年代,随着国民经济和高科技产业的迅速发展,对电磁环境监测方面的要求越来越高,因此,国家投入大量的人力、物力建立了一批电磁环境实验测试中心。但是,我国目前对电磁环境方面的研究多停留在某一实际干扰问题的防护研究水平上,还没有成熟的电磁环境分析、预测软件。我国电磁环境近场测量设备的研制工作也开展较晚,目前国产的近场测量仪器及设备存在屏蔽性能差、频带范围窄、灵敏度低、测量费工费时、精度差、型号少等问题。我国生产远场测量设备的厂家比较少,并且同近场测量设备一样存在着诸多问题。

1.6　本书研究的主要内容介绍

电磁辐射的特性与人们认识上存在的盲目性使电磁辐射环境管理工作呈现一定的复杂性和艰巨性。输变电项目、手机移动基站、广播电视发射塔等项目建设中因电磁辐射问题引发的群众投诉、纠纷不断,造成工程施工受阻的事件也屡见不鲜。环境电磁监测与评价工作,是环保主管部门就电磁辐射设备(设施)建设与经济、社会协调发展作出科学决策的基础。

本书共10章。第1章介绍环境电磁辐射的来源、危害及开展环境电磁监测与评价的意义;第2章介绍电磁辐射有关的物理概念和原理;第3章介绍电磁辐射的评价标准和监测仪器;第4章至第8章分别介绍五大类环境电磁辐射源的工作原理、监测和评价方法;第9章介绍开展监测评价的质量保证;第10章介绍环境电磁的评价和管理。

参考文献

[1]　张月芳等.电磁辐射污染及其防护技术[M].北京:冶金工业出版社,2010.

[2]　周建明等.通信电磁辐射及其防护[M].北京:人民邮电出版社,2010.

[3]　巫彤宁等.电磁场与人体健康[M].北京:人民邮电出版社,2010.

[4]　吴石增.电磁波与人体健康[M].北京:中国计量出版社,2011.

[5]　赵玉峰.现代环境中的电磁污染[M].北京:电子工业出版社,2003.

第 2 章　环境电磁场及其基本原理

除电离辐射外,与人类日常生活密切相关的环境电磁场主要有工频电磁场和射频电磁场。根据环境中电磁场随时间变化情况,可将其分为静电场/静磁场(含稳恒电场/磁场)和时变电磁场。开展环境电磁的监测与评价,必须熟悉各种电磁现象,掌握电磁场产生和传播过程中遵从的基本原理和规律,特别是不同类型电磁场的源量(电荷、电流等)和场量(电场强度、磁场强度等)的关系,以及电磁能量由"源"传送到外环境过程的"耦合"情况。

2.1　静电场、恒定电流场

2.1.1　真空中的静电场

1.电荷

(1)电荷及其量子性

自然界的电荷分为正电荷和负电荷两种类型。根据现代物理学关于物质结构的理论,构成物质的原子是由原子核和电子所构成的。将电子束缚在原子核周围的力是电磁相互作用力。因此,我们规定电子是带负电荷的粒子,而原子核中的质子是带正电荷的粒子。宏观物体失去电子会带正电(即正电荷),物体获得额外的电子将带负电(即负电荷)。

物体带电的多少叫电荷的电量,电量的单位是库仑(C)。一库仑的电量规定为一安培的电流在一秒钟的时间内流过导线横截面的电量。

实验证明,在自然界中,电荷的电量总是以一个基本单元的整数倍出现,电荷的这个特性叫做电荷的量子性。电荷的基本单元(基元电荷)就是一个电子所带电量的绝对值:$1e = -1.602 \times 10^{-19}$ C。任何物体所带电量一定是基元电荷的正负整数倍。微观粒子所带的基元电荷的数目(正整数或负整数)也叫做它们各自的电荷数。

(2)电荷守恒定律

对于一个系统,如果没有净电荷出入其边界,则该系统的正、负电荷的电量的代数和将保持不变,这一个自然规律就叫电荷守恒定律。现代物理学的很多实验都证明了电荷守恒定律。例如,一个高能光子受到一个外电场影响时,该光子可以转化为一个正电子和一个负电子(这叫电子对的产生),其转化前后的电荷电量的代数和都为零;而一个正电子和一个负电子相遇时就会湮灭成光子,前后的电量代数和仍然为零。

2.库仑定律

法国物理学家库仑利用扭秤实验直接测定了两个带电球体之间的相互作用的电力(或叫库仑力)。在实验的基础上,库仑确定了两个点电荷之间相互作用的规律,即库仑定律。它可以表述为:在真空中,两个静止的点电荷之间的相互作用力的大小与它们电荷电量的乘积成正比,与它们之间距离的平方成反比;作用力的方向沿着两点电荷的连线并且同号电荷相互排斥,异号电荷相互吸引。

如图 2-1 所示,有两个点电荷,其电量分别为 q_1 和 q_2, 设矢量 $\boldsymbol{r}$ 由 q_1 指向 q_2,则 q_2 所受的库仑力为:

$$F = \frac{1}{4\pi\varepsilon_0} \frac{q_1 q_2}{r^2} e_r \qquad (2-1)$$

图 2-1　点电荷之间的库仑力

式中 r 是矢量 $\boldsymbol{r}$ 的大小即两个点电荷之间的距离, e_r 是矢量 $\boldsymbol{r}$ 的单位矢量,即 $e_r = \boldsymbol{r}/r$。 ε_0 为真空介电常量,它是电磁学的一个基本物理常数:

$$\varepsilon_0 \approx 8.9 \times 10^{-12} C^2/N \cdot m^2 \qquad (2-2)$$

从库仑定律的数学表达式可以看出,当 q_1 和 q_2 同号时其乘积大于 0, q_2 的受力方向与 r 同向表示排斥力,反之则是吸引力。因此,上面的数学表达式不仅表示了库仑力的大小而且也表示了库仑力的方向。

3. 静电场

我们知道,两个点电荷之间存在着相互作用的库仑力。深入分析这种力与经典力学中其他力,如弹力、张力的差别,对掌握电磁理论具有重要的意义。例如,力学中物体受绳子的拉

图 2-2　电荷之间的相互作用

力时,绳子与物体是有接触的;一根木棒顶着一个重物,物体所受的支持力也是因为它与木棒有接触。而一个电荷对另一个电荷的库仑力,则是在两个电荷没有接触的情况下发生的。在早期,人们把这种没有接触就发生的相互作用叫超距作用。当用超距作用的观点来解释电磁现象时会遇到困难。为了克服这个困难,法拉第最早提出了场和力线的概念试图解决电荷间相互作用力的传递问题。其基本的观点是:电荷与电荷之间的相互作用不是超距离的,而是近距离的;一个电荷之所以对另一个电荷有作用力是因为电荷要产生一个场,当其他电荷处于这个场中时这个场就对其有作用力,如图 2-2 所示。电荷作为电场的源,常称为场源电荷。法拉第的这个观点,完全被其后的科学实验和理论所证实。

如果电荷是静止的,则空间就只有电荷产生的电场,称为静电场。静电场是由电荷产生或激发的一种物质,静电场对处于其中的其他电荷有作用力。静电场具有物质性。

根据静电场的观点,我们所观察到的两个电荷之间的相互作用力实质上是电场的作用力,库仑力不再是一个恰当反映实际的概念,因此,我们用电场力来称呼电荷在电场中所受的力。

4. 电场强度

设有这样一种电荷,它满足:(1)体积足够小,可以看成是点电荷,以至于可以把它放到电场中的某一个点(称为场点)上去测试它受到的电场力;(2)电量足够小,以至把它放进电场时对原来的电场几乎没有影响。这种电荷叫做试验电荷(常用 q_0 表示)。

当我们将试验电荷放进各种各样的电场来测量它所受的电场力时我们会发现如下的结果:(1)在同一个电场中不同的地方其受力大小和方向一般不同(如图 2-3 所示),这说明电场是有强弱分布的,并且有方向性,它表明描写电场的物理量应该是一个矢量。(2)在同一个电场中的同一处试

图 2-3　试验电荷在电场中的受力

验电荷受力 F 是与其电量 q_0 成正比的,这个结果表明试验电荷的受力与其电量的比值是一个与试验电荷无关,只与考察点处电场特性有关的量。

我们定义比值(及其方向)

$$E = \frac{F}{q_0} \qquad (2\text{-}3)$$

为电场的电场强度(简称为场强)。在国际单位制中,电场强度的单位是伏特每米,符号为 V/m,也可以用牛顿每库仑(N/C)表示。

从上面的定义式,我们可以知道电场强度的物理意义是:单位正电荷所受到的电场力。例如:某电场中的某点处的场强大小为 5V/m,则一个单位的正电荷在该点处所受到的电场力的大小为 5 牛顿,电场力的方向就是该点处场强的方向。电场强度既有大小又有方向,可见是一个矢量。

电场强度符合矢量叠加定理。即如果对于由 n 个点电荷 $q_1, q_2, \cdots, q_n$ 组成的点电荷系,多个点电荷在某点处激发的总电场的电场强度,等于各个点电荷单独存在时在该点激发的电场强度的矢量和。上述结论虽然是从点电荷系得出的,但显然容易推广到更一般的情况并得出如下普遍的结论:任意带电体系所激发的电场中某点的电场强度,等于该体系各个部分单独存在时在该点激发的电场强度的矢量和。

$$E = \int dE = \int_Q \frac{dq}{4\pi\varepsilon_0 r^2} e_r \qquad (2\text{-}4)$$

5. 电场线

为了形象地表示电场及其分布状况,可以将电场用一种假想的几何曲线来表示,这就是电场线,也称 E 线。严格地讲,电场线是在电场中人为做出的有向曲线,它满足:(1)电场线上每一点的切线方向与该点场强的方向一致;(2)电场中每一点的电场线的密度表示该点场强的大小。电场线的密度可以这样理解,

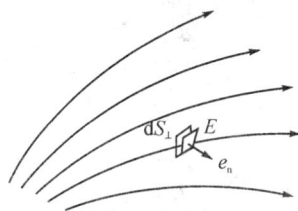

图 2-4　电场线数密度与场强大小的关系

为了用电场线表示电场中某点的场强的大小,设想通过该点作一个垂直于电场方向的面元 $dS_\perp$,如图 2-4 所示。通过面元的电场线条数 $d\Phi_e$ 满足

$$E = \frac{d\Phi_e}{dS_\perp} \qquad (2\text{-}5)$$

这就是说,电场中某点电场强度的大小等于该点处的电场线数密度,即该点附近垂直于电场方向的单位面积所通过的电场线条数。按照这样的规定,电场线既可以定性地描述电场的方向,又可以定量地表示电场的大小。事实上,对于所有的矢量分布(矢量场),都可以用相应的矢量线来进行形象描述,如电流场可以用电流线来描述,磁感应强度场可以用磁感应线来描述等,其描述方法基本相同。

图 2-5 为几种常见带电体系产生的电场的电场线。

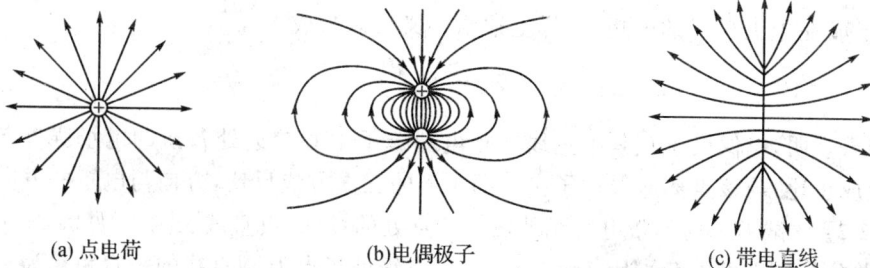

(a) 点电荷　　　　　(b)电偶极子　　　　　(c) 带电直线

图 2-5　几种常见带电体产生的电场

静电场电场线有两个基本性质:

(1)电场线都是起自正电荷或无穷远,止于负电荷或无穷远,不会在没有电荷的地方中断,更不会形成闭合回线。

(2)在静电场中任何一点(除点电荷所在处以外),只有一个确定的场强方向,所以任何两条电场线不可能相交。

【例 2-1】 求电偶极子中垂线上任意一点的电场强度。

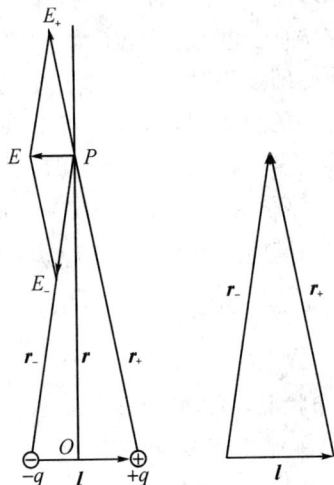

图 2-6 电偶极子的电场

【解】 如图2-6所示。设电偶极子的电量分别为 $+q$ 和 $-q$,用 l 表示从负电荷指向正电荷的矢量。设中垂线上任意一点 P 相对于 $+q$ 和 $-q$ 的位置矢量分别为 r_+ 和 r_-,而 $r_+ = r_-$。 $+q$ 和 $-q$ 在 P 点处产生的场强分别为

$$E_+ = \frac{q r_+}{4\pi\varepsilon_0 r_+^3}$$

$$E_- = \frac{-q r_-}{4\pi\varepsilon_0 r_-^3}$$

以 r 表示电偶极子中心到 P 点距离,则

$$r_+ = r_- = \sqrt{r^2 + \frac{l^2}{4}} = r\sqrt{1 + \frac{l^2}{4r^2}} = r\left(1 + \frac{l^2}{8r^2} + \cdots\right)$$

在距离电偶极子甚远时,即 $r \gg l$ 时,取一级近似有 $r_+ = r_- = r$。而 P 点的总场强为

$$E = E_+ + E_- = \frac{q(r_+ - r_-)}{4\pi\varepsilon_0 r^3} = \frac{-q l}{4\pi\varepsilon_0 r^3}$$

式中,$P = ql$ 是电偶极子的电矩,这样上述结果又可以写成

$$E = \frac{-P}{4\pi\varepsilon_0 r^3}$$

此结果表明,电偶极子在其中垂线上距电偶极子中心较远处各点的电场强度与电偶极子的电矩成正比,与该点离电偶极子中心的距离的三次方成反比,方向与电矩的方向相反。

【例 2-2】 试求一均匀带电直线外任意一点处的场强。设直线长为 L(见图 2-7),电荷线密度(即单位长度上的电荷)为 λ(设 $\lambda > 0$)。设直线外场点 P 到直线的垂直距离为 x,P 点与带电直线的上下端点的连线与垂线的夹角分别为 θ_1 和 θ_2。

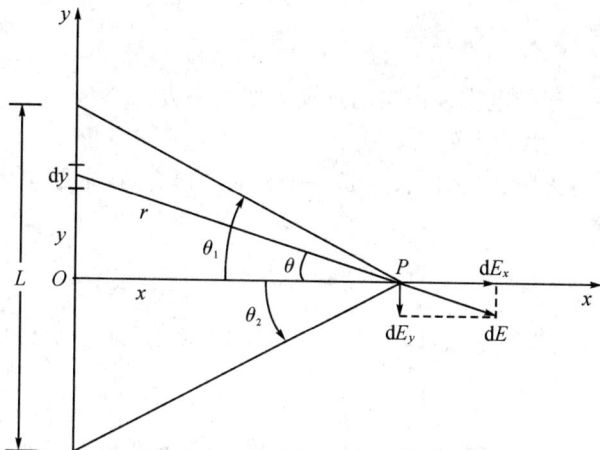

图 2-7　带电直线外一点的电场

【解】　均匀带电直线可以理解为实际问题中一根带电直棒的抽象模型,如果我们仅限于考虑离棒的距离比棒的截面尺寸大得多的地方的电场,则该带电直棒就可以看作一条带电直线。P 点处的场强可以通过微积分来求解。

在带电直线上任取一长为 dy 的元电荷,其电量 $dq = \lambda dy$。以 P 点到带电直线的垂足 O 为原点,取如图所示坐标轴 O_x 和 O_y。元电荷 dq 在 P 点的场强 dE 沿两个轴方向的分量分别为 dE_x 和 dE_y。因而

$$dE_x = dE\cos\theta = \frac{\lambda x \, dy}{4\pi\varepsilon_0 r^3}$$

$$dE_y = -dE\sin\theta = -\frac{\lambda y \, dy}{4\pi\varepsilon_0 r^3}$$

由于 $y = x\tan\theta$,从而 $dy = \dfrac{x}{\cos^2\theta}d\theta$(此式在几何上表示,当 dy 很小时,dy 对 P 点张开的角度 $d\theta$ 与 dy 的关系),并且 $r = \dfrac{x}{\cos\theta}$,所以

$$dE_x = \frac{\lambda x \, dy}{4\pi\varepsilon_0 r^3} = \frac{\lambda \cos\theta}{4\pi\varepsilon_0 x}d\theta$$

由于对整个带电直线来说,q 的变化范围是从 θ_2 到 θ_1,所以

$$E_x = \int dE_x = \int_{\theta_2}^{\theta_1} \frac{\lambda\cos\theta}{4\pi\varepsilon_0 x}d\theta = \frac{\lambda}{4\pi\varepsilon_0 x}(\sin\theta_1 - \sin\theta_2)$$

同理可得

$$E_y = \int dE_y = \int_{\theta_2}^{\theta_1} -\frac{\lambda\sin\theta}{4\pi\varepsilon_0 x}d\theta = \frac{\lambda}{4\pi\varepsilon_0 x}(\cos\theta_1 - \cos\theta_2)$$

P 点总场强的大小可以由下式得到

$$E = \sqrt{E_x^2 + E_y^2}$$

有几种特殊情况,讨论如下:

(1) 中垂线上的点

在中垂线上 $\theta_1 = -\theta_2$,则有 $E_y = 0$,$E = E_x = \dfrac{\lambda}{2\pi\varepsilon_0 x}\sin\theta_1$,将 $\sin\theta_1 = \dfrac{L/2}{\sqrt{(L/2)^2 + x^2}}$ 代入,可得

$$E = \frac{\lambda L}{4\pi\varepsilon_0 x(x^2 + L^2/4)^{1/2}}$$

此电场的方向垂直于带电直线而指向远离直线的一方。

（2）无限长直线外任意一点处的场强

真实的生活中没有无限长，无限长只是一个相对的概念，在本题中无限长的准确描述是 $\theta_1 = -\theta_2 = 90^0$，故有

$$E = \frac{\lambda}{2\pi\varepsilon_0 x}$$

此外，在远离带电直线的区域，即当 $x \gg L$ 时，中垂线上的电场强度

$$E = \frac{\lambda L}{4\pi\varepsilon_0 x^2} = \frac{q}{4\pi\varepsilon_0 x^2}$$

其中 $q = \lambda L$ 为带电直线所带的总电量。此结果显示，离带电直线很远处该带电直线的电场相当于一个点电荷 q 的电场。

6. 电通量

电场中通过某一有向曲面的电场线的条数，叫做该曲面上的电场强度通量（简称为 E 通量，电通量），用 Φ_e 表示，如图 2-8（a）所示。而且规定电场强度通量的正负为：沿着有向曲面法向通过的电场线作为正的通量，而逆着有向曲面法向通过的电场线作为负通量。

对于一个任意曲面上的 E 通量，其计算方法就要使用微积分。对于任意一个曲面可以微分成很多无限小的面积元，如图 2-8（b）所示。面积元 $\mathrm{d}S$ 可以看成一个平面，并且在面积元的范围内场强可以近似看成大小相等、方向相同的匀强电场。

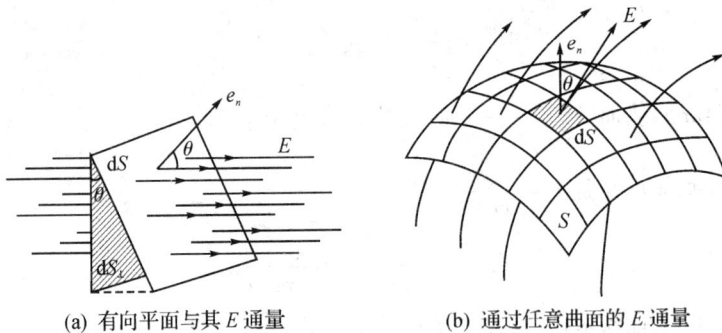

(a) 有向平面与其 E 通量　　　　(b) 通过任意曲面的 E 通量

图 2-8　E 通量的计算

与前面所讨论的平面情况类比，立即得到任意一个面积元上的 E 通量

$$\mathrm{d}\Phi_e = E\mathrm{d}S_\perp = E\mathrm{d}S\cos\theta = \boldsymbol{E} \cdot \mathrm{d}\boldsymbol{S}$$

再根据积分的思想，得到任意曲面的 E 通量为

$$\Phi_e = \int \mathrm{d}\Phi_e = \int_S \boldsymbol{E} \cdot \mathrm{d}\boldsymbol{S}$$

这是一个面积分，积分号下标 S 表示此积分的范围遍及整个曲面。上式即为电场强度通量的定义式。

7. 高斯定理

高斯定理是用 E 通量表示的电场和场源电荷关系的定理，它给出了通过任意闭合曲面的 E 通量与闭合曲面内部所包围的电荷的关系。

$$\Phi_e = \int_S E \cdot dS = \frac{q_{内}}{\varepsilon_0} \qquad (2\text{-}6)$$

上式就是高斯定理的数学表达式,它表明:在真空中的静电场内,通过任意闭合曲面的 E 通量等于该闭合曲面所包围的净电荷 $q_{内}$(电量的代数和)除以 ε_0。

对高斯定理的理解应该注意以下几点:

(1)高斯定理表达式左边的场强 E 是曲面上各点的场强,它是由全部电荷(包括闭合曲面内外)共同产生的总电场,并非只由闭合曲面内的电荷产生。

(2)通过闭合曲面的总 E 通量只与该曲面内部的电荷有关,闭合曲面外的电荷对总 E 通量没有贡献,但对曲面上的场强 E 有贡献。

(3)静电场的高斯定理是和静电场的有源性联系在一起的。它告诉我们,一个闭合曲面若围住了正电荷,则曲面上的 E 通量为正,即有电力线从曲面上穿出;若围住了负电荷,则曲面上的 E 通量为负,即有电力线从曲面上穿入。这意味着电力线确实是发自于正电荷,终止于负电荷的。静电场的高斯定理实际上是静电场有源性的数学表达。

【**例 2-3**】 求均匀带电球面的电场分布。已知球面半径为 R,所带总电量为 q(设 $q > 0$)。

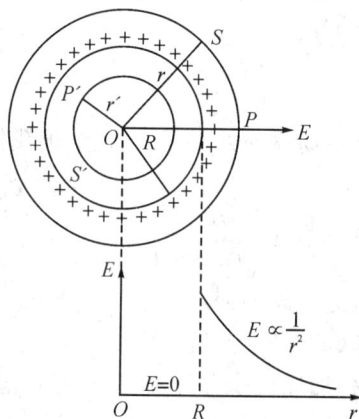

图 2-9 均匀带电球面的电场分布

【**解**】 本题中的电荷分布是球对称的。按对称性的理论,如果源具有什么样的对称性,则它激发的场也必然具有同样的对称性,因而本题中电荷激发的电场也应该满足球对称。先对球面外任一点 P 处的场强进行具体分析。设 P 距球心为 r(如图 2-9),连接 OP 直线。由于自由空间的各向同性和电荷分布对于 O 点的球对称性,P 点场强 E 的方向只可能是沿矢径 OP 的方向(反过来说,设 E 的方向在图中偏离 OP,例如,向下 $30°$,那么将带电球面连同它的电场以 OP 为轴转动 $180°$ 后,电场 E 的方向就将应偏离 OP 向上 $30°$。由于电荷分布并未因此转动而发生变化,所以电场方向的这种改变是不应该有的。带电球面转动时,P 点的电场方向只有沿 OP 的方向才能保持不变)。其他各点的电场方向也都沿各自的矢径方向。又由于电荷分布的球对称性,在以 O 为心的同一球面 S 上,各点的场强的大小都应该相等。可选该球面 S 为高斯面,由于球面上每个面元 dS 上的场强 E 的方向都和面元矢量的方向(法向)相同且大小不变,故通过它的 E 通量为

$$\Phi_e = \oint_S E \cdot dS = \oint_S E\, dS = E \oint_S dS = E \cdot 4\pi r^2$$

此球面包围的电荷为 $q_{内} = q$。高斯定理给出

$$E \cdot 4\pi r^2 = \frac{q}{\varepsilon_0}$$

由此式得出

$$E = \frac{q}{4\pi \varepsilon_0 r^2}(r > R)$$

考虑到 E 的方向,可得电场强度的矢量式为

$$\boldsymbol{E} = \frac{q}{4\pi \varepsilon_0 r^2}\boldsymbol{e}_r (r > R)$$

式中,e_r 为单位矢量,方向沿矢径方向,大小为1。

此结果说明,均匀带电球面外的场强分布正像球面上的电荷都集中在球心时所形成的一个点电荷的场强分布一样。

对球面内部任一点 P',上述关于场强的大小和方向的分析仍然适用。过 P' 点作半径 r' 的同心球面为高斯面 S'。通过它的 E 通量仍可表示为 $4\pi r'^2 E$,但由于此 S' 面内没有电荷,根据高斯定理,应该有

$$\oint_S \boldsymbol{E} \cdot \mathrm{d}\boldsymbol{S} = E \cdot 4\pi r^2 = 0$$

即

$$E = 0 (r < R)$$

这表明:均匀带电球面内部的场强处处为零。上述结果我们常常用如下公式统一描述

$$\boldsymbol{E} = \begin{cases} \dfrac{q}{4\pi \varepsilon_0 r^2}\boldsymbol{e}_r (r > R) \\ 0 (r < R) \end{cases}$$

根据上述结果,可画出场强随距离的变化曲线——$E-r$ 曲线(如 2-9 图所示),从 $E-r$ 曲线中可看出,场强的值在球面($r = R$)上是不连续的。

上述结论也可以通过场强叠加原理积分计算得到,但在电荷分布高度对称的情况下,用高斯定理显然要简单得多。

8. 静电场力的功　环路定理

先讨论一个点电荷在另一个点电荷产生的电场中运动时,它所受的电场力做功的特点。如图 2-10 所示,当点电荷 q_0 在 q 所产生的电场中从 P_1 点沿任意路径移动到 P_2 点时,q_0 所受的电场力做的功为:

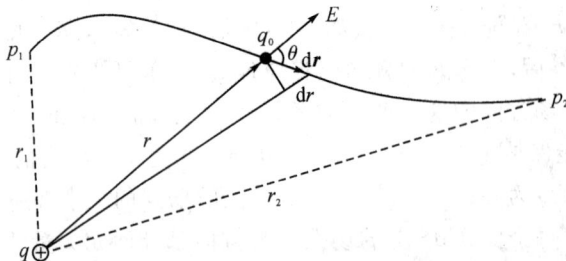

图 2-10　点电荷电场中电场力做功的计算

$$A_{12} = \int_{r_1}^{r_2} \frac{1}{4\pi \varepsilon_0} \frac{qq_0}{r^3}\boldsymbol{r}\mathrm{d}r = \frac{qq_0}{4\pi \varepsilon_0}\left(\frac{1}{r_1} - \frac{1}{r_2}\right)$$

此外,按力学理论,保守力还可以表述为:沿闭合路径一周做功恒为零,即

$$A = \oint_L F \cdot dr = q_0 \oint_L E \cdot dr \equiv 0$$

由于 $q_0 \neq 0$,这必然有

$$\oint_L E \cdot dr \equiv 0$$

这个结论表明,在静电场中,场强沿任意闭合路径的线积分 $\oint_L E \cdot dr$(称为静电场的环流)等于零,这就是静电场的环路定理,它简洁地反映了静电场的保守性。

从上面的表述可知静电场的性质:电场力做功与路径无关,只与始末位置有关,静电场力是保守力,静电场是保守场;静电场的电场线是不闭合的,因为沿任意闭合路径的场强环流都恒为零,说明静电场又是一个无旋场。

9. 电势

(1) 电势能

静电场力是保守力,它所对应的势能叫电势能。根据力学中势能的一般性定义,点电荷 q_0 在任意一个外电场中的 a 点处的电势能为:

$$W_a = \int_a^{(0)} F \cdot dr = q_0 \int_a^{(0)} E \cdot dr \tag{2-7}$$

在电磁学中,我们用 W 表示电势能,势能零点用(0)表示。另外,在理论计算和讨论中电势能的零点常常选为无穷远处(在工程技术上常以接地为电势能的零点),在这种情况下,上式可以写成

$$W_a = q_0 \int_a^\infty E \cdot dr \tag{2-8}$$

根据静电场的保守性,上述积分中从 a 到 ∞ 的积分路径可以是任意的,积分的结果一定与所选择的路径无关(当然,在实际计算中应该选择一条使积分最简单的路径)。值得注意的是,电势能是电荷 q_0 和静电场(其他场源电荷产生的)共同具有的,只谈电场或只谈电荷都没有电势能。所以,通常是说某电荷处于某电场中具有的电势能。

(2) 电势与电势差

从上一个知识点我们可以看到,任何一个点电荷在电场中所具有的电势能都是正比于它的电量的。那么,电势能与其电量的比值

$$V_a = \frac{W_a}{q_0} \tag{2-9}$$

就是一个与 q_0 无关,而只与电场的性质和场点 a 的位置相关的量。我们就把这个只与电场相关的物理量称为电场中 a 点的电势,它是描写电场的又一个重要物理量。上式就是电势的定义式,电势的单位是伏特(用 V 表示)。

电势的物理意义:如前所述,电场强度是从电场力的角度描写电场的,电势则是从功和能的角度描写电场,它们从不同的侧面描述电场的物理性质。从电势的定义我们知道,所谓电势就是单位正电荷在电场中所具有的电势能,这是从能量的角度来看电势的物理意义。与电场强度不同,电势是一个标量,在数学计算中标量比矢量来得方便。

此外,可以得到电场中某两点的电势差(电压),电势差通常用 U 表示,单位都是伏[特],用符号 V 表示。例如,电场中 a、b 两点的电势差可以表示为

$$U_{ab} = \int_a^b E \cdot dr \qquad (2\text{-}10)$$

由上式我们可以知道,电场中 a、b 两点的电势差实际上就是把一个单位正电荷从 a 点移动到 b 点电场力所做的功,也可以理解为单位正电荷在 a、b 两点处所具有的电势能之差。在静电场中给定的两点,电势差具有完全确定的值,而与电势零点的选择没有任何关系。

对于静止电荷 Q 的电场,如果选无穷远处作为电势零点,则电势分布为

$$V_P = \int_P^\infty E \cdot dr = \int_P^\infty E dr = \int_r^\infty \frac{q}{4\pi\varepsilon_0 r^2} dr = \frac{q}{4\pi\varepsilon_0 r}$$

容易看出,在以点电荷为心的任意球面上电势都是相等的,这些球面都是等势面。

根据电势叠加原理,即任意一个电荷体系的电场中任意一点的电势,等于带电体系各部分单独存在时在该点产生电势的代数和。

若一个电荷体系是由点电荷组成的,则每个点电荷的电势可以按上式进行计算,而总的电势可由电势叠加原理得到,即

$$V_a = \sum \frac{q_i}{4\pi\varepsilon_0 r_i}$$

式中 r_i 是从点电荷 q_i 到 a 点的距离(应用这个公式时,电势零点取在 ∞ 处)。

对一个电荷连续分布的带电体系,可以设想它由许多元电荷 dq 所组成。将每个元电荷都当成点电荷,就可以由叠加原理得到求电势的积分公式

$$V_a = \int \frac{dq}{4\pi\varepsilon_0 r}$$

式中 r 是从元电荷 dq 到 a 点的距离(电势零点在 ∞ 处)。

【例 2-4】　求电偶极子的电场中电势分布。已知电偶极子中两点电荷 $-q$、$+q$ 间的距离为 l。

【解】　设场点 P 离 $+q$ 和 $-q$ 的距离分别为 r_+ 和 r_-,P 点距离电偶极子中点 O 的距离为 r(如图 2-11)。

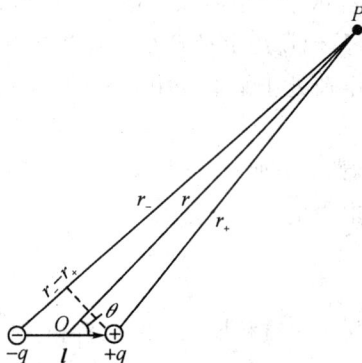

图 2-11　电偶极子的电势分布

根据电势叠加原理,P 点的电势为

$$V = V_+ + V_- = \frac{q}{4\pi\varepsilon_0 r_+} + \frac{-q}{4\pi\varepsilon_0 r_-} = \frac{q(r_- - r_+)}{4\pi\varepsilon_0 r_+ r_-}$$

对于离电偶极子比较远的点,即 $r \gg l$ 时,应有

$$r_+ r_- \approx r^2, \quad r_- - r_+ \approx l\cos\theta$$

θ 为 OP 与 l 之间夹角,将这些关系代入上式,可得

$$V = \frac{ql\cos\theta}{4\pi\varepsilon_0 r^2} = \frac{P\cos\theta}{4\pi\varepsilon_0 r^2} = \frac{\boldsymbol{P} \cdot \boldsymbol{r}}{4\pi\varepsilon_0 r^3}$$

式中 $\boldsymbol{P} = q\boldsymbol{l}$ 是电偶极子的电矩，$\boldsymbol{r}$ 为从 O 点到场点 P 的矢径。

【例 2-5】　求电荷线密度为 λ 的无限长均匀带电直线电场中的电势分布。

【解】　无限长均匀带电直线周围的场强大小为 $E = \dfrac{\lambda}{2\pi\varepsilon_0 r}$，方向垂直于带电直线。如果仍选无限远处作为电势零点，则由 $\int_{(P)}^{\infty} \boldsymbol{E} \cdot \mathrm{d}\boldsymbol{r}$ 积分的结果可知各点电势都将为无限大而失去意义。这时我们可选距离带电直线为 r_0 的 P_0 点（如图 2-12）为电势零点，则距带电直线为 r 的 P 点的电势为

$$V = \int_P^{P_0} \boldsymbol{E} \cdot \mathrm{d}\boldsymbol{r} = \int_P^{P'} \boldsymbol{E} \cdot \mathrm{d}\boldsymbol{r} + \int_{P'}^{P_0} \boldsymbol{E} \cdot \mathrm{d}\boldsymbol{r}$$

式中积分路径 PP' 段与带电直线平行，而 PP_0 段与带电直线垂直。由于 PP' 段与电场方向垂直，所以上式等号右侧第一项积分为零。于是

$$V = \int_P^{P_0} \boldsymbol{E} \cdot \mathrm{d}\boldsymbol{r} = \int_r^{r_0} \frac{\lambda}{2\pi\varepsilon_0 r} \mathrm{d}r = -\frac{\lambda}{2\pi\varepsilon_0}\ln r + \frac{\lambda}{2\pi\varepsilon_0}\ln r_0$$

这一结果可以一般地表示为

$$V = -\frac{\lambda}{2\pi\varepsilon_0}\ln r + C$$

式中，C 为与电势零点位置有关的常数。

由此例看出，当电荷的分布扩展到无限远时，电势零点不能再选在无限远处。

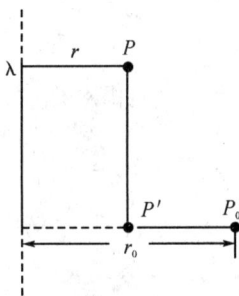

图 2-12　无限长直线外的电势

10. 电场强度和电势的关系

（1）等势面

电场强度形成一个矢量场，矢量场可用矢量线来形象描述。电势分布形成一个标量场，标量场可用等值面来形象描述。在电场中电势相等的点所组成的曲面叫等势面。不同的电荷分布，其电场的等势面具有不同的形状与分布。对于一个点电荷 q 的电场，根据其电势的表达式，它的等势面应是一系列以点电荷为球心的同心球面（见图 2-13）。

等势面有两个特点，使我们能从等势面的分布了解电场强度的分布。

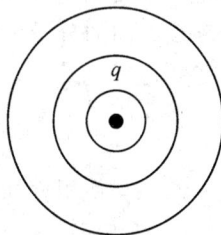

图 2-13　点电荷的电势分布

① 电场线与等势面正交且指向电势降落方向。在同一等势面上任意两点 a、b 之间的电

势差为零,即将一单位正电荷从 a 点移动到 b 点电场力做功为零,所以场强在 ab 之间的投影必为零,故场强与等势面垂直(或正交)。

又按电势差计算式,$U_{ab} = \int_a^b \boldsymbol{E} \cdot \mathrm{d}\boldsymbol{r}$,把场强沿着电场线从 a 积分到 b,其结果肯定为正,即电势差 $U_{ab} = V_a - V_b$ 为正,所以沿电场线方向电势降落。

② 等势面密集的区域场强的数值大,等势面稀疏的区域场强的数值小。为了能通过等势面的分布,反映电场中场强大小的分布,作等势面时我们约定,相邻等势面的电势差为一个常数。设想把等势面作得较密,以至于相邻等势面之间的电场可以看作匀强电场。把场强沿电场线从一个等势面积分到相邻的等势面得到等势面间的电势差 $U = Ed$,其中 d 为相邻等势面之间的距离。由于相邻等势面之间的电势差相等,所以等势面间距大的地方场强小,等势面间距小的地方场强大。

等势面的概念是很有实用意义的。注意是因为在实际遇到的很多带电问题中等势面(或等势线)的分布容易通过实验描绘出来,并由此可以反过来分析电场的分布。

(2)电场强度和电势的关系

场强与电势的关系式可记作

$$E_l = -\lim_{\Delta l \to 0} \frac{\Delta V}{\Delta l} = -\frac{\mathrm{d}V}{\mathrm{d}l} \tag{2-11}$$

即电场中某一点的电场强度沿某一方向的分量,等于这一点的电势沿该方向单位长度上电势变化率的负值。上式表述电场强度与电势的微分关系。用这个公式,可以很方便地由已知的电势分布求出场强分布。

其物理意义:空间某点电场强度的大小取决于该点领域内电势 V 的空间变化率;电场强度的方向恒指向电势降落的方向。

【例 2-6】 求点电荷的场强。

【解】 点电荷的电势分布为 $V = \dfrac{q}{4\pi\varepsilon_0 r}$,由对称性我们可以判定点电荷的电场强度方向为沿矢径 r 的方向,因而场强的大小为 $E = E_r = -\dfrac{\partial V}{\partial r} = \dfrac{q}{4\pi\varepsilon_0 r^2}$,这正是点电荷的场强公式。

需要指出的是,场强与电势的微分关系说明,电场中某点的场强决定于电势在该点的空间变化率,而与该点电势的值本身无直接关系。

【例 2-7】 在均匀带电细圆环轴线上任一点的电势公式可以表示为:

$$V = \frac{q}{4\pi\varepsilon_0 (R^2 + x^2)^{1/2}}$$

其中,x 表示圆心到场点的距离,R 是圆环的半径。求轴线上任一点的场强。

【解】 由于均匀带电细圆环的电荷分布对于轴线是对称的,所以轴线上各点的场强在垂直于轴线方向的分量为零,因而轴线上任一点的场强方向沿 x 轴。场强与电势梯度关系式的分量形式可得

$$E = E_x = -\frac{\partial V}{\partial x} = -\frac{\partial}{\partial x}\left[\frac{q}{4\pi\varepsilon_0 (R^2 + x^2)^{1/2}}\right] = \frac{qx}{4\pi\varepsilon_0 (R^2 + x^2)^{3/2}}$$

这一结果与使用叠加原理得到的结果相同。

2.1.2 有导体存在的静电场

1. 静电感应与静电平衡

所谓导体就是能够导电的物体,在形态上可以是固体、液体或气体。从微观上分析,导体区

别于绝缘体是因为它内部有大量可以自由移动的电荷,这些电荷称为载流子。在不带电的时候,导体中的每一个区域内,自由的负电荷都与正电荷精确地中和,导体不显电性,我们说它处于电中性状态。如果我们把导体放入静电场 E_0 中,电场将驱动自由电荷定向运动,形成电流,使导体上的电荷重新分布,见图 2-14(a)。在电场的作用下导体上的电荷重新分布的过程叫静电感应,感应所产生的电荷分布称为感应电荷,按电荷守恒定律,感应电荷的总电量是零。

感应电荷会产生一个附加电场 E',见图 2-14(b),在导体内部这个场的方向与原场 E_0 相反,其作用是削弱原电场。随着静电感应的进行,感应电荷不断增加,附加电场增强,当导体中总电场的场强 $E = E_0 + E' = 0$ 的时候,自由电荷的再分布过程停止,静电感应结束,导体达到静电平衡,见图 2-10(c)。由于导体中自由电荷的量十分巨大(对于铜,自由电子密度为 8.5×10^{28} 个 $/m^3$,自由电荷密度为 $1.36 \times 10^{10} C \cdot m^{-3}$),静电感应的时间极短($10^{-8} s$)。通常在我们处理静电场中的导体问题时,若非特别说明,总是把它当作已达到静电平衡的状态来讨论。

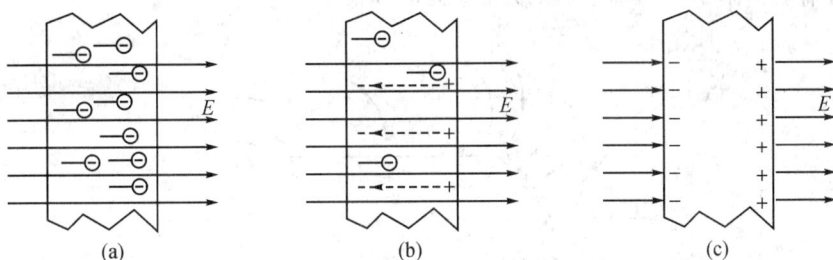

图 2-14　导体的静电感应和静电平衡

2. 导体静电平衡条件

导体达到静电平衡后,导体的电场及电荷分布要满足一定的条件,称为导体静电平衡条件,即:① 静电平衡导体内部电场强度处处为零,即导体是个等势体;② 导体表面外附近的场强与表面垂直,即导体表面是一个等势面。

导体中的场强为零是显然的,否则电场将继续驱动自由电荷运动,这就不是我们讨论的静电平衡状态了。导体表面附近的场强可以不为零,但它必须与表面垂直,否则场强沿表面的切向分量也能驱动自由电荷形成表面电流,破坏静电平衡。静电感应对电场的影响不局限于在导体内部,导体外部的电场也可能因静电感应而发生改变。如图 2-15,在均匀电场中放入一导体球,静电平衡后,不仅导体球所在空间的场强变为零了,导体球外的电场也因感应电荷的生成而发生了改变,不再是原来的均匀电场了。

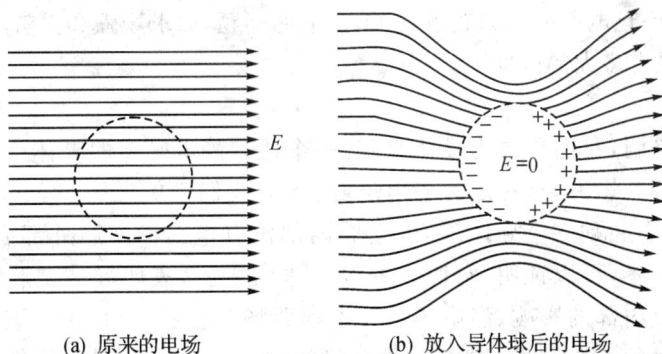

(a) 原来的电场　　　　　　(b) 放入导体球后的电场

图 2-15　均匀电场中的导体球

此外,还有两个推论:① 静电平衡导体内各处的净电荷为零,导体自身带电或其感应电荷都只能分布于导体表面;② 静电平衡导体表面外附近的电场强度的大小与该处表面上的电荷密度的关系为:

$$E = \frac{\sigma}{\varepsilon_0} \tag{2-12}$$

即表面附近的电场可看作是匀强电场且场强与电荷面密度成正比。这里所说的导体表面附近的含义应是指考察点的位置相对于导体很近,以至于在该点能看到的导体表面上一块很小的面积 S 就像一个无限大的平面。

3. 尖端放电现象

若导体表面有尖锐的凸出部分,见图 2-16,由于排斥作用,尖端的电荷面密度可以达到很大的值,尖端附近的电场按 $E = \sigma/\varepsilon_0$ 也可以达到很强甚至击穿空气形成尖端放电。若导体表面有凹面存在,则凹面内的电荷密度和场强可以很小。

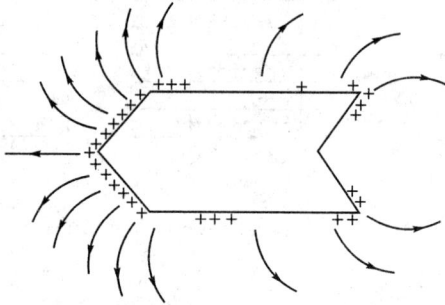

图 2-16　导体尖端处电荷密度大

阴雨潮湿天气常常在高压输电线周围会看到淡蓝色辉光,这是由于输电线附近的带电粒子与空气分子碰撞,使分子处于激发状态而产生光辐射,这种平稳无声的放电称为电晕现象。如果某处高压输电线周围附近的场强很强,放电就会以爆裂的火花形式出现。高压输电线附近的放电会浪费许多电能,所以要求高压输电线的表面极为光滑和均匀,具有高电压的零部件尽可能做成光滑的球面。

有导体的静电学问题比真空中的静电学问题要实际一些,也要复杂一些。这主要表现在真空中所研究的往往是一个确定的电荷分布,而在导体问题中电荷分布却恰好是有待分析的问题,分析电荷分布需要正确地理解静电平衡条件,还常常要用到高斯定理以及电荷守恒定律等基本知识。一旦电荷分布问题解决了,余下的问题,如求场强和电势,就与前面真空中所处理过的问题没有多大的区别了。

4. 静电屏蔽

若导体内有空洞,我们称之为导体空腔。一个达到静电平衡的导体空腔能隔断空腔内和空腔外电荷的相互影响,这称之为静电屏蔽。下面我们举例说明,先看如下图 2-17 所示情况。图中的导体空腔是一个导体球壳,空腔内部没有电荷而空腔外部有一个点电荷。此时导体中的场强为零,可以证明,空腔内的场强也为零。这表明导体空腔确实屏蔽了空腔外部的电荷对空腔内部的影响。静电屏蔽并不违背场强叠加原理,而应该理解为场强叠加原理应用于导体时的一个结果。导体外部空间的电荷仍然在空腔内的每一点独立地产生它的场强,而在导体外表面分布的感应电荷却能精确地按照叠加原理在每一点把它完全抵消。静电屏蔽是把导体的静电平衡条件应用于空腔时所得到的一个必然结论。静电屏蔽是相当完美的，无论腔外的电荷有多大，无论电荷距离空腔有多近，甚至电荷可以与空腔外表面接触而直接使空腔外表面带上净电荷，空腔内表面都不会有电荷分布，空腔内也都不会有电场分布。

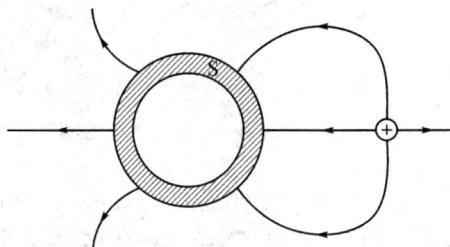

图 2-17　空腔外电荷对空腔内无影响

　　静电屏蔽在工程技术中有很多的应用，为了避免外场对某些精密元件的影响，可以把元件用一个金属壳或金属网罩起来。高压作业时，操作人员要穿上用金属丝网做成的屏蔽服也是为了防止电场对人体的伤害。屏蔽服也会带电，电势可能会很高，但屏蔽服内的场强却为零，这就保证了操作者的安全。

　　如图 2-18(a) 所示情况，一个导体球壳本身不带电，而在空腔内部有一个点电荷 q。在导体中作一闭合曲面包围空腔，由高斯定理可知，曲面内的净电荷为零，即空腔内表面的感应电荷应与空腔内部的电荷等值异号，即为 $-q$。按电荷守恒定律，空腔外表面要出现感应电荷 $+q$，并在空腔外产生一个电场。把导体球接地，见上图 2-18(b)，这时外表面的感应电荷被中和，导体电势为零。同于空腔外没有电荷分布，所以也没有电场，可见一个接地的导体空腔能屏蔽空腔内电荷对外部的影响。

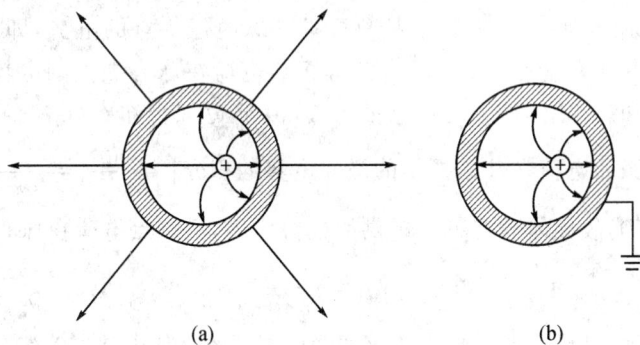

图 2-18　空腔内电荷对空腔外无影响

　　图 2-19 表示空腔内、外均有电荷的情况，它相当于前面两个图的两个电荷分布的叠加。可以理解，这时空腔内(包括内表面)的电荷在空腔外产生的场强仍然为零，而空腔外(包括外表面)在空腔内产生的场强也还是零。这意味着导体空腔屏蔽了空腔内、外电荷的相互影响，这才是静电屏蔽的完整结论。可以证明，这个结论是普遍适用的。

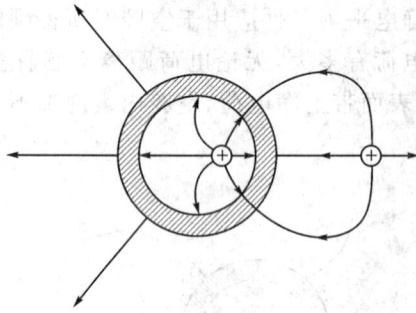

图 2-19　导体空腔屏蔽了内、外电荷的相互影响

按静电屏蔽的结论,如果把空腔中的点电荷移到球心,则空腔内表面的电荷会均匀分布,空腔内的电场会是一个对称的点电荷电场而不会受到空腔外电荷的非对称性的影响。如果空腔内电荷不在球心并把空腔外的点电荷移到远处,则空腔外表面的电荷会均匀分布,空腔外电场将是一个均匀带电球面的电场而不会受到空腔内电荷的非对称性的影响。

【例 2-8】　如下图 2-20(a)所示,一半径为 R 的导体球原来不带电,在球外距球心为 d 处放一点电荷,求球电势。若将球接地,求其上的感应电荷。

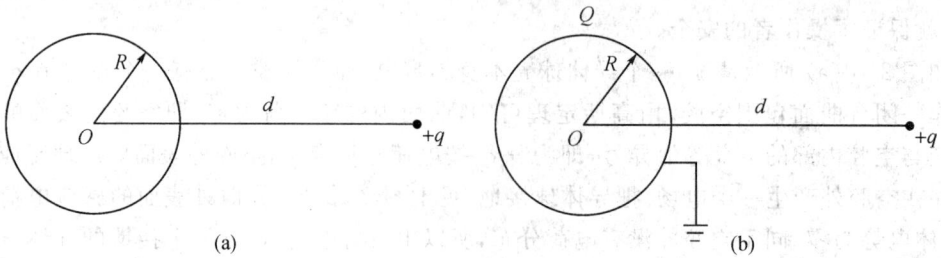

图 2-20

【解】　由于导体球是一个等势体,故只要求得球内任一点的电势,即为球的电势。此题中球心的电势可以用电势叠加原理求出,它等于点电荷在球心提供的电势与导体球在球心提供的电势的代数和。若导体球上的总电量为 Q,由于 Q 只分布在球表面,故它在球心提供的电势为球面上各微元电荷在球心提供的微元电势的积分 $\int_Q \dfrac{\mathrm{d}q}{4\pi\varepsilon_0 R} = \dfrac{Q}{4\pi\varepsilon_0 R}$。因球上原来不带电即总电量 $Q = 0$,故导体球在球心提供的电势为零,只有点电荷在球心提供电势

$$V = \frac{q}{4\pi\varepsilon_0 d}$$

若将导体球接地,则导体球总电量 Q 不再为零,而球心处电势应为零,即有

$$V = \frac{q}{4\pi\varepsilon_0 d} + \frac{Q}{4\pi\varepsilon_0 R} = 0$$

可解得

$$Q = -\frac{R}{d}q$$

5.电容　电容器

导体可容纳电荷,利用导体的这一性质制成的电容器是电子技术中最基本的元件之一。我们把两个导体定义为一个电容器,更复杂的情况可以用电容器的串联、并联等概念来处

理。如图 2-21 所示,有两个导体 A 和 B 组成一个电容器,A、B 称为电容器的两个极板。设两个极板分别带电 $+Q$ 和 $-Q$,若没有外电场的影响,实验证明,两极间的电压 U 与电量 Q 成正比:

$$Q = CU$$

上式中的比例常数

$$C = \frac{Q}{U} \qquad\qquad (2\text{-}13)$$

C 定义为电容器的电容。电容取决于电容器的结构即两导体的形状、相对位置及导体周围电介质的性质而与电容器的带电状态无关。电容描述电容器的容电能力,即电容器中有单位电压时每个极板所带的电量。实际上,如上图 2-21 所示的那样两个一般的导体构成的电容器的电容很小,而且容易受到外电场的干扰而影响到 Q 和 U 的正比例关系。通常的实用电容器是由两个距离很近的导体板构成(如平板电容器),或是把电容器的一个极板做成一个导体空腔,另一个极板放在空腔之内形成屏蔽(如圆柱形电容器和球形电容器),这样做的好处是电容器的电容较大而且不容易受到外电场的影响。常见的平板电容器、圆柱形电容器和球形电容器的电容计算公式如下。

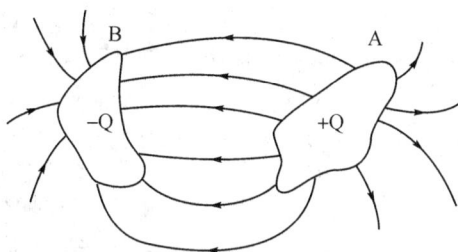

图 2-21　电容器的概念

(1) 平板电容器

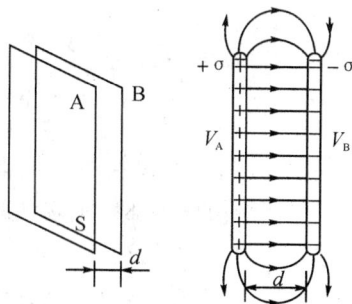

图 2-22　平板电容器

一般的平板电容器由夹有一层介质的两个平行而靠近的金属薄板 A、B 构成,见图 2-22。设 A 板带电 $+Q$,B 板带电 $-Q$,则平板电容器的电容为

$$C = \frac{Q}{U} = \varepsilon \frac{S}{d} \qquad\qquad (2\text{-}14)$$

显然,平板电容器的电容取决于两板的形状(S)、相对位置(d)和介质的性质(ε)。

（2）圆柱形电容器

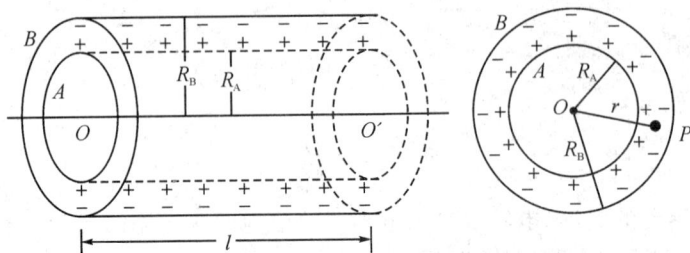

图 2-23　圆柱形电容器

圆柱形电容器由两个同轴的金属圆筒 A、B 构成,见图 2-23。两个圆筒的长度均为 l,内筒的外径为 R_A,外筒的内径为 R_B,它们之间的介质的介电常量为 ε,设 A 筒带电 $+Q$,B 筒带电 $-Q$。

圆柱形电容器的电容

$$C = \frac{Q}{U} = \frac{2\pi\varepsilon_0 l}{\ln(R_B/R_A)} \tag{2-15}$$

（3）球形电容器

球形电容器由两个同心的导体球壳 A、B 构成,见图 2-24。设内球的外径为 R_A,外球的内径为 R_B,两球间介质的介电常量为 ε。若内球带电 $+Q$,外球带电 $-Q$,则球形电容器的电容为

$$C = \frac{Q}{U} = 4\pi\varepsilon \frac{R_A R_B}{R_B - R_A} \tag{2-16}$$

一个孤立的导体球可当作是球形电容器的一种特殊情况,即 $R_B \to \infty$ 的情况。若 $R_B \to \infty$,则孤立导体球壳的电容为

$$C = \frac{Q}{V} = 4\pi\varepsilon_0 R_A \tag{2-17}$$

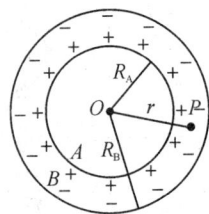

图 2-24　球形电容器

2.1.3　有介质存在的静电场

1. 电介质的极化及其机制

电介质中几乎没有自由电荷,分子中的电荷由于很强的相互作用而被束缚在一个很小的尺度(10^{-10} m)之内。在外场的作用下,这些电荷也会在束缚的条件下重新分布,用新的电荷分布来削弱介质中的电场,但却不能像导体那样把场强减弱为零。下面我们就来讨论这种现象,而且只讨论均匀的、各向同性的介质的情况。

分子由等量的正、负电荷构成,在一级近似下,可以把分子中的正、负电荷作为两个点电荷处理,称为等效电荷,等效电荷的位置称为电荷中心。若分子的正、负电荷中心不重合,则等效电荷形成一个电偶极子,其电偶极矩 $P = ql$ 称为分子的固有电矩,这种分子叫有极分子。如 HCl 分子,H 原子一端带电 $+e$,Cl 原子一端带电 $-e$,形成一个电偶极子,这是化学中典型的极性共价键。若分子的正、负电荷中心重合,则分子的电偶极矩为零,这种分子叫无极分子。H_2、O_2、N_2、CO_2 分子即属于这一类情况,化学中称为非极性共价键。

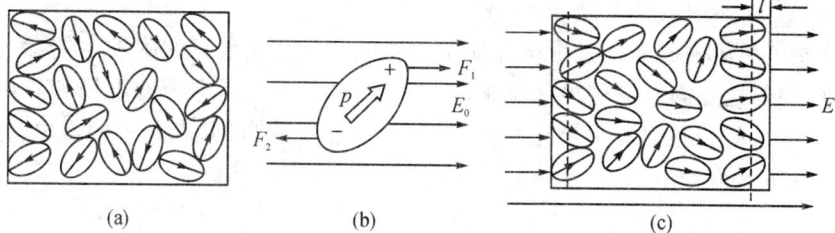

图 2-25 有极分子的极化

　　有极分子在没有外场作用时,由于热运动,分子电矩无规则排列而相互抵消,介质不显电性,见图 2-25(a)。在有外场 E_0 的作用时,分子将受到一个力矩的作用(见图 2-25(b))而转动到沿电场方向有序排列,如图 2-25(c)所示,这称为介质的极化。有极分子的极化是通过分子转动方向实现的,称为取向极化。若撤去外场,分子电矩恢复无规则排列,极化消失,介质重新回到电中性。分子热运动的无规则性与分子极化时的取向性是矛盾的,一般说来,电场越强,温度越低,则分子的排列越有序,极化的效应也越显著。

　　无极分子在没有外场作用时不显电性,见图 2-26(a)。有外场作用时,正负电荷中心受力作用而发生相对位移,形成一个电偶极矩,称为感生电矩,见图 2-26(b)。感生电矩沿电场方向排列,使介质极化,见图 2-26(c)所示。无极分子的极化是由分子正负电荷中心发生相对位移来实现的,故称为位移极化。若撤去外场,无极分子的正、负电荷中心重新重合,极化消失,介质恢复电中性。显然,位移极化的微观机制与取向极化不同,但结果却相同:介质中分子电偶极矩矢量和不为零,即介质被极化了。所以,如果问题不涉及极化的机制,在宏观处理上我们往往不必对它们刻意区分。

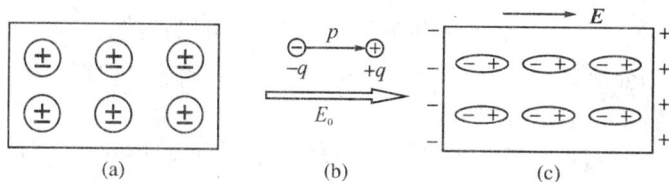

图 2-26 无极分子的极化

2. 极化电荷与介质中的电场

　　如果介质是均匀的,极化的介质内部仍然没有净电荷,但介质的表面会出现面电荷,称为极化电荷。极化电荷不是自由电荷,不能自由流动(有时也称为束缚电荷),但极化电荷仍能产生一个附加电场使介质中的电场减小。

　　介质中的电场是自由电荷电场与极化电荷的电场叠加的结果。下面考虑一种比较简单而常见的情况,即各向同性介质均匀地充满电场的情况来定量地说明这种叠加的规律。所谓介质均匀地充满电场,举例来说,对于平板电容器,只需要一种各向同性的均匀介质充满两板之间就够了;而对于点电荷,原则上要充满到无穷远的地方。实验证明,若自由电荷的分布不变,当介质均匀地充满电场后,介质中任一点的电场强度 E 为原来真空中的电场强度 E_0 的 ε_r 分之一,即

$$E = \frac{E_0}{\varepsilon_r}$$

其中 $\varepsilon_r \geqslant 1$,为介质的相对介电常量,取决于介质的电学性质。对于"真空",$\varepsilon_r = 1$;对于

空气,近似有 $\varepsilon_r = 1$;对其他介质,$\varepsilon_r > 1$。

加入介质以后场强的变化是由于介质中产生的极化电荷激发的附加电场参与叠加而形成的。在介质均匀地充满电场这种简单条件下,我们可以通过真空中的电场和介质中的电场的比较,由自由电荷分布推算出极化电荷的分布。以点电荷为例,真空中的点电荷 q_0 在其周围空间任一点 p 激发的电场为

$$E_0 = \frac{q_0 \boldsymbol{r}}{4\pi\varepsilon_0 r^3} \tag{2-18}$$

充满介质以后,我们定义 $\varepsilon = \varepsilon_0\varepsilon_r$ 为介质的介电常量,则介质中的点电荷电场为

$$E = \frac{q_0 \boldsymbol{r}}{4\pi\varepsilon_0\varepsilon_r r^3} = \frac{q_0 \boldsymbol{r}}{4\pi\varepsilon r^3} \tag{2-19}$$

与点电荷在真空中的场强比较,公式形式不变,唯一的变化是把 ε_0 换成了 ε。由于在所有的场强公式中,真空中的介电常量 ε_0 均在分母中,故在介质均匀地充满电场时,场强公式的形式都不会变,但必须把 ε_0 换作 ε。上式中介质中的场强比真空中要小,我们知道,这是由于极化电荷的场强影响的结果,虽然极化电荷在式子中并未出现,但它们的影响已包含在 ε 之中了。

3. 介质中的高斯定理　电位移矢量

当电场中有介质时,高斯定理表示为

$$\oint_S \boldsymbol{D} \cdot \mathrm{d}\boldsymbol{S} = q_0 \tag{2-20}$$

其中电位移矢量 $\boldsymbol{D} = \varepsilon E = \varepsilon_0\varepsilon_r E$,即在电场中的任意一点,电位移矢量 $\boldsymbol{D}$ 等于该点介质的介电常数 ε 与电场强度 E 之积。

这就是介质中的高斯定理,简称为 $\boldsymbol{D}$ 高斯定理。介质中的高斯定理表明,电场中通过任一闭合曲面的电通量等于闭合曲面围住的净自由电荷。可以证明,介质中的高斯定理对任意的电荷分布,任意的介质分布都成立。若介质就是"真空"或空气,此时 $\boldsymbol{D} = \varepsilon E$,介质中的高斯定理将还原为高斯定理原来的形式。

和电场强度 E 相似,电位移矢量 $\boldsymbol{D}$ 也在电场所在空间构成一个矢量场,其矢量线称为电力线,简称 $\boldsymbol{D}$ 线。$\boldsymbol{D}$ 线的方向表示 $\boldsymbol{D}$ 的方向,$\boldsymbol{D}$ 线的密度表示 $\boldsymbol{D}$ 的大小。$\boldsymbol{D}$ 的通量 Φ_d 称为电通量或 $\boldsymbol{D}$ 通量,表示通过曲面 S 的 $\boldsymbol{D}$ 线条数 $\Phi_d = \oint_S \boldsymbol{D} \cdot \mathrm{d}\boldsymbol{S}$。$\boldsymbol{D}$ 高斯定理表明:在闭合面 S 上的 $\boldsymbol{D}$ 通量等于曲面 S 内自由电荷的代数和即净自由电荷。$\boldsymbol{D}$ 高斯定理的物理意义是 $\boldsymbol{D}$ 线发自于正的自由电荷,终止于负自由电荷。这与电场线即 E 线不同,不论电荷是自由电荷还是束缚电荷,E 线始于正电荷,终于负电荷。$\boldsymbol{D}$ 线的起点和终点与极化电荷无关,但不能认为 $\boldsymbol{D}$ 与极化电荷无关。场强 E 是由自由电荷和极化电荷共同产生的,故 E 与极化电荷的分布相关,故由 E 定义的 $\boldsymbol{D}$ 亦与极化电荷的分布相关。电位移矢量的单位是 C/m^2 即库仑每平方米,与电荷面密度的单位相同。

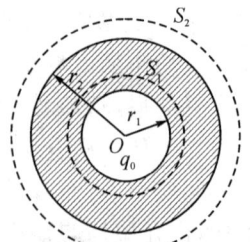

图 2-27

【例 2-9】　半径为 r_1 的导体球带电为 $+q$,球外有一层内径为 r_1 外径为 r_2 的各向同性均匀介质,介电常量为 ε,见图 2-27。求介质中和空气中的场强分布和电势分布。

【解】　由于导体和介质都满足球对称性,故自由电荷和极化电荷分布也满足球对称性,

因而电场的 E 和 D 分布也具有球对称性，即其方向沿径向发散，且在以 O 为中心的同一球面上 D、E 的大小相同。如图 2-27 所示，在介质中作一半径为 r 的球面 S_1，按 D 高斯定理

$$\oint_{S_1} \boldsymbol{D} \cdot \mathrm{d}\boldsymbol{S} = q$$

有
$$D \cdot 4\pi r^2 = q$$

故
$$D = \frac{q}{4\pi r^2}$$

所以介质中的场强

$$E = \frac{D}{\varepsilon} = \frac{q}{4\pi\varepsilon r^2}$$

方向沿径向发散。同理在介质外作一球面 S_2，则仍然有

$$D = \frac{q}{4\pi r^2}$$

故介质外的场强

$$E = \frac{D}{\varepsilon_0} = \frac{q}{4\pi\varepsilon_0 r^2}$$

方向沿径向发散。

介质中距球心为 r 的一点的电势为

$$V = \int_r^\infty \boldsymbol{E} \cdot \mathrm{d}\boldsymbol{l} = \int_r^\infty E\mathrm{d}r = \int_r^{r_2} \frac{q}{4\pi\varepsilon r^2}\mathrm{d}r + \int_{r_2}^\infty \frac{q}{4\pi\varepsilon_0 r^2}\mathrm{d}r = \frac{q}{4\pi\varepsilon}\left(\frac{1}{r} - \frac{1}{r_2}\right) + \frac{q}{4\pi\varepsilon_0 r_2}$$

空气中距球心为 r 的一点的电势为

$$V = \int_r^\infty \boldsymbol{E} \cdot \mathrm{d}\boldsymbol{l} = \int_r^\infty E\mathrm{d}r = \int_r^\infty \frac{q}{4\pi\varepsilon_0 r^2}\mathrm{d}r = \frac{q}{4\pi\varepsilon_0 r}$$

电场中有介质时，一般不宜用叠加原理来求场强 E 和电势 V，否则必须要考虑极化电荷 q' 单独产生的那一部分场强 E' 和电势 V'。在一定的对称条件下，用 D 高斯定理求出 D，由 $E = D/\varepsilon$ 得到 E，进而用 $V_a = \int_a^{(0)} \boldsymbol{E} \cdot \mathrm{d}\boldsymbol{l}$ 求出 V 是常用的方法。

4. 静电场能量

(1) 电容器的能量

一个电容器在没充电的时候是没有电能的，在充电过程中，外力要克服电荷之间的作用而做功，把其他形式的能量转化为电能。如上图 2-28 所示，一电容器正在充电，在充电过程中，无论是用什么装置、什么方法，总是要不断地把电荷从一个极板输运到另一个极板，从而使两个极板带上等量异号的电荷。设输运的电荷为正电荷，在某一个微元过程中，有数量为 $\mathrm{d}q$ 的电荷从负极输运到了正极 A。若此时电容器带电量为 q，两极板间电压为 U，则该微元过程中外力克服电场力做功为

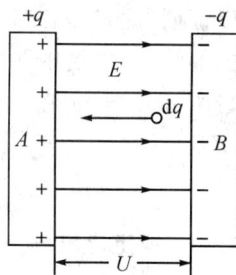

图 2-28　电容器充电时外力做功

$$\mathrm{d}A = U\mathrm{d}q = \frac{1}{C}q\mathrm{d}q$$

若在整个充电过程中电容器上的电量由 0 变化到 Q，则外力的总功为

$$A = \int_0^Q \mathrm{d}A = \int_0^Q \frac{1}{C}q\,\mathrm{d}q = \frac{Q^2}{2C}$$

按能量转换并守恒的思想，一个系统拥有的能量，应等于建立这个系统时所输入的能量。在电容器充电的过程中，能量是通过做功输入到电容器中的，外力的功表现为能量转换的量度。于是我们可以肯定，一个电量为 Q，电压为 U 的电容器贮存的电能应该为

$$W_e = \frac{Q^2}{2C} = \frac{1}{2}qU = \frac{1}{2}CU^2 \tag{2-21}$$

图 2-22 形式上是一个平板电容器，但我们讨论的过程中并没有涉及平板电容器的特性，而是对任意电容器都能适用，所以上式的结论是普遍成立的。

（2）静电场的能量

电容器中贮存的能量究竟是贮藏在电荷之中还是在电场之中，在静电学中是无法判断的，因为电场总是与电荷伴随而不可能分开。在一般的电磁场理论中这个问题不难解决。例如现在人类已能探测到一百亿光年以外星体的发光，光是电磁波即变化的电磁场。最初产生电磁场的那些电荷分布现在是否存在我们无从知道，但它产生的电磁场依然存在，并能携带着能量来启动我们的仪器使我们探测到它的存在，可见能量确实存在于场之中，电能就是电场的能量（同样，磁能也就是磁场的能量，见后面的知识点）。让我们来计算一个平板电容器的电能

$$W_e = \frac{1}{2}CU^2 = \frac{1}{2}\varepsilon\frac{S}{d}(Ed)^2 = \frac{1}{2}\varepsilon E^2 Sd = \frac{1}{2}\varepsilon E^2 V$$

其中 V 表示电场的体积。此结果表明，对一定的介质中一定强度的电场，电能与电场体积成正比，这与我们说电能是存贮于电场中的能量的说法是一致的。平板电容器中的电场是均匀电场，因而电场能量的分布也应该是均匀的，所以我们能求出单位体积内的电场能量即电场的能量密度

$$w_e = \frac{W_e}{V} = \frac{1}{2}\varepsilon E^2 \tag{2-22}$$

可记作

$$w_e = \frac{1}{2}\varepsilon E^2 = \frac{1}{2}ED = \frac{D^2}{2\varepsilon}$$

可以证明，此式是普遍正确的。有了电场能量密度以后，对任意的电场，可以通过积分来求出它的能量。在电场中取体积元 $\mathrm{d}V$，在 $\mathrm{d}V$ 内的电场能量密度可看作均匀的，于是 $\mathrm{d}V$ 内的电场能量为 $\mathrm{d}w_e = w_e\mathrm{d}V$，在体积 V 中的电场能量为

$$W_e = \int \mathrm{d}w_e = \int_V w_e\mathrm{d}V = \int_V \frac{1}{2}\varepsilon E^2\,\mathrm{d}V \tag{2-23}$$

2.1.4　恒定电流场

电荷在导电媒质（导体）或不导电的空间中有规则的运动形成电流，二者分别称为传导电流和运流电流。有传导电流的地方必存在电场（超导体除外）。不随时间变化的电流称恒定电流（即直流电），维持恒定电流的电场是恒定电场。

1. 电流强度　电流密度

电流就是带电粒子（载流子）的定向运动。例如，在金属导体和气态导体中电流是由电子的定向运动形成的，在电解液中电流是由正、负离子的定向运动形成的，在 n 型和 p 型半导体

中电流则分别由电子和"空穴"的运动形成。所以形成电流的带电粒子可以是电子、质子、正负离子以及半导体中带正电的"空穴"。这些带电粒子统称为载流子。

正电荷的运动方向规定为电流的方向。描述电流的物理量主要有两个:电流强度和电流密度。电流强度描述在一个截面上电流的强弱。电流强度定义为单位时间内通过导体中某一截面的电量。如果在 dt 时间内通过导体某一横截面 S 的电量为 dq,则通过该截面的电流强度为

$$I = dq/dt \qquad (2\text{-}24)$$

在国际单位制中,电流强度的单位是安培(A)。$1A = 1C/s$。电流强度是标量,电流强度没有严格的方向的含义。

用电流强度只能描述通过导体中某一截面上电流的整体特征。在实际问题中,常常会遇到电流在粗细不均的导线中流动或在大块导体中流动的情形,这时导体中不同部分电流的大小和方向都不一样,从而形成一定的电流分布。在这种比较复杂的情况下,为了能对电流进行更为精确的描述,引入了能细致描述电流分布的物理量 —— 电流密度矢量 j。

电流密度 j 的方向和大小定义如下:在导体中任意一点,j 的方向为该点电流的流向,j 的大小等于通过该点垂直于电流方向的单位面积的电流强度(即单位时间内通过单位垂面的电量)。

如图 2-29 所示,设想在导体中某点垂直于电流方向取一面积元 dS,其法向 n 取作该点电流的方向。如果通过该面积元的电流为 dI,按定义,该点处电流密度为

$$j = \frac{dI}{dS}n \qquad (2\text{-}25)$$

在导体中各点的 j 可以有不同的量值和方向,这就构成了一个矢量场,叫做电流场。像电场分布可以用电场线形象描绘一样,电流场也可用电流线形象描绘。所谓电流线是这样一些曲线,其上任意一点的切线方向就是该点 j 的方向,通过任一垂直截面的电流线的数目与该点 j 的大小成正比。

电流密度能精确描述电流场中每一点的电流的大小和方向,其描述能力优于电流强度。通常所说的电流分布实际上是指电流密度 j 的分布,而电流的强弱和方向在严格的意义上应该是指电流密度的大小和方向。

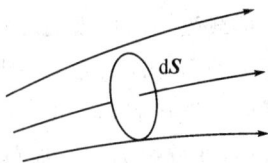

图 2-29　电流密度的定义

因此可以得到,通过导体中任意截面 S 的电流强度 I 与电流密度 j 的关系是

$$I = \int_S j \cdot dS \qquad (2\text{-}26)$$

从电流场的观点来看,上式表示,截面 S 上的电流强度 I 等于通过该截面的电流密度 j 的通量。j 和 I 的关系如同电场中的 E 与 Φ 的关系一般。

根据定义,导体中每一点都有一个确定的电流密度矢量 j,因此整个导体存在着一个 j 场,称之为电流场。

2. 稳恒电流和恒定电场

一般来说,电流密度 j 是随时间而变的,它既是空间坐标的函数又是时间的函数。在特殊的情况下,j 也可以不随时间而变化,各点的 j 都不随时间而变的电流叫做稳恒电流(恒定电流),相应的电流场称为稳恒电流场。

要维持稳恒电流,空间各处的电荷分布必须不随时间而变。这是维持稳恒电流的一个必

要条件,简称稳恒条件。

与稳恒电流场(j 场)相伴的电场 E 叫做恒定电场。把恒定电场与前述的静电场比较,可以看出它们的共同特点:两者的 E 及电荷分布都不随时间而变。两者的区别在于:激发静电场的电荷分布不随时间而改变,而激发恒定电场的电荷是运动的。既然激发恒定电场的电荷分布不随时间而变,恒定电场与静电场就具有完全一样的性质,特别是,静场的高斯定理和环路定理对恒定电场也完全适用。

3. 欧姆定律

实验发现:一段导线上的电流强度大小与导线两端的电压成正比。比例系数可以用 R 的倒数来表示,这就是欧姆定律,其中 R 称为导线的电阻,即:

$$I = \frac{U}{R} \tag{2-27}$$

将欧姆定律用于微元导体,可以得到欧姆定律的微分形式

$$j = \gamma E \tag{2-28}$$

式中,导体中电场强度为 E,导体的电导为 γ。该式表明,导体中任意点的电流密度 j 的方向与电场强度 E 方向相同,电流密度的大小与电场强度的大小成正比。

4. 电动势

(1) 电源

如果我们想获得一个恒定电流,就必须维持电荷分布的恒定。维持电荷分布恒定的基本做法是:当载流子是正电荷时,就应该在载流子不断地通过导线由正极流到负极的同时,不断地把载流子再由负极输运回正极,从而形成一个恒定的电荷分布和电场分布,实现一个恒定的电流循环,其示意图如图 2-30 所示。

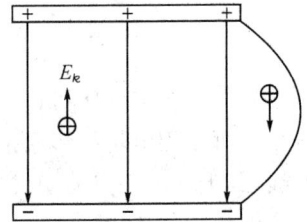

图 2-30 稳恒电流的形成

把载流子由负极输运回正极,需要有力的作用,自然界中能用的力可以有很多,但唯独不能用静电力,因为这种力的作用就是要克服静电力,把载流子由负极运回到正极。这些力我们通称为非静电力,记作 F_k。在载流子由负极输运到正极过程中,非静电力要克服静电力做功,把其他形式的能量转化为电能。这种依靠非静电力做功而维持一个电流的装置,或在电路中提供非静电力的装置称为电源。如利用电磁感应的原理做成的发电机就是一个电源,它所依靠的非静电力就是洛伦兹力。在发电机的工作过程中,通过洛伦兹力的作用,把机械能转化成电能。电源的种类很多,除了发电机以外,常见的还有化学电池,它把化学能转化为电能,还有光电池,把光能转化为电能等。

在一个电路中,电源内部的电路称为内电路,电源外部的电路称为外电路。在内电路中,电源把其他形式的能量转化为电能,在外电路中,各种用电器把电能转化为其他形式的能量如光能、热能、机械能、声能等。在人类对电能的开发利用中,电能几乎始终是作为一种中介能量,绝少直接利用于人。人类之所以偏爱电能,一方面是电能的传输很方便,另一方面是电能转化为其他形式的能量也很方便。

(2) 电动势

在非静电力存在的空域中,我们可以定义一个非静电性场。所谓非静电性场是指一个能施力于电荷的力场,但它对电荷的作用力所遵从的规律和静电场不同。如同对静电场的讨论那样,非静电性场的力学性质也可以用非静电性场强来描述,非静电性场强的定义式为

$$E_k = \frac{F_k}{q} \tag{2-29}$$

即单位正电荷所受到的非静电力,在图 2-30 中,E_k 的方向向上。

一个电源通过非静电力做功的本领可用电源电动势来描述。电源电动势 ε 定义为把单位正电荷由电源负极经电源内部输送到电源正极非静电力所做的功,即

$$\varepsilon = \frac{A_k}{q} \tag{2-30}$$

在输运一个载流子的过程中,非静电力做功为

$$A_k = \int_-^+ \boldsymbol{F}_k \cdot \mathrm{d}\boldsymbol{l} = q \int_-^+ \boldsymbol{E}_k \cdot \mathrm{d}\boldsymbol{l}$$

故有

$$\varepsilon = \int_-^+ \boldsymbol{E}_k \cdot \mathrm{d}\boldsymbol{l}$$

即电源电动势为非静电性场强由电源负极到正极的线积分。上式也常作为电源电动势的定义。电动势的单位和电势的单位相同,为伏特(V)。

2.2　恒定磁场

电流或运动电荷在空间产生磁场。不随时间变化的磁场称恒定磁场。它是恒定电流周围空间中存在的一种特殊形态的物质。磁场的基本特征是对置于其中的电流有力的作用。

2.2.1　真空中的恒定磁场

1.磁现象　磁场

(1) 磁现象

1820 年丹麦物理学家奥斯特在实验中发现,通电直导线附近的小磁针会发生偏转,这便是历史上著名的奥斯特实验,它表明电流可以对磁铁施加作用力。而下列现象则表明,磁铁也会对电流施加作用力,电流与电流之间也有相互作用力。例如,悬挂在蹄形磁铁两极间的载流直导线会发生平动,如图 2-31(a) 所示;两根平行直导线当通有同向电流时相互吸引,通有反向电流时相互排斥,如图 2-31(b) 所示。此外,两载流线圈之间也会发生类似的相互作用。

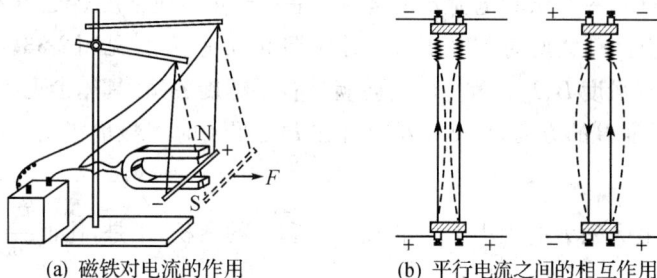

(a) 磁铁对电流的作用　　　　(b) 平行电流之间的相互作用

图 2-31　存在于磁铁和电流、电流与电流之间的相互作用力

电流之间的相互作用可以说是运动电荷间的相互作用,而实验及近代理论则进一步证明磁铁和电流在本源上是一致的。磁铁是由分子和原子组成的,原子核外电子绕核运动和自旋运动形成的环形电流称为分子电流。在磁铁内部,这些分子电流若定向排列起来在宏观上

就显示出磁性。磁铁之间或磁铁与电流之间的相互作用,实际上就是磁铁内部整齐排列的分子电流之间或它们与导线中定向运动的电荷之间的相互作用。因此,无论是电流与电流之间还是电流与磁铁之间的相互作用都可归结为运动电荷之间的相互作用,即运动电荷产生磁现象。

（2）磁场

我们知道,静止的电荷在其周围空间要产生电场,静止电荷间的相互作用是通过电场来传递的。前一个知识点的结论告诉我们,运动的电荷在自己周围空间除产生电场外还要产生另一种场,称为磁场,运动电荷之间的相互作用是通过磁场来传递的。在某一惯性系中若有一个运动电荷在另外的运动电荷或电流周围运动时,它受到的作用力 F 将是电力和磁力的矢量和

$$F = F_e + F_m \tag{2-31}$$

式中,$F_e = qE$ 是电场力,它与电荷 q 的运动无关。F_m 是磁场对运动电荷 q 的作用力,称为磁场力或磁力,它与电荷 q 相对参照系的运动速度有关。宏观上条形磁铁或载流线之间的相互作用力就是这种微观磁力之和。

所以,我们可以说磁场就是运动电荷激发或产生的一种物质,它对其他运动电荷或电流有作用力。磁场的概念可以用图 2-32 来表示。

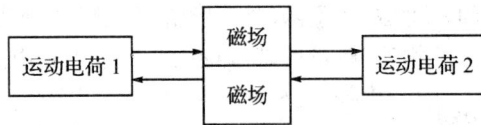

图 2-32　磁场的概念

2. 磁感应强度

和静电场的描写一样,下面我们将从磁场对其他运动电荷有作用力这一特点出发,使用试验运动电荷,引入磁感应强度 B 来定量地描述磁场。

实验表明,一个试验运动电荷 q 以速率 v 通过磁场中某一点 P 时,所受的磁力 F_m 与速度 v 的方向有关。特别是,当电荷沿某一个特定的方向或其反方向运动时,它受到的磁力为零。我们定义 P 点磁感应强度 B 的方向为这两个方向中的一个方向。

实验进一步表明,一个试验电荷 q 以速率 v 垂直于磁感应强度 B 通过考察点 P 时,所受的磁力 F_m 最大,记作 F_{max},此时 v、B、F_{max} 三个矢量相互垂直,详见图 2-33。我们规定,对于正的试验电荷,磁感应强度 B、F_{max} 和 v 的方向满足右手螺旋关系,具体参见图 2-39。事实上,这样定义的磁感应强度 B 的方向,也就是小磁针在 P 处平衡时 N 极的指向（也可以用它来定义 B 的方向）。

实验还证明,最大磁力的大小 F_{max} 正比于 q 和 v 的乘积,于是,比值 $\dfrac{F_{max}}{qv}$ 和 q、v 无关,只与 P 点的磁场的性质有关,我们把它定义为 P 处磁感应强度 B 的大小

$$B = \frac{F_{max}}{qv} \tag{2-32}$$

至此,磁感应强度 B 定义完毕。显然磁场也在空间构成一个矢量场。在国际单位制中,磁感应强度 B 的单位是特斯拉（T）。

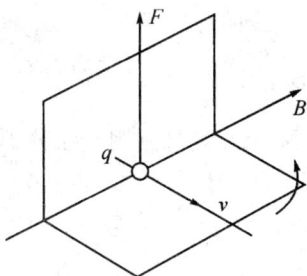

图 2-33　磁感应强度 **B** 的定义

3.电流元的磁场 —— 毕奥－萨伐儿定律

众所周知,载流导线也要在其周围产生磁场。根据磁场的叠加原理,载流导线的磁场可以表示成导线中所有载流子在同一点处产生磁场的矢量和。然而,由于导线中载流子的数量太大,这种矢量和实际上是不能计算的。因此,我们在计算任意形状的载流导线所激发的磁场时,将导线分割成无限多段长为 dl 的小段电流,每一小段电流称为电流元,用 Idl 表示。I 为导线中的电流,dl 的方向为电流元中电流的流向。电流元是一个矢量。

电流元 Idl 在空间任意点 P 处所激发的磁场 $d\textbf{B}$,实质上就是电流元中包含的大量定向运动电荷在 P 点所激发磁场的矢量和。电流元产生的磁场的规律,即毕奥－萨伐尔定律。

$$d\textbf{B} = \frac{\mu_o}{4\pi} \frac{Idl \times \textbf{\textit{e}}_r}{r^2} \tag{2-33}$$

式中,r 是电流元与场点 P 的距离,$\textbf{\textit{e}}_r$ 是从电流元指向场点 P 的单位矢量。上式即为电流元 Idl 的磁场公式,称为毕奥－萨伐尔定律,是计算电流磁场的基本公式。对毕奥－萨伐尔定律,还要注意如下几点:

(1)dB 的大小为

$$dB = \frac{\mu_o}{4\pi} \frac{Idl\sin\theta}{r^2}$$

式中,θ 是 dl(电流方向)与 $\textbf{\textit{e}}_r$ 之间小于 $180°$ 的夹角。可以看出,对于电流元延长线上的点,因 $\theta = 0$ 或 $180°$,$dB = 0$。

(2)在任一场点,dB 的方向垂直于 dl 与 $\textbf{\textit{e}}_r$ 组成的平面,指向为矢积 $dl \times \textbf{\textit{e}}_r$ 的方向,如下图 2-34 所示。

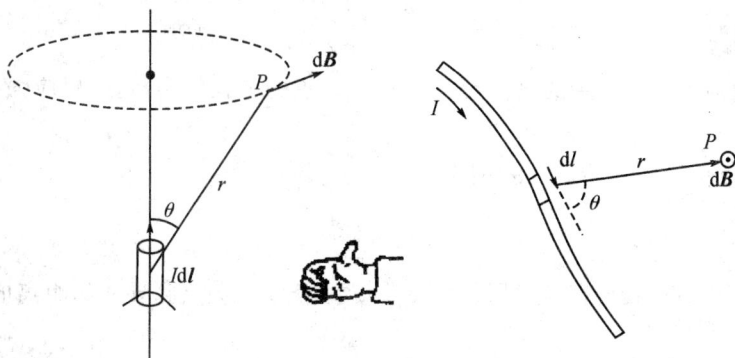

图 2-34　电流元的磁场

根据磁场叠加原理,任意载流导线的总磁场为

$$\boldsymbol{B} = \int d\boldsymbol{B} = \int \frac{\mu_o}{4\pi} \frac{I\,d\boldsymbol{l} \times \boldsymbol{e}_r}{r^2}$$

上式是一矢量积分表达式,实际计算时要应用分量式。即如果各电流元的磁场 $d\boldsymbol{B}$ 的方向不同,应先将 $d\boldsymbol{B}$ 分解成 dB_x,dB_y 及 dB_z 各分量,再积分求合磁场 B 的各分量:

$$B_x = \int dB_x, \quad B_y = \int dB_y, \quad B_z = \int dB_z$$

上述积分的范围(上下限)是载流导线。

【例 2-10】　设直导线长为 L,通有电流 I,导线旁任意一点 P 与导线垂直距离为 r_0(如图 2-35 所示)。现计算 P 点的磁感应强度。

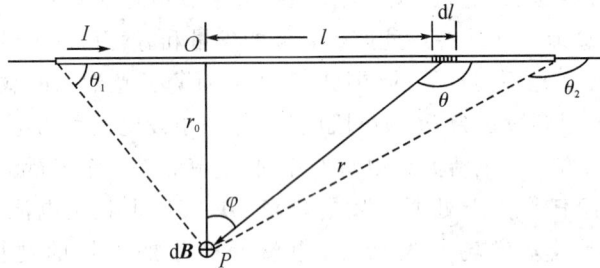

图 2-35　载流直导线磁场的计算

【解】　以 P 点在导线上的垂足 O 点为原点,距离 O 点为 l 处取一电流元 $I\,d\boldsymbol{l}$,它在 P 点产生的磁场 $d\boldsymbol{B}$ 的大小为

$$d\boldsymbol{B} = \frac{\mu_o}{4\pi} \frac{I\,dl\sin\theta}{r^2}$$

$d\boldsymbol{B}$ 的方向垂直纸面向里。可以看出,任意电流元 $I\,d\boldsymbol{l}$ 在 P 点产生的磁场 $d\boldsymbol{B}$ 的方向都相同。因此在求总磁感应强度 $\boldsymbol{B}$ 的大小时,只需求 $d\boldsymbol{B}$ 的代数和,即求上式的标量积分 $B = \int d\boldsymbol{B}$。

从图中可以看出:

$$r = \frac{r_0}{\sin\theta}, \quad l = -r_0 \cot\theta, \quad dl = \frac{r_0\,d\theta}{\sin^2\theta}$$

将积分变量换成 θ 后得

$$B = \frac{\mu_o}{4\pi} \int_{\theta_1}^{\theta_2} \frac{I\sin\theta\,d\theta}{r_0} = \frac{\mu_o I}{4\pi r_0}(\cos\theta_1 - \cos\theta_2)$$

式中 θ_1 和 θ_2 分别是导线两端的电流元与它们到 P 点的矢径的夹角。磁感应强度 $\boldsymbol{B}$ 的方向垂直纸面向里。

若导线无限长,$\theta_1 = 0$,$\theta_2 = \pi$,则有

$$B = \frac{\mu_o I}{2\pi r_0}$$

上式表明,无限长载流直导线周围的磁感应强度 B 与场点到导线的距离成反比。

4. 磁感应线

在静电场的研究中,我们用电场线形象地描绘静电场的分布。同样,磁场的分布也可用磁感应线形象地描绘。磁感应线是一些有方向的曲线,它的画法规定与电场线类似,即:磁感

应线上任一点的切线方向表示该点磁感应强度的方向;磁感应线的密度,即通过磁场中某点处垂直于磁场方向的单位面积的磁感应线数目,等于该点磁感应强度的大小。因此,磁场较强的地方,磁感应线较密集,反之,磁感应线较稀疏。

　　实验上可用铁屑来显示磁感应线。图 2-36(a) 所示的是用铁屑显示的长直电流的磁感应线,图 2-36(b) 和(c) 分别是圆电流和载流螺线管的磁感应线分布图。

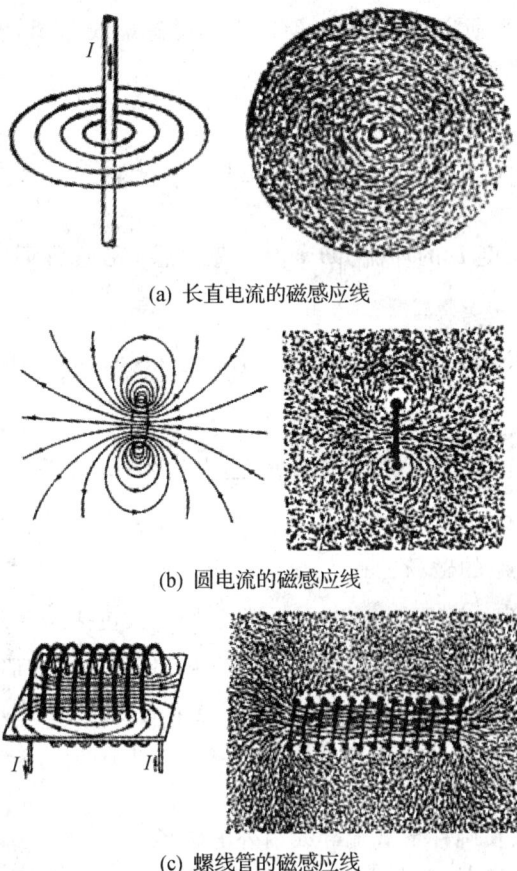

(a) 长直电流的磁感应线

(b) 圆电流的磁感应线

(c) 螺线管的磁感应线

图 2-36　几种电流产生的磁场的磁感应线

　　由这些磁感应线图可以看出,磁感应线具有以下特点:(1) 磁感应线都是和电流相互套链的无头无尾的闭合曲线;(2) 如图 2-37 所示,磁感应线的方向和电流的流动方向成右手螺旋关系。

　　磁感应线的闭合特性表明,磁场是一个无源有旋场。

图 2-37　磁感线的方向与电流方向的关系

5. 磁通量　磁场的高斯定理

　　类似电场通量的概念,我们定义通过磁场中某一曲面 S 的磁通量为

$$\Phi_m = \int_S B\cos\theta \mathrm{d}S = \int_S \boldsymbol{B} \cdot \mathrm{d}\boldsymbol{S} \tag{2-34}$$

式中 θ 是磁感应强度 $\boldsymbol{B}$ 与面积元 $\mathrm{d}\boldsymbol{S}$ 的法线之间的夹角。和电场通量的意义相似,磁通量 Φ_m 也可理解为通过曲面 S 的磁感应线数。在国际单位制中,Φ_m 的单位是 $T \cdot m^2$,这一单位叫做

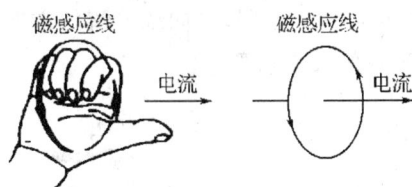

韦伯,用符号 Wb 表示。即 $1\text{Wb} = 1\text{T} \cdot 1\text{m}^2$

由于磁感应线是无头无尾的闭合曲线,可以想象,对于磁场中任一闭合曲面来说,有多少条磁感应线穿进闭合曲面,必有多少条磁感应线穿出闭合曲面。所以通过任意闭合曲面的磁通量恒等于零,即

$$\oint_S \boldsymbol{B} \cdot \mathrm{d}\boldsymbol{S} = 0 \tag{2-35}$$

这个结论叫做磁场高斯定理。磁场高斯定理是磁感应线为闭合曲线这一磁场的重要性质的数学表示,也是磁场无源性的数学表达。

6. 安培环路定理

静电场的环流定理 $\oint_L \boldsymbol{E} \cdot \mathrm{d}\boldsymbol{l} = 0$ 表明了静电场的一个重要性质:静电场是保守力场,是无旋场。下面讨论磁感应强度 B 的环流。$\oint_L \boldsymbol{B} \cdot \mathrm{d}\boldsymbol{l}$ 叫做磁感应强度在回路 L 上的环流,简称为磁场的环流。

可以证明:磁感应强度 B 沿任意闭合路径 L 的线积分,等于该闭合路径所围住的电流的电流强度的代数和的 μ_0 倍,即

$$\oint_L \boldsymbol{B} \cdot \mathrm{d}\boldsymbol{l} = \mu_0 \sum I = \mu_0 I_{内} \tag{2-36}$$

这个结论叫做安培环路定理。它反映了磁场的有旋性和磁感应线的闭合特性。式中的 B 是指总磁场,既有 $I_{外}$ 产生的磁场也有 $I_{内}$ 产生的磁场。

应该指出,在安培环路定律表达式中,右端的 $\sum I$ 只包括闭合路径 L 围住的电流,但左端的 B 却表示所有电流产生的磁感应强度的矢量和,其中也包括那些不穿过 L 的电流产生的磁场,只不过后者的磁场对沿 L 的 B 的环流无贡献而已。

B 的环流一般不为零,表明磁场不是保守力场,因而不能引入标量势来描述磁场,这是磁场与电场的本质区别之一。

【例 2-11】 求无限长圆柱形载流导线内外的磁场。

【解】 设导线的半径为 R,电流 I 沿轴线方向均匀流过横截面。由于电流分布对圆柱轴线具有对称性,因而磁场分布对轴线也具有对称性,磁感应线应该是在垂直轴线平面内以轴线为中心的同心圆,方向绕电流的方向右旋(如图 2-38(a) 所示),而且在同一圆周上磁感应强度 B 的大小相等。

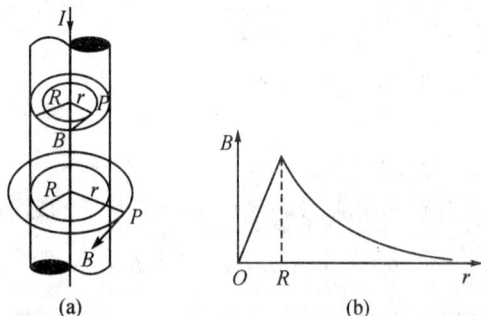

(a)　　　　(b)

图 2-38　无限长圆柱形载流导线磁场的计算

过任意场点 P，在垂直轴线的平面内取一中心在轴线上半径为 r 的圆周为积分的闭合路径，称为安培环路 L，积分方向与磁感应线的方向相同。由于 L 上 B 的量值处处相等，且 B 的方向沿 L 各点的切线方向，即与积分路径 dl 的方向一致，所以沿 L 的 B 的环流为

$$\oint_L \boldsymbol{B} \cdot \mathrm{d}\boldsymbol{l} = B \cdot 2\pi r$$

若以 I' 表示穿过环路 L 的电流，则由安培环路定理得

$$B \cdot 2\pi r = \mu_0 I'$$

或

$$B = \frac{\mu_0 I'}{2\pi r}$$

如果 $r < R$（P 点在导线内部），导线中的电流只有一部分穿过环路 L，导线中电流密度为 $j = \dfrac{I}{\pi R^2}$，L 包围的面积为 πr^2，所以穿过 L 的电流 $I' = j\pi r^2 = \dfrac{I}{R^2}r^2$，代入上式得

$$B = \frac{\mu_0 I r}{2\pi R^2} \quad (r < R)$$

可见在圆柱形导线内部，磁感应强度与离开轴线的距离 r 成正比。

如果 $r > R$（P 点在导线外），全部电流穿过环路 L，$I' = I$，于是有

$$B = \frac{\mu_0 I}{2\pi r} \quad (r > R)$$

上式表明，在圆柱形导线外部，磁场分布与全部电流沿轴线流过所激发的磁场相同，B 与 r 成反比。

图 2-38(b) 给出了 B 与 r 的关系曲线。

7. 磁场对运动电荷的作用

运动电荷在磁场中所受磁力叫洛伦兹力。实验证明，一个运动电荷 q 在磁场中所受磁力 $\boldsymbol{F}$ 与电荷的电量 q、运动速度 v 以及磁感应强度 B 有如下关系：

$$\boldsymbol{F} = q\boldsymbol{v} \times \boldsymbol{B} \tag{2-37}$$

上式表示的磁场对运动电荷的作用力，上式也叫做洛伦兹公式。其中，$\boldsymbol{F}$ 的大小为

$$F = qvB\sin\theta \tag{2-38}$$

式中 θ 是 v 与 B 间的夹角。显然，当 θ 为 0 或 π 时，洛伦兹力为零。

如图 2-39 所示，洛伦兹力 F 的方向垂直于 v 与 B 决定的平面，指向与 q 的正负有关，当 q 为正电荷时，F 的指向为矢积 $v \times B$ 的方向，当 q 为负电荷时，F 的指向与矢积 $v \times B$ 的方向相反。

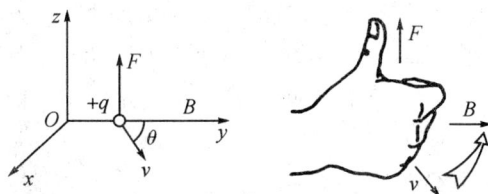

图 2-39　洛伦兹力的方向

若运动电荷的速率和磁感应强度的大小一定，在电荷速度的方向垂直于磁场时，运动电荷受到的磁力将达到最大 $F_{\max} = qvB$，即有 $B = \dfrac{F_{\max}}{qv}$，这正是磁感应强度 B 的大小的定义式。

由于洛伦兹力总是与运动电荷的速度方向垂直,所以洛伦兹力永远不对运动电荷做功,它只改变电荷运动的方向,不改变其速率。这是洛伦兹力的一个重要特性。

2.2.2　磁介质存在的恒定磁场

1.磁介质的类型

磁介质对磁场的影响可以通过下面的实验观测。如图所示,做一长直螺线管,先让管内是真空(或空气)(图2-40(a))。在导线中通以电流I,测出管内的磁感应强度。然后保持电流I不变,将管内均匀充满某种磁介质(图2-40(b)),再测出管内磁感应强度。若以B_0和B分别表示管内为真空和充满磁介质时的磁感应强度,则实验结果表明它们之间的关系可表示为

$$B = \mu_r B_0 \tag{2-39}$$

式中μ_r叫做磁介质的相对磁导率,它与磁介质的种类有关。实验证明,在磁场中均匀地充满各向同性的磁介质的时候,上式普遍地成立,即在传导电流不变的前提下,磁介质中的磁感应强度总是没有磁介质时的磁感应强度的μ_r倍。

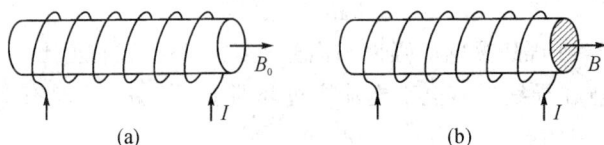

图2-40　磁介质对磁场的影响

根据μ_r的大小可将磁介质分为:① 顺磁质($\mu_r > 1$);② 抗磁质($\mu_r < 1$);③ 铁磁质($\mu_r \gg 1$)。顺磁质和抗磁质的相对磁导率μ_r只是略大于或小于1,且为常数,它们对磁场的影响很小,属于弱磁性物质。而铁磁质对磁场的影响很大,属于强磁性物质。

2.有磁介质存在时的磁场

(1)磁场强度

为计算方便,在计算磁介质中磁场时引入一个辅助矢量H,称为磁场强度矢量,它定义为

$$H = B/\mu_0\mu_r = B/\mu \tag{2-40}$$

式中$\mu = \mu_0\mu_r$称为磁介质的磁导率。对于真空或空气,$\mu_r = 1$,故$\mu = \mu_0$。在国际单位制中,H的单位是安 / 米(A/m)。

为了能形象地表示磁场中H矢量的分布,我们也可以类似于用磁感应线描绘磁场的方法,引入H线描绘磁场强度,H线与H矢量的关系规定如下:①H线上任一点的切线方向为该点H矢量的方向;②通过某点处H线的密度,即垂直于H方向的单位面积的H线数目等于该点H的量值。由定义式可知,在各向同性的均匀磁介质中,通过任一截面的磁感应线的数目是通过同一截面H线的μ倍。

(2)磁介质中的安培环路定理

在磁场中沿任一闭合路径,H的环流等于穿过该闭合路径的传导电流的代数和,即

$$\oint \boldsymbol{H} \cdot \mathrm{d}\boldsymbol{l} = \sum I_0 \tag{2-41}$$

此式称为磁介质中的安培环路定理(或H的环路定理)。因此引入H这个辅助矢量后,在磁场及磁介质的分布具有某些特殊对称性时,可以根据传导电流的分布先求出H的分布,

再由磁感应强度与磁场强度的关系求出 **B** 的分布。

【例 2-12】 在密绕螺绕环内充满均匀磁介质,已知螺绕环上线圈总匝数为 N,通有电流 I,环的横截面半径远小于环的平均半径,磁介质的相对磁导率为 μ_r。求磁介质中的磁感应强度。

【解】 由于电流和磁介质的分布对环的中心轴对称,所以与螺绕环共轴的圆周上各点 **H** 的大小相等,方向沿圆周的切线。如图 2-41 所示,在环管内取与环共轴的半径为 r 的圆周为安培环路 L,应用安培环路定理得

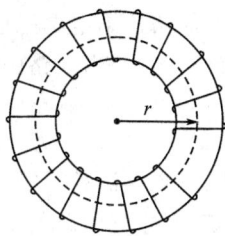

$$\oint_L \boldsymbol{H} \cdot \mathrm{d}\boldsymbol{l} = H \cdot 2\pi r = NI$$

$$H = \frac{NI}{2\pi r}$$

再由 $B = \mu_0 \mu_r H$ 得环管内的磁感应强度为

$$B = \frac{\mu_0 \mu_r NI}{2\pi r}$$

磁感应强度的方向沿电流流动方向的右手螺旋方向。

下面总结比较静电场与静磁场方程。

对于静止电荷激发的静电场和稳恒电流激发的稳恒磁场,它们满足如下的一些基本方程:

a.静电场的高斯定理

$$\oint_S \boldsymbol{D} \cdot \mathrm{d}\boldsymbol{S} = \int_V \rho \mathrm{d}V = q$$

b.静电场的环路定理

$$\oint_L \boldsymbol{E} \cdot \mathrm{d}\boldsymbol{l} = 0$$

c.磁场的高斯定理

$$\oint_S \boldsymbol{B} \cdot \mathrm{d}\boldsymbol{S} = 0$$

d.磁场的安培环路定理

$$\oint_l \boldsymbol{H} \cdot \mathrm{d}\boldsymbol{l} = -\int_S \boldsymbol{j} \cdot \mathrm{d}\boldsymbol{S} = I$$

2.3 时变电磁场

场量随时间变化的电磁场称为时变电磁场。随时间变化的磁场会激励电场,即磁生电;随时间变化的电场又会激励磁场,即电生磁。二者相互影响构成统一的电磁场。变化的电磁场在空间的传播形成了电磁波。

2.3.1 变化磁场激励电场

1.电磁感应

当一个闭合回路所围面积上的磁通量发生变化时,回路中就有感应电流产生,这种现象

叫电磁感应现象。

法拉第电磁感应定律是一个定量的定律,它给出感应电动势的大小所遵从的规律。定律可表述为:当回路中的磁通量 Φ 变化时,在回路上产生的感应电动势 ε 为

$$\varepsilon = -\frac{\mathrm{d}\Phi}{\mathrm{d}t} \tag{2-42}$$

根据法拉第定律,磁通量的变化产生感应电动势。磁通量变化分两种情况:一是磁场不变,而导体回路的形状、大小或位置变化而引起的磁通量变化,这种情况下产生的感应电动势称为动生电动势。这种情况下一定包含有导体相对于磁场的运动,动生电动势产生原因是电荷在磁场运动时受到洛仑兹力的结果;另一个情况是导体回路不发生任何变化,而是磁场随时间变化,从而引起磁通量变化而产生感应电动势,这种叫感生电动势。

【例 2-13】 如图 2-42 所示,一导线弯成 3/4 圆弧,圆弧的半径为 R。导线在与圆面垂直的均匀磁场 B 中以速度 v 垂直于磁场向右平动,求导线上的动生电动势。

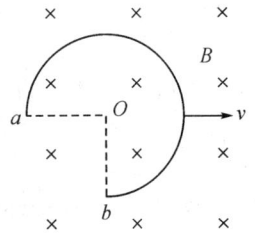

图 2-42

【解】 直接考虑圆弧扫过的磁通量或作积分均可解出此题,但最简单的方法是作一个回路借助法拉第电磁感应定律来求解。设想连接 ao 和 ob,使导线形成一个回路。顺便说明一下,圆弧上的动生电动势只取决于圆弧在磁场中运动的情况,与是否连成一个回路无关,因而连接后圆弧上的动生电动势并不会发生改变,但是计算却要简单得多。此时回路中的磁通量是一个常量,所以回路电动势为零。回路电动势为零并不意味着回路中没有电动势分布,而是电动势在回路中相互抵消了。ao 段由于不切割磁力线所以没有动生电动势,

$$\varepsilon_{oa} = 0$$

bo 段上的动生电动势的大小显然为

$$\varepsilon_{bo} = BRv$$

方向向上。故圆弧上的动生电动势也必然为

$$\varepsilon = BRv$$

其方向应沿回路抵消 bo 段上的电动势 ε_{bo},即是沿弧由 b 到 a 的方向。

2. 感生电场

当导体回路不动,由于磁场变化引起穿过回路的磁通量发生变化而产生的电动势,叫做感生电动势。显然,由于回路不发生运动,所以这时产生电动势的非静电力不会再是洛仑兹力。麦克斯韦首先分析了这种情况并提出一个假说:一个变化磁场会在它的周围空间激发一个感生电场。这个电场是一个非静电性的有旋电场,它沿导体回路的环流 $\oint_l \boldsymbol{E} \cdot \mathrm{d}\boldsymbol{l}$ 不等于零。

于是,这个环流就正好为一个回路提供电动势 $\varepsilon = \oint_l \boldsymbol{E} \cdot \mathrm{d}\boldsymbol{l}$。

感生电场和变化磁场的关系

$$\oint_l \boldsymbol{E} \cdot \mathrm{d}\boldsymbol{l} = -\int_s \frac{\partial \boldsymbol{B}}{\partial t} \cdot \mathrm{d}\boldsymbol{S} \tag{2-43}$$

其中 $\frac{\partial B}{\partial t}$ 为磁场 $\boldsymbol{B}$ 对时间的变化率,记作偏导数形式是因为 $\boldsymbol{B}$ 还可能随空间而变。

感生电场是一种新型的电场,它与静电场既有联系也有区别。它与静电场的共同之处是:对电荷有作用力(不论电荷运动与否),但是它们的区别也是很大的。静电场是由电荷

产生的,而感生电场是由变化磁场产生的;静电场是有源无旋场,而感生电场是无源有旋场。

由于感生电场是无源场,其电位移矢量在任意闭合曲面 S 上的电通量为零,即有

$$\oint_s \boldsymbol{D} \cdot \mathrm{d}\boldsymbol{S} = 0$$

其中 $\boldsymbol{D} = \varepsilon \boldsymbol{E}$ 是由感生电场 $\boldsymbol{E}$ 定义的电位移矢量。

3. 感生电动势

根据麦克斯韦感生电场假说,感生电动势所对应的非静电场力就是感生电场力。由此,我们可以得到在感生电场中的一段导线上的感生电动势为

$$\varepsilon = \int_a^b \boldsymbol{E} \cdot \mathrm{d}\boldsymbol{l}$$

其中 E 表示感生电场的场强。而对于一个闭合回路上的电动势则可以表示为

$$\varepsilon = \oint_l \boldsymbol{E} \cdot \mathrm{d}\boldsymbol{l}$$

2.3.2 变化电场激励磁场

1. 位移电流

麦克斯韦创造性地提出一个假说:变化的电场可以等效成一种电流,称为位移电流,并定义

$$\boldsymbol{j}_d = \frac{\partial \boldsymbol{D}}{\partial t} \tag{2-44}$$

为位移电流密度,即电场中某点的位移电流密度等于该点电位移矢量随时间的变化率,而

$$I = \int_s \boldsymbol{j}_d \cdot \mathrm{d}\boldsymbol{S} \tag{2-45}$$

为位移电流,即通过电场中某截面的位移电流等于位移电流密度在该截面上的通量。

麦克斯韦进而假设,在磁效应方面位移电流与传导电流等效,即它们都按同一规律在周围空间激发磁场。其本质表明,变化电场也要产生磁场。

位移电流与传导电流还是有区别的。传导电流是电荷的定向运动,位移电流是变化电场的等效;传导电流要产生焦耳热,位移电流则没有。

2. 全电流定律

由于位移电流产生磁场的规律是被假设为与传导电流一样的,因此麦克斯韦以全电流代替传导电流,对安培环路定律进行修正,把它从稳恒磁场推广到非稳恒的情况,并得到

$$\oint_L \boldsymbol{H} \cdot \mathrm{d}\boldsymbol{l} = I_r = I + I_d = \int_s \left(\boldsymbol{j} + \frac{\partial \boldsymbol{D}}{\partial t} \right) \cdot \mathrm{d}\boldsymbol{S} \tag{2-46}$$

上述结论称为全电流定律。

麦克斯韦位移电流假设提出后,经过大量的理论和实践,都证明全电流定律是普遍成立的,它适用于任意的电场和磁场。这意味着,变化的电场也能在周围空间激发一个磁场,其激发的规律和电流激发磁场的规律完全相同。例如,若空间没有传导电流,只有变化的电场,则全电流定律为

$$\oint_l \boldsymbol{H} \cdot \mathrm{d}\boldsymbol{l} = \int_s \frac{\partial \boldsymbol{D}}{\partial t} \cdot \mathrm{d}\boldsymbol{S} \tag{2-47}$$

它表示一个变化电场与它激发的磁场的关系，与我们讨论过的一个变化的磁场与它激发的感生电场的关系

$$\oint_l \boldsymbol{E} \cdot \mathrm{d}\boldsymbol{l} = -\int_s \frac{\partial \boldsymbol{B}}{\partial t} \cdot \mathrm{d}\boldsymbol{S} \tag{2-48}$$

比较，可以发现电场和磁场的相互激发遵从相似的规律。

上面两个关系式表明，磁场 $\boldsymbol{H}$ 的方向与位移电流密度 $\dfrac{\partial \boldsymbol{D}}{\partial t}$ 方向之间的关系（就像磁场与传导电流密度方向之间的关系一样）服从右手螺旋关系，而感生电场 $\boldsymbol{E}$ 与磁场变化率 $\dfrac{\partial \boldsymbol{B}}{\partial t}$ 的方向服从左手螺旋关系

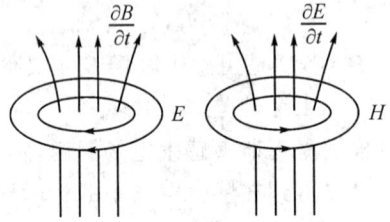

图 2-43　变化的电场和变化的磁场

（如图 2-43）。如同在电磁感应中所指出的那样，负号表示电场在相互激发过程中遵从能量守恒定律。

在讨论传导电流和位移电流的分布的时候，也应注意到它们的区别。根据位移电流的定义，在电场中每一点只要有电位移的变化，就有相应的位移电流密度存在，因此不仅在电介质中，就是在导体，甚至真空中也可以产生位移电流。但在通常情况下，电介质中的电流主要是位移电流，传导电流可忽略不计，而在导体中的电流，主要是传导电流，位移电流可以忽略不计。至于在高频电流的场合，由于电场的变化率很快，导体内的位移电流就不可忽略了。

3. 电磁场

在提出了感生电场假设和位移电流假设之后，麦克斯韦对电磁规律又进行了细致的分析和高度的概括、总结。由感生电场假设和位移电流假设可以知道，变化的磁场要产生感生电场，变化的电场也要产生磁场。即在一般情况下，电场和磁场都是变化的，它们将相互激发，因而它们是不可分割的、统一的整体，被称为电磁场。单独的静电场和单独的稳恒磁场都只是电磁场的特殊情况。在一般情况下，电场和磁场只是电磁场的分量。麦克斯韦电磁场统一的思想和理论后来被赫兹发现的电磁波完全证实。在前面的知识点中学习的有关电场和磁场的理论都可以纳入一个统一的电磁场理论来处理。

2.3.3　电磁场方程组

麦克斯韦根据他自己提出的电磁场统一思想，以及他的两个著名假设最终得到了电磁场理论统一数学表达，这就是麦克斯韦方程组。

$$\oint_s \boldsymbol{D} \cdot \mathrm{d}\boldsymbol{S} = \int_V \rho \, \mathrm{d}V$$

$$\oint_l \boldsymbol{E} \cdot \mathrm{d}\boldsymbol{l} = -\int_s \frac{\partial \boldsymbol{B}}{\partial t} \cdot \mathrm{d}\boldsymbol{S}$$

$$\tag{2-49}$$

$$\oint_s \boldsymbol{B} \cdot \mathrm{d}\boldsymbol{S} = 0$$

$$\oint_l \boldsymbol{H} \cdot \mathrm{d}\boldsymbol{l} = \int_s \left(\boldsymbol{j} + \frac{\partial \boldsymbol{D}}{\partial t} \right) \cdot \mathrm{d}\boldsymbol{S}$$

式中的电场量 D、E 为电荷激发的电场和涡旋（感生）电场的总电场，磁场量 B、H 为传导电流和位移电流激发的总磁场。从方程组我们还可以看到，在电磁场中的电场和磁场是相互联系的、不可分割的。电磁场的所有特性都可以由上述四个方程来确定。

在有介质存在时，E、B 都和介质的性质有关，要完整地说明宏观电磁现象，除了上述四个方程外，还要加上下面三个关系式，对各向同性均匀电介质有

$$\begin{cases} D = \varepsilon E \\ B = \mu H \\ j = \sigma E \end{cases} \tag{2-50}$$

其中第一个和第二个式子是电位移矢量和磁场强度的定义式，第三个式子是欧姆定律的微分形式。如果再加上电磁力的基本规律 $F = qE + qv \times B$，则麦克斯韦的电磁场理论就已经成就为一个非常完备的理论体系。

从麦克斯韦方程组可以看出，在相对稳定的情况下，即只存在电荷和稳恒电流时，麦克斯韦方程组表现为静电场和稳恒磁场所遵从的规律。这时，电场和磁场都是静态的，它们之间没有联系。而在运动的情况下，即当电荷在运动，电流也在变化时，麦克斯韦方程组描述了变化着的电场和磁场之间的紧密关系。变化的电场要激发一个有旋磁场，变化的磁场又会激发一个有旋电场，电场和磁场就以这种互激的形式在同一空间相互依存并形成一个统一的整体，这才是真正意义上的电磁场。可以证明，电磁场一旦产生，即使场源电荷及电流不存在了，这种互激依然可以随着时间的流逝而在空间无限地伸延。在距离电荷和电流很远的空间，电磁场最终是以波动的形式在传播着，这就是电磁波。电磁波的波速，经麦克斯韦的计算，正好等于光速，于是麦克斯韦断言，光也是一种电磁波。光和电磁场在麦克斯韦理论中的统一，使得经典电磁学的发展到达顶峰，成为麦克斯韦最辉煌的成就。自此，电磁学已成为一门可与牛顿力学并立的完备的科学理论（经典物理）。

2.3.4 电磁波

1. 电磁波的产生和实验验证

麦克斯韦建立了关于电磁场的方程组，首次从理论上预言了电磁波的存在。变化的电磁场在空间以一定的速度传播就形成电磁波。实践表明，电磁波的运动规律可由麦克斯韦方程组描述。

赫兹首先用实验方法证实了电磁波的存在。赫兹用电感和电容充放电的高频振荡，成功地产生了电磁波。他的接收器是一个开路的导线回路，其一端是黄铜制的圆头，另一端是尖细的铜丝。当接收端出现微弱的电火花时，就可知检测到了从发射器射来的电磁波。赫兹还用放大尺寸的方法模拟各种光学设备，以便于将电磁波聚焦，确定其极化方向，使波发生反射和折射，进行干涉、衍射，形成驻波，测量其波长等等。赫兹的实验不仅证实了电磁波的存在，而且从实验方面显示了光和电磁波的同一性。赫兹实验以后，实验上又陆续证明了红外线、紫外线、X 射线、γ 射线等也都是电磁波，只不过这些电磁波在频率或波长上有较大区别。

不同频率（或波长）范围的电磁波，具有不同的物理特性。电磁波的整个频率（或波长）范围称为电磁波谱或频谱（见图 2-44 电磁波谱）。

频率 （Hz）	λ 波长 （m）	$h\nu$ 光子能 （eV）	电磁波名称	人工相干源	微观源

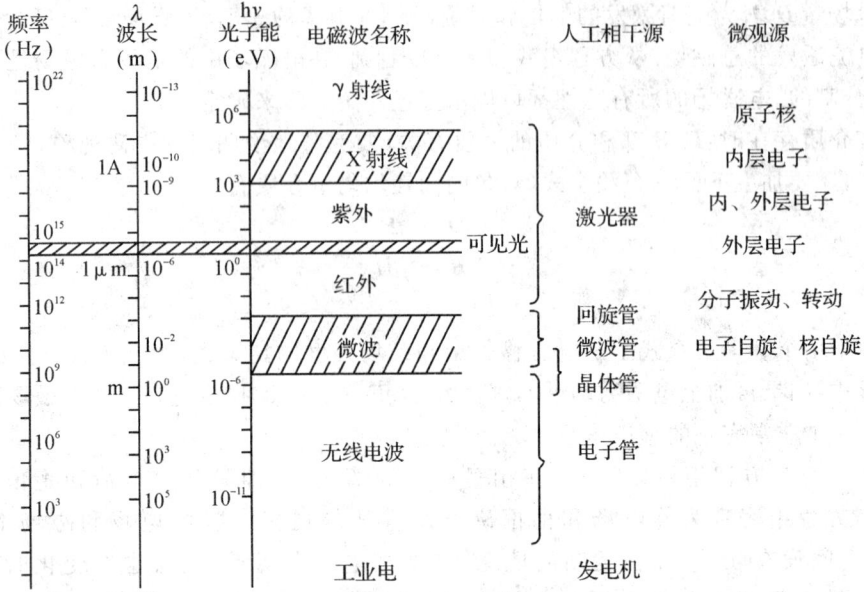

图 2-44　电磁波谱

就相对频宽来说,可见光是一个很窄的频段。微波和 X 射线都比可见光的相对频带宽。如果用对数坐标来表示电磁谱,并且用 1 厘米和 1 埃分别代表微波和 X 射线的波长量级,那么可见光(波长约短于 1 微米)就恰好落在微波和 X 射线的正中,从微波到可见光和从可见光到 X 射线,波长或频率都大致差 4 个量级。自然界中的电磁辐射覆盖从无线电波到 γ 射线的整个电磁谱。

2.电磁波的基本性质

因为变化的电场和变化的磁场相互紧密地联系在一起形成电磁波,所以它的传播不需要媒质,既可以在介质中也可以在真空中传播。而且,即使电磁振源停止振动(不再提供能量),电磁波也可以存在。

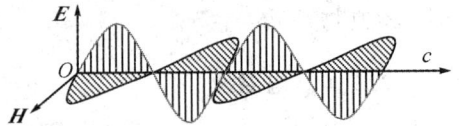

图 2-45　电磁波的横波性

远离波源传播的电磁波在小范围内可被看成平面波,如果电场和磁场又都是简谐变化,则称为平面简谐电磁波。现以平面简谐电磁波为例,说明电磁波具有的一般性质。

(1)在均匀无界媒质中,电磁波是一种横波,即电场和磁场位于传播方向的横截面内,而且电场和磁场又互相垂直。

(2)电磁波的传播速度为

$$u = \frac{1}{\sqrt{\varepsilon\mu}}$$

(3)同一点 E 和 H 成正比,它们在量值上有下列关系

$$\sqrt{\varepsilon}E = \sqrt{\mu}H$$

(4)电磁波的传播伴随着能量的传播。用 S 表示单位时间内通过每单位面积的能量,从麦克斯韦方程组并利用能量守恒定律可以导出

$$S = E \times H \tag{2-51}$$

S 称为能流密度矢量或坡印廷矢量,上式既表明了能流与电场强度和磁场强度的数量

关系,同时也表明了三者互相垂直的方向关系。

2.4　工频、射频电磁场

电磁辐射源分为自然辐射源和人为辐射源。自然辐射源有大气层雷电、太阳黑子爆发、宇宙电磁污染源、地球磁场波动、火山喷发和地震等。自然环境的电磁辐射频率范围虽然很宽,但到达地面时强度很小,对人类的正常生活一般没有影响。

由人工制造、产生电磁能的系统和设备传播到环境中的电磁辐射,称为人为电磁辐射。人为电磁辐射主要有 ELF 电磁辐射(极低频电磁辐射)和射频电磁辐射两大类。在 ELF 电磁辐射中,又以 50Hz 的工频电磁场最重要,它主要是由各种电压等级的输电线及各种用电器所产生的。高压电力线对地面的电位差可使附近未接地的金属物体诱发产生很大电荷,如在高压输电线下公路上奔驰的卡车,其与地面之间的短路电流可达 $1 \sim 5\text{mA}$,被人意外触及时会产生刺痛感。在射频电磁辐射中,以广播、电视、通信设备所产生的电磁辐射为常见。

2.4.1　工频电磁场

1.电力系统

电力是现代工业的主要动力,在各行各业中都得到了广泛的应用。电力系统是发电厂、输电线、变电所及用电设备的总称。一般使用正弦交变电流来传输和使用电能。

交变电流(简称交流)比稳恒电流(直流电)复杂得多,电流随时间的变化引起空间电场和磁场的变化,因此存在电磁感应和位移电流,存在电磁波。就其本质而言,属于极低频率的时变电磁场。

在我国和大多数国家都采用 50Hz 作为电力标准频率,有些国家(如美国、日本)采用 60Hz。这种频率在工业上应用广泛,称为工业标准频率,习惯上也简称为工频。电力系统周围有工频电磁场。

2.工频电磁场分析

当交流电的频率 f 满足 $f \ll c/l$ 或 $l \ll \lambda$,式中 c 为真空中的光速,l 为电路的线度,即电路的线度远小于电磁波的波长,此时位移电流的效果可以忽略,这种情况叫做准稳,这种电路叫准稳电路,条件 $f \ll c/l$ 或 $l \ll \lambda$ 叫做准稳条件。对于工频交流电(50Hz)时,电磁波在真空中的波长 $\lambda = c/f = 6000\text{km}$,电路的线度远小于电磁波的波长。

准稳态性质允许把电场和磁场分别讨论,它们不会相互影响,准静态电场的基本物理现象相当于静电场的情况。因此工频电磁场不是发射场,而是一种感应场,它对外界的影响主要是静电感应。它的一些效应可以用静电场的一般概念来分析。同样,对于工频磁场,也可以按照静磁场来进行分析。

2.4.2　射频电磁场

常见的射频电磁源有广播电视发射设备,通信、雷达及导航发射设备,工业、科研、医疗射频设备等。

1.各种电磁波

电磁辐射说明电磁波的发射和传播,是透过空间或介质传递其能量。射频电磁场是由互相关联的交变电场和磁场所组成,就其本质而言,属于频率较高的时变电磁场。

电磁辐射依频率一般区分为无线电波、微波、红外光、可见光、紫外光、X 射线和 γ 射线等几种形式。依据各个波段具有的能量特征,可得知在非常低温下(接近绝对零度时),物质内的原子仅能辐射出无线电波和微波;当在摄氏零度左右(水的冰点)则原子可辐射红外光;在表面温度约摄氏 $5 \sim 6$ 千度的物质(如太阳表面),才会有可见光的辐射;在温度百万度的物体表面,就会有 X 射线;到了表面温度达百亿度的物体表面,也会有 γ 射线呈现。各波段的电磁波有各自的特征和用途。

无线电波:在电磁波谱中,其波长范围为 15 厘米 ～ 2 公里的电磁波。无线电波常被用于长距离的通讯,如电视机、收音机等频道都是运用无线电波不易被阻挡、折射、变频等特性,现今也用无线电波来探索宇宙遥远处的奥秘。

微波:在电磁波谱中,其波长范围为 $0.1 \sim 15$ 厘米的电磁波。微波常被用于短距离的通讯或遥控,如电视机、冷气机、音响等遥控器都是运用微波的原理。现今也已应用 2450MHz 的频率于厨房中的烹煮食物。

红外光:其范围自波长为 7000 埃($1\text{Å} = 10^{-10}$ 米)的红光到波长为 1 毫米的微波。红外光是 M. Herschel 于 1800 年所发现的。红外光有着显著的热效应,可用温差电偶、光敏电阻或光电管等仪器探测。按波长可分成 $0.75 \sim 3$ 微米(1 微米 $= 10^{-4}$ 公分)的近红外区、$3 \sim 30$ 微米的中红外区和 $30 \sim 1000$ 微米的远红外区等三段。应用红外光谱,在研究分子结构、固态物质的光学性质、夜视环境等方面,用途极大。

可见光:其波长范围约为 $4000 \sim 7000$ 埃。透过菱镜可得知可见光的组成颜色,通常界定波长约为 $4000 \sim 4500$ 埃的为紫光;波长约为 $4500 \sim 5200$ 埃的为蓝光;波长约为 $5200 \sim 5600$ 埃的为绿光;波长约为 $5600 \sim 6000$ 埃的光为黄光;波长约为 $6000 \sim 6250$ 埃的光为橘光;波长约为 $6250 \sim 7000$ 埃的光为红光。

紫外光:其波长范围为 $100 \sim 4000$ 埃的电磁波。这一范围开始于可见光的短波极限,而与长波 X 射线的波长相重叠。紫外光是 J. W. Ritter 于 1801 年所发现的。应用上,如用于测定气体或液体中如氯、二氧化硫、二氧化氮、二硫化碳、臭氧、汞等特定分子,以及各种未饱和化合物的成分的紫外吸收光谱,用途很大。

X 射线:是一种穿透力很强的电磁波,在电磁波谱中,其范围波长为 $0.1 \sim 100$ 埃的电磁波。X 射线是伦琴(W. Rongen)于 1895 年所发现的,所以 X 射线又被称为"伦琴"射线。X 射线通常是由高速电子与固体碰撞而产生的,或是强光照射下所产生的"荧光效应"也会有少量的 X 射线呈现。因为它的强穿透力且不会损伤周围组成物质,所以可用来作非破坏性物品等材料检验,以及动物的身体内部骨骼等医学检查。

γ 射线:其特征和 X 射线极为相似,是一种辐射能量高且穿透力极强的电磁波,在电磁波谱中,其范围波长为 0.1 埃以下的电磁波。γ 射线是维拉德(P. Villard)于 1900 年所证实的。γ 射线通常是由极高速电子与原子核碰撞而产生。

2. 射频电磁场分析

变化的电磁场在空间以一定的速度传播就形成电磁波,射频电磁场属于频率较高的时变电磁场,通常指 100kHz 以上的无线电波。对于频率较高的电磁场,如各种超短波等,电磁场频率 $f \gg c/l$ 或 $l \gg \lambda$ 时,这时准稳条件已不能满足,必须使用麦克斯韦方程组来分析电磁场。

为了简化问题,这里研究真空或空气中单元辐射子的电磁辐射规律。实际的天线常常可以看成由许多单元辐射子组合而成,而天线所产生的电磁场可以看成是这些单元辐射子所产生的电磁场的叠加。单元辐射子亦称元天线,有电偶极子型和磁偶极子型两类,我们将讨论前者,因为它的用途较广。电偶极子单元辐射子即正弦赫兹短偶极子,是指一根载流导线,它的长度与导线的横向尺寸都比电磁波的波长小得多。因此,在导线上可忽略推迟效应。如图 2-46 所示,将单元辐射子接至高频电源上,并建立如图 2-47 所示球坐标。

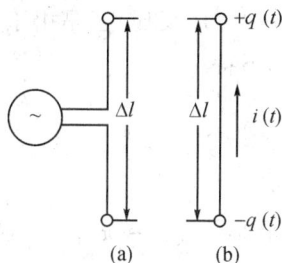

图 2-46 单元辐射子

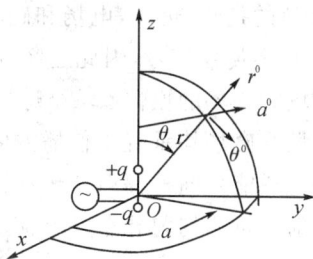

图 2-47 球坐标

电源的电流经辐射子流向两端,传导电流在两端中断,而与两端之间的位移电流保持连续,形成电偶极子。设电偶极子两端电荷为 $+q$ 和 $-q$,其长度为 Δl。已知

$$q(t) = q_m \sin\omega t \tag{2-52}$$

则传导电流

$$i(t) = \frac{\mathrm{d}q}{\mathrm{d}t} = \omega q_m \cos\omega t = I_m \sin\left(\omega t + \frac{\pi}{2}\right) \tag{2-53}$$

传导电流与位移电流共同激励磁场,磁场变化与库仑电荷共同激励电场,而电磁场以波的方式传播。

根据麦克斯韦方程组,可以得出电磁场的分布函数

$$H = \alpha^0 \left(\frac{i}{4\pi r^2} + \frac{i'}{4\pi c r}\right)\Delta l \sin\theta \tag{2-54}$$

$$E = r^0 \left(\frac{q}{4\pi\varepsilon_0 r^3} + \frac{i}{4\pi\varepsilon_0 c r^2}\right)\Delta l 2\cos\theta + \theta^0 \left(\frac{q}{4\pi\varepsilon_0 r^3} + \frac{i}{4\pi\varepsilon_0 c r^2} + \frac{i'}{4\pi\varepsilon_0 c^2 r}\right)\Delta l \sin\theta \tag{2-55}$$

式中,i' 为电流 i 对时间的导数,c 为传播速度光速,真空或空气中的 $c = \dfrac{1}{\sqrt{\varepsilon_0 \mu_0}} = 3 \times 10^8 \,\mathrm{m/s}$。

在近区($r \ll \lambda/2\pi$),H 中主要作用的是 $1/r^2$ 项,而 E 中起主要作用的是 $1/r^3$ 项,故该区中

$$H = \alpha^0 \frac{i}{4\pi r^2}\Delta l \sin\theta \tag{2-56}$$

$$E = r^0 \frac{q}{4\pi\varepsilon_0 r^3}\Delta l 2\cos\theta + \theta^0 \frac{q}{4\pi\varepsilon_0 r^3}\Delta l \sin\theta \tag{2-57}$$

这与静态场中电流元的磁场和电偶极子的电场结果一致。

从场量表达式可知,在电偶极子近区,辐射场的电场和磁场相位相差 $90°$,电磁场的平均坡印廷矢量为 0,故不存在传播的电磁波,因此这个区域的场称为感应场。近区电磁场有如下特点:

(1) 在近区场内,电场强度和磁场强度大小没有确定的比例关系。

(2) 近区场电磁场强度比远区场电磁场强度大得多,而且其衰减速度也要比远区场快得多。

(3) 近场区不能脱离场源而独立存在。

在远区($r \gg \lambda/2\pi$),H 和 E 中起主要作用的是 $1/r$ 项,故该区中

$$H = \alpha^0 \frac{i'}{4\pi cr} \Delta l \sin\theta \tag{2-58}$$

$$E = \theta^0 \frac{i'}{4\pi\varepsilon_0 c^2 r} \Delta l \sin\theta \tag{2-59}$$

它决定于 i' 即 q'' 的大小,也就是由电荷的加速度所引起的。

值得注意的是,在远区,电场和磁场的振幅仅与 r 的一次方成反比。正是由于仅一次方,才有可能远距离传播信号,因此远区场为辐射场,并具有如下特点:

(1)电场和磁场的振幅 $\propto \sin\theta/r$。

(2)电场和磁场均垂直于传播方向,即为横波。

(3)有电磁能量向外辐射。

(4)辐射能量非均匀分布。$\theta = 0$ 和 π,辐射场为零(最小值);$\theta = \pi/2$ 时,辐射场取最大值。

2.5　电磁耦合

在空气环境和水环境中,污染物由污染源传送到外环境的过程叫迁移或扩散。在声环境问题上,噪声由污染源(声源)传送到外环境的过程叫声音的传播;在环境电磁研究中,可把电磁能量由"源"传送到外环境的过程叫"耦合"。除减少电磁污染源外,研究搞清电磁耦合途径并抑制电磁场的传播是解决电磁污染问题的重要措施。电磁耦合途径可分为三类:辐射耦合、传导耦合和感应耦合,其中感应耦合又可分电感应和磁感应两种。

2.5.1　辐射耦合

射频设备所形成的电磁场,在半径为一个波长范围之外是以空间辐射的方式将能量传播出去的,而在半径为一个波长的范围内则主要是以感应的方式将能量施加于附近的设备和人体上的,前者为辐射耦合。射频设备视为发射天线,如图 2-48 所示。

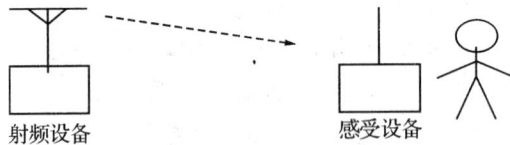

图 2-48　辐射耦合途径

辐射电场强度是衡量辐射耦合强弱的主要指标。借助单元辐射子理论,分析射频电路所产生的辐射耦合影响,无论是小段电路单元还是小型回路,辐射电场强度均与 $1/r$ 成比例(r 为电路中心至场点的距离)。

2.5.2　传导耦合

传导耦合是指通过电路回路间公共阻抗或互阻抗形成的耦合。借助电路理论可以直接计算传导耦合的影响。若回路 1 和 2 各自独立,互不影响,如图 2-49(a)所示,回路 1 中有电流,回路 2 中无电流。若回路 1 和 2 有公共阻抗,如图 2-49(b)所示,回路 1 有电流则回路 2 也有电流,形成传导耦合。

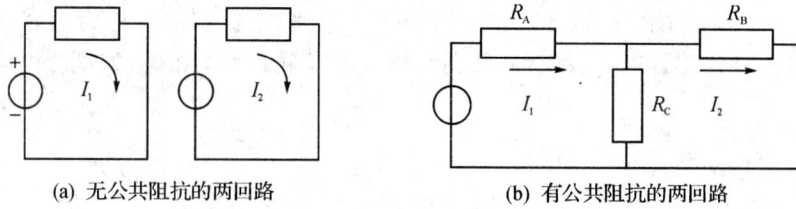

(a) 无公共阻抗的两回路　　　　　(b) 有公共阻抗的两回路

图 2-49

$$I_2 = \frac{R_C}{R_B + R_C}I_1 \tag{2-60}$$

这里 R_C 是公共阻抗,或耦合阻抗。显然,R_C 越小,则耦合越弱。

典型的共阻抗耦合发生于接同一地网的两回路之间。如回路 1 为工频电力线路,接地网阻抗可视为电阻,则共阻抗耦合成为电阻性耦合。这在研究电力线路对通信线路的影响时将经常使用。

降低耦合的两种思路:"短路"和"断路"。电磁污染电源和感受设备之间的相互作用可表述为一个双端口网络,其间经由阻抗 Z_A、Z_B、Z_C 形成的 T 型网络相连。如图 2-50 所示,如果 $Z_C = 0$,即短路,则发送端向感受端输送的能量为零。如果 Z_A 或 Z_B 为无限大,即开路,发送端向感受端输送的能量也为零。实际应用中,根据短路的概念尽量降低接地电阻;根据开路的概念尽量隔开发送与感受的两端,距离越远越好,或者在其间加入屏蔽,减少耦合。

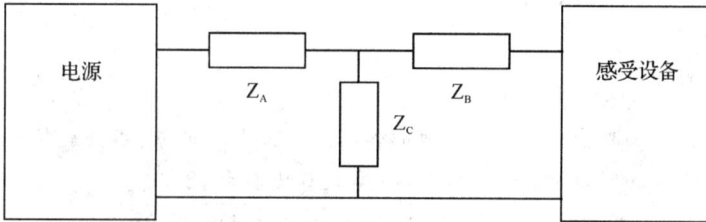

图 2-50　双端口网络

2.5.3　电感应耦合

以平行接近的架空电力线路与通信线路为例。高压架空线路对地电压 U_1 很高,其导线上充有电荷,并在周围建立有强电场,处于该电场中的通信线路导线上将感应有对地电压 U_2,通信线路导线表面靠近电力线路一侧感应有异号电荷,另一侧感应出同号电荷,通过库仑电场产生耦合,称为电感应耦合。若站在地上的人接触通信线路,则将有电流流过人体,电流过大,可能产生危险。

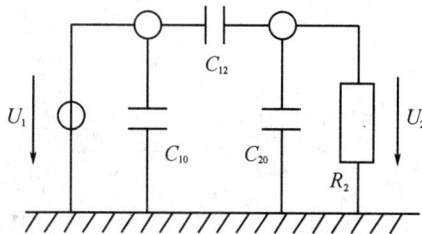

图 2-51　电感应耦合电路模型

对邻近通信线路的影响通过两线路间的电容 C_{12} 来耦合的,故又称为电容性耦合。两线路间的电容 C_{12} 称为耦合电容。耦合的强弱与耦合电容量的大小相关;如耦合电容为零,将无电容性耦合。

2.5.4 磁感应耦合

如图 2-52 所示,两对短传输线平行并接近。当回路 1 中有交流电流 I_1 时,由于两回路间互磁链的存在,在回路 2 中将产生互感电压。若回路 2 是通路,将产生电流。这就是电磁感应耦合,简称磁感应耦合,其等效电路见图 2-53。通过互感产生耦合,又称电感性耦合。耦合的强弱与互感量的大小相关;如果互感量为零,将无电感性耦合。

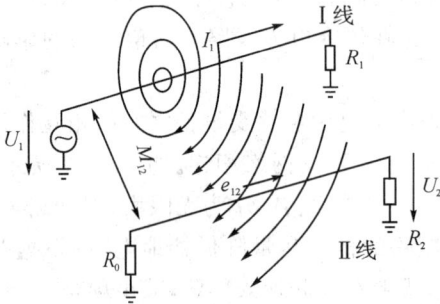

图 2-52 磁感应耦合途径　　图 2-53 磁感应耦合电路模型

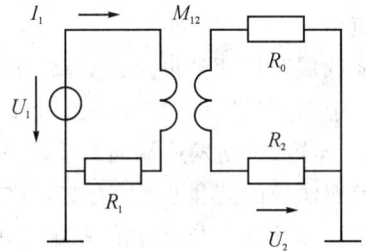

参考文献

[1] 赵凯华,陈熙谋.新概念物理教程·电磁学(第二版)[M].北京:高等教育出版社,2006.

[2] 倪光正.工程电磁场原理[M].北京:高等教育出版社,2002.

[3] 范中和,王晋国.大学物理[M].西安:西北大学出版社,2008.

[4] 吕金钟.大学物理简明教程[M].北京:清华大学出版社,2006.

[5] 姚耿东.电磁辐射的危害及防护[M].北京医科大学和中国协和医科大学联合出版社,1994.

[6] 注册环保工程师专业考试复习教材[M].北京:中国环境科学出版社,2008.

第 3 章　评价标准和监测仪器

本章分为三节,3.1 节介绍环境电磁评价量,简述了环境电磁领域的基本概念、电磁辐射的作用机理,并着重阐述环境电磁标准及法规中涉及的术语,包括基本限值及导出限值等;3.2 节介绍环境电磁评价标准与法规,重点阐述国内外各种电磁辐射标准及相关标准,包括高压交流架空送电无线电干扰限值及工科医射频设备电磁辐射骚扰限值等,并进行对比分析;3.3 节介绍环境电磁监测仪器及其工作原理,简述电磁辐射监测的基础知识以及电场、磁场等基本物理量的测量原理,重点阐述非选频辐射测量仪和选频辐射测量仪的工作原理及其常用设备。

3.1　环境电磁评价量

3.1.1　基本概念

1. 电磁辐射

任何交流电在其周围都会形成交变的电场,交变的电场产生交变的磁场,交变的磁场又产生交变的电场,这种交变的电场与交变的磁场相互垂直,以源为中心向周围空间交替产生并以一定速度传播,同时在传播的过程中向外输送电磁能量的现象称为电磁辐射。

一般来说,雷达系统,电视和广播发射系统,射频感应及介质加热设备,射频及微波医疗设备,各种电加工设备,移动通信发射基站,卫星地球通信站等都可以产生各种形式、不同频率、不同强度的电磁辐射。

2. 电磁辐射暴露

电磁辐射暴露是指人体在电磁场中被动吸收电磁波能量的过程。根据人们对电磁辐射接触意识及承受能力的差别,将电磁辐射暴露区分为职业暴露和公众暴露;而根据人体接受电磁辐射暴露面积的不同,将电磁辐射暴露区分为全身暴露和局部暴露。

职业暴露即对处于控制条件下的成人和受过训练能意识到潜在危险并采取相应措施的人的暴露。职业暴露的持续时间限定为工作时间(8h/d),并延续至整个工作阶段。公众暴露即对处于非控制条件下的各种年龄阶段及不同健康状况,并且不会意识到暴露的发生和对其身体造成的危害,不能有效地采取防护措施的个人的暴露。公众暴露的持续时间为全天 24h。

全身暴露指人体整体暴露于电磁场的暴露。人体表面局部(手或脚部)暴露于电磁场的暴露称为局部暴露(肢体局部暴露)。

3. 阈值及安全因子

电磁辐射评价中的阈值定义为最低暴露水平,低于该水平的电磁辐射暴露没有发现健康危害。阈值的确定必须在掌握电磁辐射生物危害的基础上,对电磁辐射效应的科学资料进行健康风险评估。然而,定量电磁辐射暴露对健康的各种有害影响存在相当大的困难,因此阈值水平存在许多不确定性,比如从动物实验资料推断对人类健康的影响、不同类别和个体的敏感性差异、剂量—效应关系在统计学上的不确定性、剂量的估计以及不同频率暴露和其他环境因素的综合影响等。

安全因子是电磁辐射暴露危害阈值与暴露限值之间的关系因子,其目的是尽量消除阈值水平的不确定性,导出安全可靠的暴露限值。阈值与暴露限值的关系如图 3-1 所示。一般情况下,急性的生物影响能被精确地量化,因而防止这些影响的暴露限值不需要取用大的安全因子。当暴露和有害后果的关系不确定性较大时,则需要有较大的安全因子。ICNIRP 导则按最不利条件得出的暴露限值对职业人员和公众分别含有 10 倍和 50 倍的安全因子。

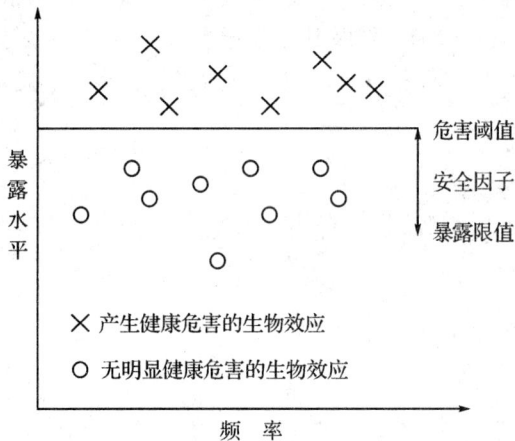

图 3-1　阈值与暴露限值关系

4. 近区场和远区场

电磁辐射源产生的交变电磁场可分为性质不同的两个部分,其中一部分电磁场能量在辐射源周围空间及辐射源之间周期性地来回流动,不向外发射,称为感应场;另一部分电磁场能量脱离辐射体,以电磁波的形式向外发射,称为辐射场。

一般情况下,电磁辐射场根据感应场和辐射场的不同而区分为近区场(感应场)和远区场(辐射场)。

(1)近区场

近区场,也称作感应场,是以场源为中心,在一倍(或三倍)波长范围内的区域。近区场的主要特点如下:在近区场内,电场强度与磁场强度的大小没有确定的比例关系。一般情况下,对于电压高电流小的场源(如发射天线等),电场比磁场强得多;对于电压低电流大的场源(如电流线圈),磁场远强于电场。近区场的电磁场强度比远区场大得多,且近区场电磁场强度随距离的衰减很快。另外,近区场电磁感应现象与场源密切相关,不能脱离场源而独立存在。

(2)远区场

相对于近区场而言,在以场源为中心,半径在一倍(或三倍)波长之外的空间范围称为远区场,也称为辐射场。远区场的主要特点如下:在远区场中,所有电磁能量基本上均以电磁波形式辐射传播,辐射强度的衰减要比感应场慢很多。在国际单位制中,远区场电场强度与磁场强度有如下关系:

$$E = \sqrt{\mu_0/\varepsilon_0}\,H = 120\pi H \approx 377H \qquad\qquad (3\text{-}1)$$

电场与磁场方向互相垂直,并都垂直于电磁波的传播方向。远区场为弱场,其电场、磁场强度均较小。

通常,对于一个固定的可以产生一定强度的电磁辐射源来说,近区场辐射的电磁场强度较大,因此,近区场电磁辐射防护尤为重要。对电磁辐射近区场的防护,首先是对作业人员及处在近区场环境内人员的防护,其次是对近区场内的各种电子、电气设备的防护。而对于远区场,由于电磁场强较小,通常对人的危害较小,主要考虑对电信号进行保护。

5. 合成场强

直流带电导体上电荷产生的场和导体电晕引起的空间电荷产生的场合成后的电场强度称为合成场强,单位为 kV/m,其在大地表面的值为地面合成场强。

6. 离子流密度

直流导体电晕时,电离形成的离子在电场力的作用下,向空间运动形成离子流。地面单位面积截获的离子流称为离子流密度,单位为 nA/m²。

7. 电磁干扰及电磁兼容性

电磁干扰(EMI):由电磁骚扰引起的装置、设备或系统性能的降低。此定义中的电磁骚扰是指任何可能引起装置、设备或系统性能降低或者对有生命或无生命物质产生损害作用的电磁现象;性能降低是指装置、设备或系统的工作性能与正常性能非期望的偏离。

电磁兼容性(EMC):设备或系统在其电磁环境中能正常工作且不对该环境中任何事物构成不能承受的电磁骚扰的能力。定义中的"能正常工作"是指装置(设备或系统)是"能容忍其他事物的影响",即装置对在它的环境中出现的骚扰是不敏感的;而"不会构成不能承受的骚扰"是指装置"不给其他事物产生侵害",即装置的发射不会导致电磁干扰。

在电磁兼容的情况下,电磁环境是这样一种环境,在该环境中的每一个事物都能和谐共处。如果把一台装置加入到该环境中而不会引起 EMI 时,即意味着这台装置具有电磁兼容的特性。

8. 电磁环境

电磁环境:存在于给定场所的所有电磁现象的总和。一般来说,这个总和与时间有关,对它的描述需要用统计的方法。

设备的电磁兼容性是相对于一定电磁环境而言的,也就是说一个设备或装置在某一特殊环境中具有电磁兼容性,但在另一环境中不一定是电磁兼容的。

9. 敏感性和抗扰度

敏感性:在有电磁骚扰存在的情况下,装置、设备或系统没有不降低其运行性能的能力。

抗扰度:在有电磁骚扰存在的情况下,装置、设备或系统具有不降低其运行性能的能力。

敏感性和抗扰度的概念相互对立,都是设备、装置或系统的基本特性。一般而言,抗扰度越高,敏感性越低。

10. 等效辐射功率

在 1000MHz 以下,等效辐射功率等于机器标称功率与对半波天线而言的天线增益的乘积;在 1000MHz 以上,等效辐射功率等于机器标称功率与全向天线增益的乘积。

11. 信噪比

信噪比,英文名称叫做 SNR 或 S/N,是指一个设备或者电子系统中信号与噪声的比例。这里面的信号指的是来自设备外部需要通过这台设备进行处理的电子信号,噪声是指经过该设备后产生的原信号中并不存在的无规则的额外信号(或信息),并且该种信号并不随原信号的变化而变化。

信噪比的计量单位是 dB,其计算公式如 3-2 所示。

$$SNR = 10 \lg \frac{P_s}{P_n} = 20 \lg \frac{V_s}{V_n} \tag{3-2}$$

式中,P_s 和 P_n 分别代表信号和噪声的有效功率;V_s 和 V_n 分别代表信号和噪声电压的"有效值"。

3.1.2　辐射效应

电磁辐射危害人体的机理主要是热效应、非热效应和累积效应等。

1. 热效应

热效应是指人体中的水分子受到电磁波辐射后相互摩擦,引起机体升温,从而影响到体内器官的正常工作。水是构成人体的重要组成部分,生物水具有很强的偶极性。当人体处于电磁场中时,人体的极性分子(如水)在电场作用下(形成偶极子)有一定的取向性,即在自然状况下排列较为紊乱的极性分子按阴阳极调整排列,产生取向运动。在交变电流电磁波不断变化的情况下,极性分子将随着频率变化而来回排队。这样,在分子运动时会互相碰撞摩擦而产生热,在交变频率高时,产生的热来不及散失,从而使机体温度上升,表现出热效应。电磁振荡频率越高,体内分子取向作用越剧烈,热作用也就越突出,产生的损伤也越严重。当辐射功率密度 S 大于 $100 \mathrm{mW/cm^2}$,人体吸收的电磁波能量转化的热量超过人体温度调节能力时,人体将出现高温生理反应,严重时造成神经衰弱、白细胞减少等病变。

2. 非热效应

非热效应是指人体的器官和组织都存在稳定有序的微弱电磁场,一旦受到外界电磁场的干扰,处于平衡状态的微弱电磁场便遭到破坏,人体也会遭受损伤。人体受到长时间强度不大的电磁辐射时,虽然人体温度没有明显升高,但会引起人体细胞膜共振,出现膜电位改变,使细胞的活动能力受限。因此,非热效应也被称为"谐振"效应。当超过一定强度的电磁波长时间地作用在人体时,虽然人体的温度没有明显升高,但会引起人体细胞膜的共振,使细胞的活动能力受限。这种在分子及细胞水平上发生的效应既复杂又精细,会使人出现诸如心率、血压改变及失眠、头晕、疲劳、健忘等生理反应。

3. 累积效应

累积效应是指热效应和非热效应对人体的伤害尚未自我修复之前,再次受到电磁波辐射,其伤害程度发生累积,造成永久性病态,危及生命。对于长期接触电磁波辐射的群体,即使功率很小,频率很低,也可能会诱发想不到的病变,应引起警惕。

3.1.3　基本限值

基本限值:指直接根据已确定的健康效应而制定的暴露于时变电场、磁场和电磁场的限值。根据场的频率不同,用来表示此类限值的物理量有电流密度(J)、比吸收率(SAR)和入射功率密度(S)。基本限值物理量通常难于直接测量,只有暴露者在空气中的功率密度可以迅速测量。

国际导则中使用的基本限值物理量反映了不同频率下影响健康的最低阈值。在低频范围($1 \mathrm{Hz} \sim 10 \mathrm{MHz}$),基本限值是电流密度($J$,$\mathrm{A/m^2}$),它是为了防止对易激励组织(如神经和肌肉细胞)的影响;在高频范围(100kHz~10GHz),基本限值是比吸收率(SAR,W/kg),它是为了防止全身热应力和局部加热。在中频范围(100kHz~10MHz),其限值是电流密度和 SAR 两者。而在很高的频率范围(10GHz~300GHz)下,基本限值是入射功率密度(S,W/m^2),它是为了防止邻近或表皮上的组织过热。只要不超出这些基本限值,就可确认不会发生已知的急性有害健康效应。

1. 电流密度

如第 2.1.4 节所述,电流密度矢量 j 是描述导体中某点电流强弱和流动方向的物理量,其大小定义见式(3-3)。电流密度与导体的微观导电特性有关。人体在电磁场中接触导电物体时产生的通过人体到地的电流称为接触(感觉)电流。

$$|j| = \lim_{\Delta S_{\perp} \to 0} \frac{\Delta I}{\Delta S_{\perp}} = \frac{\mathrm{d}I}{\mathrm{d}S_{\perp}} = \frac{\mathrm{d}q}{\mathrm{d}t \cdot \mathrm{d}S_{\perp}} \tag{3-3}$$

2. 比吸收率

比吸收率 SAR 指生物体单位时间($\mathrm{d}t$)、单位质量($\mathrm{d}m$ 或 $\rho \mathrm{d}V$)吸收的电磁辐射能量($\mathrm{d}W$),单位为 W/kg。 SAR 可按以下式计算:

$$SAR = \frac{\mathrm{d}}{\mathrm{d}t}\left(\frac{\mathrm{d}W}{\mathrm{d}m}\right) = \frac{\mathrm{d}}{\mathrm{d}t}\left(\frac{\mathrm{d}W}{\rho \mathrm{d}V}\right) \tag{3-4}$$

$$SAR = \frac{\sigma E^2}{\rho} \tag{3-5}$$

$$SAR = c_h \frac{\mathrm{d}T}{\mathrm{d}t}\bigg|_{t=0} \tag{3-6}$$

式中,E 为组织中电场强度的有效值(V/m);σ 为机体组织的导电率(S/m);ρ 为机体组织的密度(kg/m^3);c_h 为机体组织的热容量(J/(kg·K));$\frac{\mathrm{d}T}{\mathrm{d}t}\big|_{t=0}$ 为起始时刻机体组织内的温度变化率(K/s)。比吸收能(SA)指生物体单位质量所吸收的电磁辐射能量(J/kg);SAR 值越低,表明被生物体吸收的电磁辐射能量越少。

3. 功率密度

功率密度 S,代表电磁场中能流密度,即在单位时间内穿过垂直于传播方向的单位面积的能量。电磁场功率密度 S 定义为电场强度 E 与磁场强度 H 叉乘所得矢量,即 $E \times H$,单位为 W/m^2。

3.1.4　导出限值

导出限值:用以评估实际暴露条件下基本限值是否被超出。导出限值是便于直接测量的物理量,或根据基本限值用测量和计算直接导出,或依据电磁场(EMF)暴露下的感觉及不利影响间接导出。导出限值的物理量包括电场强度(E)、磁感应强度即磁通量密度(B)、磁场强度(H)、功率密度(S)和流过肢体的电流(I_L)。通过感觉和其他间接影响导出的物理量包括接触电流(I_C)和脉冲场条件下的比吸收能(SA)。导出限值在 ICNIRP 导则中可理解成"参照水平",而在 IEEE 标准中对应为"最大许可暴露水平"。

在特定 EMF 暴露下,将各物理量的测量值或计算值与相应的导出限值进行比较,遵守导出限值则必然遵守对应的基本限值,但是超出导出限值,并不意味着一定超出基本限值。因此,一旦导出限值被超出,则必须检验相应基本限值的符合性,并决定是否有必要采取额外保护措施。

1. 电场强度

如第2章中所述,电场强度 E 是用来表示电场的强弱和方向的基本物理量,简称场强。电场强度遵从场强叠加原理,即空间总的场强等于各电场单独存在时场强的矢量和,它表明各个电场独立作用,并不受其他电场影响。

2. 磁感应强度

如第2章所述,磁感应强度 B 是描述磁场强弱和方向的基本物理量。在磁场中任意一点 P 处磁感应强度 B 矢量可用运动点电荷 q 在磁场中某点所受的磁场力来定义。当带电粒子的速度沿磁场某一方向运动时,受力为零的方向,定义为磁感应强度的方向。当带电粒子的速度 v 在任意方向时,受力 F 的大小与 $qv\sin\theta$ 成正比,θ 为 v 和 B 之间的夹角,F 与 $qv\sin\theta$ 的比值对于确定的场点 P 有唯一的量值,这个值代表了在该场点处磁场的强弱,即磁感应强度 B 的大小为:

$$B = \frac{F}{qv\sin\theta} \tag{3-7}$$

3. 磁场强度

如第2章所述,磁场强度 H 是表征磁场强弱和方向的辅助物理量。磁场强度 H 定义为在任意磁介质中,磁场中某点磁感应强度与该点磁导率的比值

$$H = \frac{B}{\mu} \tag{3-8}$$

式中 μ 为磁导率,与磁介质特性相关。磁场强度 H 与磁感应强度 B 的区别在于 B 考虑了磁介质在磁场中的磁化对磁场本身产生的影响。因此,在均匀磁介质的情况下,包括介质因磁化而产生的磁场则用磁感应强度 B 表示,单纯电流或运动电荷所引起的磁场则用磁场强度 H 表示。在同样磁场的情况下,如果放入不同的介质就有不同的磁感应强度 B,但是磁场强度 H 无变化。

出于防护目的而描述磁场特性时,只需要考察 B 或 H 中的一个物理量。

4. 接触电流

接触电流 IC 表示人体在电磁场中接触导电物体时产生的通过人体到地的电流,单位为 A(安培)。

3.2　环境电磁评价标准和法规

早在20世纪50年代,以美国和苏联为代表的许多国家开展了电磁辐射防护标准的研究工作。近年来,许多国家和组织在电磁辐射控制技术方面开展了大量的研究工作,并制定了一系列的限值标准。但由于各国对电磁场生物效应的研究水平及对标准限值依据的选取等方面存在着较大差异,各国标准限值差别很大,目前国际上尚未形成统一的电磁辐射防护标准。

3.2.1　国外电磁辐射标准

国际上两大关于电磁辐射的主流标准,一个是国际非电离辐射防护委员会(ICNIRP)制定的《Guidelines for Limiting Exposure to Time-Varying Electric, Magnetic and Electromagnetic Fields (up to 300GHz)》(简称 ICNIRP 导则,1998年出版),主要使用范围在欧洲、日本、新加坡、巴西、以色列以及我国的香港特区。但值得注意的是,欧盟部分国家如意大利、瑞士及比利时,在 ICNIRP 导则的基础上制定了更加严格的标准。目前,移动制造商论坛(MMF)正在

中国积极进行宣传活动,希望中国也采用 ICNIRP 标准。我国目前正参照 ICNIPR 标准对现行《电磁辐射防护规定》进行修订。

另一个主流标准是美国国家标准协会(ANSI)和美国电子电气工程师协会(IEEE) 共同制定的《IEEE Standard for Safety Levels with Respect to Human Exposure to Radio Frequency Electromagnetic Fields 3kHz to 300GHz》(最新版为 IEEEC95.1-2005,简称 IEEE 标准),主要使用范围在美国,加拿大,澳大利亚和韩国等地区。

1. ICNIRP 导则

ICNIRP 导则根据人们对电磁辐射接触意识及承受能力的差别将电磁暴露区分为职业暴露与公众暴露两类,对 300GHz 以下电磁辐射职业暴露和公众暴露的基本限值及导出限值做了详细规定。ICNIRP 导则采用的限值不是安全与危害的界限,而是可接受防护水平的上限。

不同频率范围的基本限值物理量不同:在 1Hz ～ 10MHz 频率范围内,基本限值主要是电流密度;在 100kHz ～ 10GHz 频率范围内,基本限值主要是 SAR;在 100kHz ～ 10MHz 频率范围内,基本限值包括电流密度和 SAR;在 10 ～ 300GHz 频率范围内,基本限值使用功率密度,详见表 3-1。

表 3-1　时变电场和磁场基本限值

暴露特性	频谱范围	头部和躯干电流密度/(mA/m²)	全身平均 SAR/(W/kg)	局部暴露 SAR (头部和躯干)/(W/kg)	局部暴露 SAR (肢体)/(W/kg)	功率密度/(W/m²)
职业暴露	＜1Hz	40	—	—	—	—
	1 ～ 4Hz	40/f	—	—	—	—
	0.004 ～ 1kHz	10	—	—	—	—
	1 ～ 100kHz	$f/100$	—	—	—	—
	0.1 ～ 10MHz	$f/100$	0.4	10	20	—
	0.01 ～ 10GHz	—	0.4	10	20	—
	10 ～ 300GHz	—	—	—	—	50
公众暴露	＜1Hz	8	—	—	—	—
	1 ～ 4Hz	8/f	—	—	—	—
	0.004 ～ 1kHz	2	—	—	—	—
	1 ～ 100kHz	$f/500$	—	—	—	—
	0.1 ～ 10MHz	$f/500$	0.08	2	4	—
	0.01 ～ 10GHz	—	0.08	2	4	—
	10 ～ 300GHz	—	—	—	—	10

注:1. f 为频率;

2. 由于身体的电特性不均匀,电流密度应取为垂直于电流方向的 1cm² 横截面的平均值。

3. 对于 100kHz 及其以下的频率,可通过将均方根乘以 2 的平方根(约 1.414)得到峰值电流密度值。

4. 对于频率高达 100kHz 以及脉冲磁场而言,与脉冲相关的最大电流密度可通过磁通量密度上升和下降次数以及最大变化率进行计算。感应电流密度可与基本限值进行比较。

5. 所有 SAR 值都为任意 6 分钟内的平均值;

6. 局部暴露 SAR 平均值是利用任意 10g 相邻组织内的平均量来进行计算的。这样获得的最大 SAR 值作为暴露评估指标。

7. 对于宽度 t_p 的脉冲而言,基本限值应用的等效频率应这样计算 $f = 1/(2t_p)$。此外,对于脉冲照射而言,在 0.3 ～ 10GHz 的频率范围内,在头部局部照射的情况下,为了限制或避免由于热膨胀导致的听力效应,建议采用额外的基本限值。对于工人而言,SA 不得超过 10mJ·kg⁻¹,对于一般人群而言,SA 不得超过 2mJ·kg⁻¹(10g 组织平均值)。

8. 功率密度应在 20cm² 的照射面积和任意 $68/f^{1.05}$ 分钟的作用时间内进行平均,后者是为了补偿随着频率的增加逐渐减小的透入深度。空间功率密度最大值,平均 1cm² 不应超过上述值的 20 倍。

ICNIRP 导则对时变电场和磁场职业暴露及公众暴露的导出限值,见表 3-2。

表 3-2 时变电场和磁场导出限值(无干扰情况下的均方根值)

暴露特性	频率范围	电场强度 $E/(V/m)$	磁场强度 $H/(A/m)$	磁通密度 $B/\mu T$	等效平面波功率密度 $S_{eq}/(W/m^2)$
职业暴露	$<1Hz$	—	1.63×10^5	2×10^5	—
	$1 \sim 8Hz$	20000	1.63×10^5	$2 \times 10^5/f$	—
	$8 \sim 25Hz$	20000	$2 \times 10^4/f$	$2.5 \times 10^4/f$	—
	$0.025 \sim 0.82kHz$	$500/f$	$20/f$	$25/f$	—
	$0.82 \sim 65kHz$	610	24.4	30.7	—
	$0.065 \sim 1MHz$	610	$1.6/f$	$2.0/f$	—
	$1 \sim 10MHz$	$610/f$	$1.6/f$	$2.0/f$	—
	$1 \sim 400MHz$	61	0.16	0.2	10
	$400 \sim 2000MHz$	$3f^{1/2}$	$0.008f^{1/2}$	$0.01f^{1/2}$	$f/40$
	$2 \sim 300GHz$	137	0.36	0.45	50
公众暴露	$<1Hz$	—	3.2×10^4	4×10^4	—
	$1 \sim 8Hz$	10000	$3.2 \times 10^4/f^2$	$4 \times 10^4/f^2$	—
	$8 \sim 25Hz$	10000	$4000/f$	$5000/f$	—
	$0.025 \sim 0.8kHz$	$250/f$	$4/f$	$5/f$	—
	$0.8 \sim 3kHz$	$250/f$	5	6.25	—
	$3 \sim 150kHz$	87	5	6.25	—
	$0.15 \sim 1MHz$	87	$0.73/f$	$0.92/f$	—
	$1 \sim 10MHz$	$87/f^{1/2}$	$0.73/f$	$0.92/f$	—
	$10 \sim 400MHz$	28	0.073	0.092	2
	$400 \sim 2000MHz$	$1.375f^{1/2}$	$0.0037f^{1/2}$	$0.0046f^{1/2}$	$f/200$
	$2 \sim 300GHz$	61	0.16	0.20	10

注:1. f 指频率范围栏里的单位。

2. 如果符合基本限值而且可排除间接不良反应,场强值 E 限值可被超越。

3. 频率在 $100kHz \sim 10GHz$ 范围之间而言,S_{eq}、E^2、H^2 和 B^2 都是在任意 6 分钟内的平均值。

4. 频率在 $100kHz$ 及其以下的峰值,请参见表 3-1 的注解 3。

5. 频率在 $100kHz \sim 10MHz$ 范围内,场强峰值是通过在 $100kHz$ 峰值的 1.5 倍和 $10MHz$ 峰值的 32 倍内插值而得的。对于超过 $10MHz$ 的频率而言,建议峰值等效平面波功率密度(通过脉冲宽度进行平均)不要超过 S_{eq} 限值的 1000 倍,或者场强不要超过表中说明的场强照射水平的 32 倍。

6. 超过 $10GHz$ 的频率而言,S_{eq}、E^2、H^2 和 B^2 都可在任意 $68/f^{1.05}$ 分钟期限(f 单位为 GHz)内进行平均。

7. 本表未提供频率低于 $1Hz$ 电磁波的电场强度导出限值,这种情况下的电场可视为静态电场。

2. IEEE 标准

IEEE 标准的最新版为 IEEEC95.1-2005,该版本将辐射区划分为控制区和公众区,其划分依据是在该区域中辐射强度是否可控、是否可采用相应的防护措施来防止辐射的危害。IEEE 标准采用了基本限值和最大容许暴露量的概念,限值水平与 ICNIRP 导则有一定差异。

基本限值是在已确定的有害健康效应的基础上,取一定的安全系数而得到的,在本标准中以人体组织内电场强度、比吸收率和入射功率密度表示。最大容许暴露量是由基本限值导出的,相当于 ICNIRP 导则中的导出限值(参照水平)。相对于基本限值,最大容许暴露量采用的安全系数较大,当辐射强度超出最大容许暴露量时,有可能不会超出基本限值。

标准中采用了两套独立的限值体系,分别基于电刺激效应和热效应,适用频率范围分别为 3kHz ～ 5MHz 和 100kHz ～ 300GHz,其目的分别是防止最小化电刺激引起的有害健康效应和热效应引起的有害健康效应。当频率范围为 0.1 ～ 5MHz 时,暴露量应同时遵守上述两套限值体系。

表 3-3 表示基于电刺激效应的人体组织内电场强度基本限值。

表 3-3　人体不同组织内电场强度基本限值(均方根值)

暴露组织	频率 f_e/(Hz)	电场强度 E_0/(V/m)	
		公众区	控制区
脑部	20	5.89×10^{-3}	1.77×10^{-2}
心脏	167	0.943	0.943
四肢	3350	2.10	2.10
其他组织	3350	0.701	2.10

注:当频率 $f \leqslant f_e$ 时,人体组织内的最大感应电场强度限值 $E_i = E_0$;当 $f \geqslant f_e$ 时,场强限值 $E_i = E_0(f/f_e)$。

表 3-4 列出了基于电刺激效应的人体局部暴露和全身暴露的最大容许暴露量。

表 3-4　人体组织及全身最大容许暴露量(3kHz ～ 5MHz)

暴露组织	频谱范围 /(kHz)	公众区			控制区		
		磁感应强度 B/(mT)	磁场强度 H/(A/m)	电场强度 E/(V/m)	磁感应强度 B/(mT)	磁场强度 H/(A/m)	电场强度 E/(V/m)
脑部及躯干	3.0 ～ 3.35	$0.687/f$	$547/f$	—	$2.06/f$	$1640/f$	—
	3.35 ～ 5000	0.205	163	—	0.615	490	—
四肢	3.0 ～ 3.35	$3.79/f$	$3016/f$	—	$3.79/f$	$3016/f$	—
	3.35 ～ 5000	1.13	900	—	1.13	900	—
全身	3 ～ 100	—	—	614	—	—	1842

表 3-5 列出了基于热效应的基本限值,表 3-6 和表 3-7 分别列出了控制区和公众区电磁场最大容许暴露量。

表 3-5　基于热效应的基本限值(100kHz ～ 300GHz)

—	—	公众暴露 SAR/(W/kg)	控制区暴露 SAR/(W/kg)
全身暴露	全身平均	0.08	0.4
局部暴露	局部空间峰值	2	10
	四肢末梢	4	20

注:SAR 为每 10g 组织、6min 的平均值。

表 3-6　控制区电磁场最大容许暴露量(100kHz ～ 300GHz)

频率范围 /(MHz)	电场强度 E/(V/m)	磁场强度 H/(A/m)	功率密度 S/(W/m²)	平均时间 /(min)
0.1 ～ 1.0	1842	$16.3/f_M$	$(900,10000016.3/f_M^2)$	6
1.0 ～ 30	$1842/f_M$	$16.3/f_M$	$(9000/f_M^2,100000/f_M^2)$	6
30 ～ 100	61.4	$16.3/f_M$	$(10100000/f_M^2)$	6
100 ～ 300	61.4	0.163	10	6
300 ～ 3000	—	—	$f_M/30$	6
3000 ～ 30000	—	—	100	$19.63/f_G^{1.079}$
30000 ～ 300000	—	—	100	$2.524/f_G^{0.476}$

注:f_M 表示频率 f 的单位为 MHz,f_G 表示频率 f 的单位为 GHz。

表 3-7 公众区电磁场最大容许暴露量(100kHz ～ 300GHz)

频率范围 /(MHz)	电场强度 E/(V/m)	磁场强度 H/(A/m)	功率密度 S/(W/m^2)	平均时间 /(min)	
0.1 ～ 1.34	614	$16.3/f_M$	$(1000,100000/f_M^2)$	6	6
1.34 ～ 3	$823.8/f_M$	$16.3/f_M$	$(1800/f_M^2,100000/f_M^2)$	$f_M^2/0.3$	6
3 ～ 30	$823.8/f_M$	$16.3/f_M$	$(1800/f_M^2,100000/f_M^2)$	30	6
30 ～ 100	27.5	$158.3/f_M^{1.668}$	$(29400000/f_M^{3.336})$	30	$0.0636f_M^{1.337}$
100 ～ 400	27.5	0.729	2	30	30
400 ～ 2000	—	—	$f_M/200$	30	
2000 ～ 5000	—		10	30	
5000 ～ 30000	—		10	$150/f_G$	
30000 ～ 100000	—		10	$25.24/f_G^{0.476}$	
100000 ～ 300000			$(90f_G-7000)/200$	$5048/[(9f_G-700)f_G^{0.476}]$	

注:f_M 表示频率 f 的单位为 MHz,f_G 表示频率 f 的单位为 GHz。

3. ICNIRP 导则与 IEEE 标准对照

ICNIRP 导则和 IEEE 标准同为世界卫生组织明确推荐的人体暴露标准,两者的制定原则与限值体系相同。包括:

(1)针对已确定的健康危害制定暴露限值

ICNIRP 导则与 IEEE 标准均是在电磁场已确定的对人体健康影响的基础上确定暴露阈值水平,并赋予足够大的安全因子后,提出暴露限值。

(2)建立包括基本限值和导出限值的限值体系

ICNIRP 导则和 IEEE 标准都包含了基本限值和导出限值(最大允许暴露水平),并都含有可接受的安全因子。

当然,ICNIRP 导则与 IEEE 标准相比也存在一些技术性的差异,主要包括:

(1)同为暴露标准,但定位侧重有所差异

ICNIRP 导则把暴露人群分类为公众与职业人员两类,并分别对"公众暴露"与"职业暴露"给予了不同的安全因子。导则本身并不针对特定的暴露环境提出不同的限值规定,但明确指出:表中按最不利条件得出的暴露限值对职业人员和公众分别含有 10 倍和 50 倍安全因子;在符合基本限值而有害的非直接影响可以排除时,参照水平可以超过;对特殊职业,在排除与带电导体接触产生的非直接影响的条件下,电场强度参照水平可增加 1 倍。

相比而言,IEEE 标准则更侧重于针对不同暴露人群以及不同工程环境,制定明确的暴露限值。IEEE 标准将暴露环境区分为"公众"和"受控环境"两大类,针对公众可进入的某些特殊电磁环境,如电力线路等进行了重点分析与评估。从上述角度看,IEEE 标准的定位更具有"环境质量控制标准"(同属"暴露标准")的特点。

(2)确定基本限值时所取的安全因子大小差异

从暴露限值看,IEEE 标准所取的安全因子比 ICNIRP 导则为小,这主要表现为在磁场暴露限值上存在一定差异,而在电场暴露限值上两者基本一致。

3.2.2 国内电磁辐射标准

长期以来,《电磁辐射防护规定》(GB8702-88)是我国环保部门对环境电磁辐射进行验收的依据和目前进行辐射控制的主要标准,目前该标准正在修订中,在标准修订后的报批稿中将该标准名改为《电磁环境公众曝露控制限值》。此外,卫生部制定的"卫生标准",如《环境电磁波卫生标准》(GB9175-88)、《作业场所微波辐射卫生标准》(GB10436-89)、《微波和超短波通信设备辐射安全要求》(GB12638-90)、《作业场所超高频辐射卫生标准》(GB10437-89)和《作业场所工频电场卫生标准》(GB16203-1996)等也是开展环境电磁辐射评价的重要参考标准。

1. 电磁辐射防护规定(GB8702-88)

(1)总则

① 为防止电磁辐射污染、保护环境、保障公众健康、促进伴有电磁辐射的正当实践'的发展,制定本规定。

② 本规定适用于中华人民共和国境内产生电磁辐射污染的一切单位或个人、一切设施或设备。但本规定的防护限值不适用于为病人安排的医疗或诊断照射。

③ 本规定中防护限值的范围为 100kHz～300GHz。

④ 本规定中的防护限值是可以接受的防护水平的上限,并包括各种可能的电磁辐射污染的总量值。

⑤ 一切产生电磁辐射污染的单位或个人,应本着"可合理达到尽量低"的原则,努力减少其电磁辐射污染水平。

⑥ 一切产生电磁辐射污染的单位或部门,均可以制定各自的管理限值(标准),各单位或部门的管理限值(标准)应严于本规定的限值。

(2)电磁辐射防护基本限值

① 职业照射:在每天 8h 工作期间内,任意连续 6min 按全身平均的比吸收率(SAR)应小于 0.1W/kg。

② 公众照射:在 1 天 24h 内,任意连续 6min 按全身平均的比吸收率(SAR)应小于 0.02W/kg。

(3)电磁辐射防护导出限值

① 职业照射:在每天 8h 工作期间内,电磁辐射场的场量参数在任意连续 6min 内的平均值应满足表 3-8 要求。

表 3-8　职业照射导出限值

频率范围 /(MHz)	电场强度 /(V/m)	磁场强度 /(A/m)	功率密度 /(W/m²)
0.1～3	87	0.25	(28)[a]
3～30	$150/f^{0.5}$	$0.40/f^{0.5}$	$(60/f)$[a]
30～3000	(28)[b]	(0.075)[b]	2
3000～15000	$(0.5f^{0.5})$[b]	$(0.0015f^{0.5})$[b]	$f/1500$
15000～30000	(61)[b]	(0.16)[b]	10

注:a. 系平面波等效值,供对照参考。

b. 不作为限值,仅供对照参考;表中 f 是频率,单位为 MHz;表中数据作了取整处理。

② 公众照射:在 1 天 24h 内,环境电磁辐射场的参数在任意连续 6min 内的平均值应满足表 3-9 要求。

表 3-9　公众照射导出限值

频率范围 /(MHz)	电场强度 /(V/m)	磁场强度 /(A/m)	功率密度 /(W/m²)
0.1～3	40	0.1	(40)[a]
3～30	$67/f^{0.5}$	$0.17/f^{0.5}$	$(40/f)$[a]
30～3000	(12)[b]	(0.032)[b]	0.4
3000～15000	$(0.22f^{0.5})$[b]	$(0.001f^{0.5})$[b]	$f/7500$
15000～30000	(27)[b]	(0.073)[b]	2

注:a. 系平面波等效值,供对照参考。

b. 不作为限值,仅供对照参考;表中 f 是频率,单位为 MHz;表中数据作了取整处理。

③ 对于一个辐射体发射几种频率或存在多个辐射体时,其电磁辐射场的场量参数在任意连续 6min 内的平均值之和,应满足式(3-9):

$$\sum_i \sum_j \frac{A_{i,j}}{B_{i,j,L}} \leqslant 1 \tag{3-9}$$

式中,$A_{i,j}$ 代表第 i 个辐射体 j 频段辐射的辐射水平;$B_{i,j,L}$ 表示对应于 j 频段的电磁辐射所规定的照射限值。

④ 对于脉冲电磁波,除满足上述要求外,其瞬时峰值不得超过表 3-8 和表 3-9 中 1、2 所列限值的 1 000 倍。

⑤ 在频率小于 100MHz 的工业、科学和医学等辐射设备附近,职业工作者可以在小于 1.6A/M 的磁场下 8h 连续工作。

2. 环境电磁波卫生标准(GB9175-88)

(1)总则

① 本标准为贯彻《中华人民共和国环境保护法(试行)》,控制电磁波对环境的污染、保护人民健康、促进电磁技术发展而制订。

② 本标准适用于一切人群经常居住和活动场所的环境电磁辐射,不包括职业辐射和射频、微波治疗需要的辐射。

(2)分级标准

以电磁波辐射强度及其频段特性对人体可能引起潜在性不良影响的阈值为界,将环境电磁波容许辐射强度标准分为二级。

① 一级标准为安全区,指在该环境电磁波强度下长期居住、工作、生活的一切人群(包括婴儿、孕妇和老弱病残者),不会受到任何有害影响的区域;新建、改建或扩建电台、电视台和雷达站等发射天线,在其居民覆盖区内,必须符合"一级标准"的要求。

② 二级标准为中间区,指在该环境电磁波强度下长期居住、工作和生活的一切人群(包括婴儿、孕妇和老弱病残者)可能引起潜在性不良反应的区域;在此区内可建造工厂和机关,但不许建造居民住宅、学校、医院和疗养院等,已建造的必须采取适当的防护措施。

超过二级标准地区,对人体可带来有害影响;在此区内可作绿化或种植农作物,但禁止建造居民住宅及人群经常活动的一切公共设施,如机关、工厂、商店和影剧院等;如在此区内已有这些建筑,则应采取措施,或限制辐射时间。

(3)标准容许限值

表 3-10　环境电磁波容许辐射强度分级标准

波段	波长范围	频谱范围	一级区(安全区)		二级区(中间区)	
			容许场强 /(V/m)	功率密度 /(μW/cm²)	容许场强 /(V/m)	功率密度 /(μW/cm²)
长波	3km～1km	100kHz～300kHz	<10	—	<25	—
中波	1km～100m	300kHz～3MHz	<10	—	<25	—
短波	100m～10m	3MHz～30MHz	<10	—	<25	—
超短波	10m～1m	30MHz～300MHz	<5	—	<12	—
微波	1m～1mm	300MHz～300GHz	—	<10	—	<40
混合波	两种或两种以上波段混合		按主要波段场强;若各波段分散,则按复合场强加权确定			

3. 作业场所微波辐射卫生标准(GB10437-89)

(1) 总则

① 本标准规定了作业场所微波辐射卫生标准及测试方法。

② 本标准适用于接触微波辐射的各种作业,不包括居民所受环境辐射及接受微波诊断或治疗的辐射。

(2) 本标准涉及名词

① 微波:是指频率为 300MHz ～ 300GHz,相应波长为 1m ～ 1mm 范围内的电磁波。

② 脉冲波与连续波

以脉冲调制的微波简称为脉冲波,不用脉冲调制的连续振荡的微波简称连续波。

③ 固定辐射与非固定辐射

雷达天线辐射,应区分为固定辐射与非固定辐射。固定辐射是指固定天线(波束)的辐射;或运转天线,其被测位所受辐射时间(t_0)与天线运转一周时间(T)之比大于 0.1 的辐射(即 $t_0/T > 0.1$)。此处 t_0 是指被测位所受辐射大于或等于主波束最大平均功率密度 50% 强度时的时间。非固定辐射是指运转天线的 $t_0/T < 0.1$ 的辐射。

④ 肢体局部辐射与全身辐射

在操作微波设备过程中,仅手或脚部受辐射称肢体局部辐射;除肢体局部外的其他部位,包括头、胸、腹等一处或几处受辐射,概作全身辐射。

⑤ 功率密度:微波在单位面积上的辐射功率,单位为 $\mu W/cm^2$ 或 mW/cm^2。

⑥ 平均功率密度及日剂量

平均功率密度表示微波在单位面积上一个工作日内的平均辐射功率;日剂量表示一日接受微波辐射的总能量,等于平均功率密度与受辐射时间的乘积。单位为 $\mu W \cdot h/cm^2$ 或 $mW \cdot h/cm^2$。

(3) 卫生标准限量值

作业人员操作位容许微波辐射的平均功率密度应符合以下规定:

① 连续波:一日 8h 暴露的平均功率密度为 $50\mu W/cm^2$;小于或大于 8h 暴露的平均功率密度按式(3-10)计算(即日剂量不超过 $400\mu W \cdot h/cm^2$)。

$$P_d = \frac{400}{t} \tag{3-10}$$

式中,P_d 代表容许辐射平均功率密度($\mu W/cm^2$);t 代表受辐射时间(h)。

② 脉冲波(固定辐射):一日 8h 平均功率密度为 $25\mu W/cm^2$;小于或大于 8h 暴露的平均功率密度按式(3-11)计算(即日剂量不超过 $200\mu W \cdot h/cm^2$)。

$$P_d = \frac{200}{t} \tag{3-11}$$

脉冲波非固定辐射的容许强度(平均功率密度)与连续波相同。

③ 肢体局部辐射(不区分连续波和脉冲波):一日 8h 暴露的平均功率密度为 $500\mu W/cm^2$;小于或大于 8h 暴露的平均功率密度式(3-12)计算(即日剂量不超过 $4000\mu W \cdot h/cm^2$)。

$$P_d = \frac{4000}{t} \tag{3-12}$$

④ 短时间暴露最高功率密度的限制:当需要在大于 $1mW/cm^2$ 辐射强度的环境中工作时,除按日剂量容许强度计算暴露时间外,还需使用个人防护,但操作位最大辐射强度不得大于 $5mW/cm^2$。

4.作业场所超高频辐射卫生标准(GB10437-89)

(1)总则

①本标准规定了作业场所超高频辐射的容许限值及测试方法。

②本标准适用于接触超高频辐射的所有作业。

(2)本标准涉及名词

①超高频辐射(超短波):系指频率为 30MHz~300MHz 或波长为 10m~1m 的电磁辐射。

②脉冲波与连续波

以脉冲调制所产生的超短波称脉冲波,以连续振荡所产生的超短波称连续波。

③功率密度:单位时间、单位面积内所接受超高频辐射的能量称功率密度,以 P 表示,单位为 mW/cm²。在远区场,功率密度与电场强度 E(V/m)或磁场强度 H(A/m)之间的关系式见式(3-13)和式(3-14):

$$P = \frac{E^2}{3770} \tag{3-13}$$

$$P_d = 37.7 \times H^2 \tag{3-14}$$

(3)卫生标准限值

作业人员操作位容许微波辐射的平均功率密度应符合以下规定:

①连续波:一日 8h 暴露时不得超过 0.05mW/cm²(14V/m);4h 暴露时不得超过 0.1mW/cm²(19V/m)。

②脉冲波:一日 8h 暴露时不得超过 0.025mW/cm²(10V/m);4h 暴露时不得超过 0.05mW/cm²(14V/m)。

5.微波和超短波通信设备辐射安全要求(GB12638-90)

(1)主要内容与适用范围

①本标准规定了距微波、超短波通信设备一定距离内职业暴露人员可得到安全保障的辐射强度限值。

②本标准适用于微波、超短波通信设备工作时各工作位置值机操作人员所处环境和区域的辐射安全要求。

(2)本标准涉及术语

①微波:指频率为 300MHz~300GHz,相应波长为 1m~1mm 范围内的电磁波。

②超短波:指频率为 30MHz~300MHz,相应波长为 10m~1m 范围内的电磁波。

③通信设备:信息发射、接收、转换、传输和显示的设备。

(3)微波通信设备辐射安全要求

①值机操作人员各工作位置微波辐射的容许平均功率密度的规定。

对于脉冲波,每日 8h 连续暴露时,容许平均功率密度为 $25\mu W/cm^2$;短时间间断暴露或每日超过 8h 暴露时,每日剂量不得超过$200\mu W \cdot h/cm^2$;在平均功率密度大于 $25\mu W/cm^2$ 或每日剂量超过$200\mu W \cdot h/cm^2$环境中暴露时,应采取相应防护措施(如戴微波护目镜,穿微波护身衣,并定期进行身体检查和较高营养保证);容许暴露的平均功率密度上限为 $2mW/cm^2$。

对于连续波,每日 8h 连续暴露时,容许平均功率密度为 $50\mu W/cm^2$;短时间间断暴露或每日超过 8h 暴露时,每日剂量不得超过$400\mu W \cdot h/cm^2$;在平均功率密度大于 $50\mu W/cm^2$

或每日剂量超过 $400\mu W \cdot h/cm^2$ 环境中暴露时,应采取相应防护措施(如戴微波护目镜,穿微波护身衣,并定期进行身体检查和较高营养保证);容许暴露的平均功率密度上限为 $4mW/cm^2$。

②微波辐射安全限值表达式。

式(3-15)和(3-16)分别为脉冲波和连续波微波辐射安全限值表达式。式中,P_d 代表平均功率密度,单位为 $\mu W/cm^2$,t 代表每日暴露时间,单位为 h。

$$
\begin{aligned}
P_d &= \frac{200}{t}(0.1 < t < 8)\\
P_d &= 2000 \quad (t \leqslant 0.1)\\
P_d &= 25 \quad (t \geqslant 8)
\end{aligned}
\tag{3-15}
$$

$$
\begin{aligned}
P_d &= \frac{400}{t} \quad (0.1 < t < 8)\\
P_d &= 4000 \quad (t \leqslant 0.1)\\
P_d &= 50 \quad (t \geqslant 8)
\end{aligned}
\tag{3-16}
$$

(4)超短波通信设备辐射安全要求

①脉冲波

每日 8h 连续暴露时,容许平均电场强度 10V/m,容许暴露的平均电场强度上限为 90V/m。

②连续波

每日 8h 连续暴露时,容许平均电场强度 14V/m,容许暴露的平均电场强度上限为 123V/m。

6.作业场所工频电场卫生标准(GB16203-1996)

(1)主要内容与适用范围

①本标准规定了作业场所工频电场的最高容许量及其测试方法。

②本标准适用于交流输电系统中接触电场的电力作业人员及带电作业人员。

(2)卫生要求

①作业场所工频电场 8h 最高容许量为 5kV/m。

②因工作需要必须进入超过最高容许量的地点或延长接触时间时,应采取有效防护措施。

③带电作业人员应该处在"全封闭式"的屏蔽装置中操作,或应穿包括面部的屏蔽服。

3.2.3　国内外电磁辐射标准对比

关于电磁波对人体影响,我国通常使用"电磁辐射"一词。实际上,国外一般都称为"电磁暴露"或者"电磁照射"。根据国外经验,采用"电磁暴露"或"电磁照射",能一定程度减轻电磁波对大众的心理压力。目前,我国有关的电磁相关行业标准和国家标准的起草过程中,都开始使用"电磁暴露"或"电磁照射"。

我国电磁辐射标准限值与世界其他国家及组织标准相比,控制水平较为严格。表3-11列举了一些组织和国家在 900MHz 移动通信频段的公众照射限值。从表 3-11 可知,我国 900MHz 移动通信频段的公众照射限值比 IEEE 标准及 ICNIRP 导则等都要严格。

表 3-11 一些组织和国家的公众照射限值

国家和组织	900MHz 移动通信频段/(μW/m^2)	1800MHz 移动通信频段/(μW/m^2)
中国	40	40
ICNIRP	450	900
香港电信管理局	450	900
欧盟	450	900
日本邮政省电信技术委员会	600	1000
澳大利亚	200	200
美国 IEEE	600	1000

我国电磁辐射标准中关于超高压送变电设施的工频电场、磁场强度并未做出明确限值。为便于评价,暂使用《500kV 超高压送变电工程电磁辐射环境影响评价技术规范》(HJ/T24-1998)推荐限值:居民区工频电场强度限值为 4kV/m,对公众全天辐射的磁感应强度限值为 0.1mT。该推荐限值与 INCNRP 导则中 50/60Hz 工频电磁公众暴露限值相比,电场强度限值稍严(INCNRP 导则为 5kV/m),而磁感应强度限值相同(同为 0.1mT)。

为了适应我国电磁相关行业发展现状,并结束目前多标准共存的局面,国标委曾起草了《电磁辐射暴露限值和测量方法》,但由于各方意见未能一致,该草案已搁置。IEEE 标准和 ICNIRP 导则已逐步趋向统一,因此我国新的国家电磁辐射防护标准可在 ICNIRP 导则的基础上制定。同时考虑到电磁场非热效应并结合我国电磁辐射管理工作的实际,新的国家电磁辐射防护标准的限值水平,可在 ICNIRP 导则限值水平的基础上取一定的安全系数。

日前,对我国《电磁辐射防护规定》(GB8702-88)的修订已达成共识,修订稿中将该标准更名为《电磁环境公众曝露限值》,若该标准能实施,GB8702-88 将废止。

3.2.4 其他国内环境电磁辐射相关标准

1.高压交流架空送电线无线电干扰限值

《高压交流架空送电线无线电干扰限值》(GB15707-1995)规定了高压交流架空送电线在正常运行时的无线电干扰限值,适用于运行时间半年以上的 110~500kV 高压交流架空送电线产生的频率为 0.15~30MHz 的无线电干扰。此标准中涉及的专用术语包括"无线电干扰限值"和"好天气"。其中,无线电干扰限值是指无线电干扰场强在 80% 时间、具有 80% 置信度不超过的规定值;好天气是指无雨、无雪、无雾的天气。

(1)频率为 0.5MHz 时,高压交流架空送电线无线电干扰限值如表 3-12 所示。

表 3-12 无线电干扰限值(距边导线投影 20m 处)

电压/kV	110	220~330	500
无线电干扰限值/dB(μV/m)	46	53	55

由式(3-17)可计算 0.5MHz 时高压交流架空送电线的无线电干扰场强。

$$E = 3.5g_{max} + 12r - 30 + 33\lg\frac{20}{D} \tag{3-17}$$

式中,E 为无线电干扰场强[dB(μV/m)];g_{max} 为导线表面最大电位梯度(kV/cm);r 为导线半径(cm);D 为被干扰点距导线的直线距离(m)。

根据公式(3-17)计算出高压交流架空送电线三相导线的每相在某一点产生的无线电干扰场强,如果有一相的无线电干扰场强值至少大于其余每相 3dB(μV/m),则高压交流架空送电线无线电干扰场强值即为该场强值,否则按照式(3-18)计算。

$$E = \frac{E_1 + E_2}{2} + 1.5 \tag{3-18}$$

式中，E 为高压交流架空送电线无线电干扰场强 $[dB(\mu V/m)]$；E_1、E_2 分别为三相导线中的最大两个无线电干扰场强 $[dB(\mu V/m)]$。

由公式 3-17 计算的是好天气的 50% 无线电干扰场强值，80% 时间、具有 80% 置信度的无线电干扰场强值可由该值增加 6～10dB$(\mu V/m)$ 得到。

(2)频率为 1MHz 时，高压交流架空送电线无线电干扰限值为表 3-17 中数值分别减去 5dB$(\mu V/m)$。

(3)0.15～30MHz 频段中其他频率，高压交流架空送电线无线电干扰限值按照式 (3-19)或式(3-20)进行修正。

$$\Delta E = 5[1 - 2(\lg 10 f)^2] \tag{3-19}$$

$$\Delta E = 20\lg \frac{1.5}{0.5 + f^{1.75}} - 5 \tag{3-20}$$

式中，ΔE 为相对于 0.5MHz 的干扰场强的增量 $[dB(\mu V/m)]$；f 为频率(MHz)。

需要说明的是，公式(3-19)的使用频率范围为 0.15～4MHz。

应用举例：当频率为 0.8MHz 时，用公式(3-19)计算出 ΔE 为 $-3dB(\mu V/m)$。对于 500kV 线路，0.5MHz 时无线电干扰限值 E 为 55dB$(\mu V/m)$，所以 0.8MHz 时的无线电干扰限值为 $E + \Delta E = 52dB(\mu V/m)$。

(4)距边导线投影不为 20m 处测量的无线电干扰场强按照式(3-21)修正到 20m 处。

$$E_x = E + k \cdot \lg \frac{400 + (H - h)^2}{x^2 + (H - h)^2} \tag{3-21}$$

式中，E_x 为距边导线投影 x 米处干扰场强 $[dB(\mu V/m)]$；E 为距边导线投影 20m 处干扰场强 $[dB(\mu V/m)]$；x 为距边导线投影距离(m)；H 为边导线在测点处对地高度(m)；h 为测量仪天线的架设高度(m)；k 为衰减系数。对于 0.15～0.4MHz 频段，k 取 18；对于 0.4～30MHz 频段，k 取 16.5。

需要说明的是，公式(3-21)适用于距导线投影距离小于 100m 处。

2. 工科医射频设备电磁辐射骚扰限值

《工业、科学和医疗(ISM)射频设备电磁骚扰特性限值和测量方法》(GB4824-2004/CISPR11:2003)规定了工业、科学和医疗(ISM)设备(简称工科医设备)和放电加工(EDM)与弧焊设备在 9kHz～400GHz 频率范围内的射频骚扰限值。本标准也亦适用于工作在工科医频段 2.45GHz 和 5.8GHz 的工科医(ISM)照明设备。其他类型照明设备的要求见 GB17743 的规定。

(1)工科医设备分组和分类

①定义

工科医设备(ISM)是指为工业、科学、医疗、家用或类似目的而产生和(或)使用射频能量的设备或器具，但不包括应用于电信、信息技术和其他国家标准涉及的设备。

②分组

工科医设备可分成二组，分组举例及设备分组总目录详见第 7.1.3 节。

1 组工科医设备(简称 1 组设备)：为发挥其自身功能的需要而有意产生和(或)使用传导耦合射频能量的所有工科医设备；

2 组工科医设备(简称 2 组设备)：包括放电加工(EDM)和弧焊设备，以及为材料处理而有意产生和(或)使用电磁辐射射频能量的所有工科医设备。

③分类

工科医设备分成 A 和 B 二类。

A 类设备:非家用和不直接连接到住宅低压供电网设施中使用的设备。

B 类设备:家用设备和直接连接到住宅低压供电网设施中使用的设备。

④使用频率

根据 GB4824-2004/CISPR11:2003,我国指配给工科医设备作基波使用的频率,详见表 3-13。

表 3-13　工科医设备使用的基波频率[a]

中心频率/MHz	频率范围/MHz	最大辐射限值[b]	对 ITU 无线电规则的指配频率表作出的脚注编号
6.780	6.765~6.795	考虑中	S5.138
13.560	13.553~3.567	不受限制	S5.150
27.120	26.957~27.283	不受限制	S5.150
40.680	40.66~40.70	不受限制	S5.150
2450	2400~2500	不受限制	S5.150
5800	5725~5875	不受限制	S5.150
24125	24000~24250	不受限制	S5.150
61250	61000~61500	考虑中	S5.150
122500	122000~123000	考虑中	S5.138
245000	244000~246000	考虑中	S5.138

注:a.本表采用 ITU 无线电规则第 63 号决议。

　b."不受限制"适用于指配频段内的基波和所有其他频率分量。

(2)电磁骚扰限值界定

A 类工科医设备可由制造厂提出在试验场或现场测量。

需要说明的是,由于受试设备本身的大小、结构复杂程度和操作条件等因素,某些工科医设备只能通过现场测量来判定它是否符合 GB4824-2004/CISPR11:2003 规定的辐射骚扰限值。

B 类工科医设备应在试验场进行测量。

螺柱弧焊设备和用于引弧和稳弧的弧焊装置、放射设备、外科用射频透热设备骚扰限值在考虑中。

表 3-14~表 3-21 中的限值适用于表 3-13 中未包括的所有频率上的各种电磁骚扰,在过渡频率上应采用较小限值。另外,工作在工科医频段 2.45GHz 和 5.8GHz 的工科医照明设备,采用 2 组 B 类工科医设备的限值。

(3)端子骚扰电压限值

受试设备应同时满足用平均值检波接收机测量时所规定的平均值限值和用准峰值检波接收机测量时所规定的准峰值限值。

信号线的骚扰电压限值在考虑中。

①9kHz~150kHz 频段

在 9kHz~150kHz 频段,除感应炊具外,设备电源端子骚扰电压限值还在考虑中。

在现场测量的 2 组 A 类工科医设备没有规定限值,除非国标中另有规定。

②150kHz～30MHz 频段

连续骚扰:设备在试验场测量时使用 CISPR16-1 规定的 $50\Omega/50\mu H$ 人工电源网络或电压探头。150kHz～30MHz 频段内的电源端子骚扰电压限值见表 3-14a 和表 3-14b。

在现场测量的 2 组 A 类工科医设备没有规定限值,除非国标中另有规定。

表 3-14(a)　在试验场测量时,A 类设备电源端子骚扰电压限值

频段/MHz	A 类设备限值/dB(μV)					
	1 组		2 组		2 组 a	
	准峰值	平均值	准峰值	平均值	准峰值	平均值
0.15～0.5	70	66	100	90	130	120
0.50～5	73	60	86	76	125	115
5～30	73	60	90～70 随频率对数线性减小	80～60 随频率对数线性减小	115	105

注:应注意满足漏电流的要求。

　a.电流大于 100A/相,使用电压探头或适当的 V 型网络(LISN 或 AMN)。

警告:A 类设备拟用于工业环境中。在用户文件中应有说明,要用户注意,由于(设备的)传导骚扰和辐射
　　　骚扰,在其他的环境中要确保电磁兼容可能有潜在的困难。

在试验场测量时,A 类放电加工设备(EDM)和弧焊设备采用表 3-14(a)的电源端子骚扰电压限值。

表 3-14(b)　在试验场测量时,B 类设备电源端子骚扰电压限值

频段/MHz	B 类设备限值/dB(μV)	
	1 组和 2 组	
	准峰值	平均值
0.15～0.50	66～56 随频率的对数线性减小	56～46 随频率的对数线性减小
0.50～5	56	45
5～30	60	50

注:应注意满足漏电流的要求

B 类弧焊设备在试验场测量时,电源端子骚扰电压限值采用表 3-14(b)的限值。对于家用或商用感应炊具(2 组 B 类设备),其限值采用表 3-14(c)。

表 3-14(c)　感应炊具电源端子骚扰电压限值

频段/MHz	感应炊具限值/dB(μV)	
	1 组和 2 组	
	准峰值	平均值
0.009～0.050	110	——
0.050～0.1485	90～80 随频率的对数线性减小	——
0.1485～0.50	66～56 随频率的对数线性减小	56～46 随频率的对数线性减小
0.50～5	56	45
5～30	60	50

注:对于额定电压为 100V/110V 系统的电源端子骚扰电压限值在考虑中。

断续骚扰:对于诊断用 X 射线发生装置,因以间歇方式工作,其喀呖声限值为表 3-14 (a)或表 3-14(b)中的连续骚扰准峰值限值加 20dB。

③30MHz 以上频段

30MHz 以上频段不规定端子骚扰电压限值。

(4)电磁辐射骚扰限值

测量设备和测量方法参考第 7 章第 7.1～7.3 节内容。采用带准峰值检波器的测量仪器时,受试设备应满足本限值。

低于 30MHz 频段的限值是指电磁辐射骚扰的磁场分量。30MHz～1GHz 频段的限值是指电磁辐射骚扰的电场分量。1GHz 以上的限值是指电磁辐射骚扰的功率。

①9kHz～150kHz 频段

9kHz～150kHz 频段内的辐射骚扰限值正在考虑中,但感应炊具除外。

②150kHz～1GHz 频段

除表 3-13 所列的指配频率范围外,150kHz～1GHz 频段内的电磁辐射骚扰限值规定如下:1 组 A 类和 B 类设备在表 3-15a 中规定,2 组 B 类设备在表 3-16 中规定,2 组 A 类设备在表 3-17a 中规定,对于 A 类 EDM 设备和弧焊设备见表 3-17b,对属于 2 组 B 类的感应炊具,其限值见表 3-15b 和表 3-15c,保护特殊安全业务的限值见表 3-18。

表 3-15(a)　1 组设备电磁辐射骚扰限值

频段/MHz	骚扰限值/dB(μV/m)		
	在试验场		在现场
	1 组 A 类设备 测量距离 10m	1 组 B 类设备 测量距离 10m	1 组 A 类设备　测量距离 30m(指距设备所在建筑物外墙的距离)
0.15～30	在考虑中	在考虑中	在考虑中
30～230	40	30	30
230～1000	47	37	37

注:准备永久安装在 X 射线屏蔽场所的 1 组 A 类和 B 类设备,在试验场进行测量,其电磁辐射骚扰限值允许增加 12dB。不满足表 3-15 限值的设备应标明"A 类＋12"或"B 类＋12"等记号,其安装说明书中应有下列警示:"警告:本设备仅可安装在对 30MHz～1GHz 频率范围的无线电骚扰至少提供 12dB 衰减的防 X 射线室内。"

表 3-15(b)　环绕受试设备的 2m 环天线内的磁场感应电流的限值

频段/MHz	准峰值限值/dB(μA)	
	水平分量	垂直分量
0.009～0.070	88	106
0.070～0.1485	88～58 随频率的对数线性减小	106～76 随频率的对数线性减小
0.1485～30	58～22 随频率的对数线性减小	76～40 随频率的对数线性减小

注:表 3-15(b)的限值适用于对角线尺寸小于 1.6m 的家用感应炊具,按 GB/T6113.2-1998 中 2.6.5 规定的方法进行测量。

表 3-15(c)　磁场强度限值

频率/MHz	准峰值限值/dB(μA/m)(测量距离 3m)
0.009～0.070	69
0.070～0.1485	69～39　随频率的对数线性减小
0.1485～4.0	39～3　随频率的对数线性减小
4.0～30	3

注:表 3-15(c)的限值适用于商用感应炊具和对角线尺寸大于 1.6m 的家用感应炊具,按 GISPR16-1:1999 中 5.5.2.1 规定的 0.6m 环天线在 3m 距离测量。天线应垂直安装,环天线的底部高出地面 1m。

表 3-16　在试验场测试时,2 组 B 类设备电磁辐射骚扰限值

频段/MHz	电场强度/dB(μV/m),(测量距离 10m)		磁场强度/dB(μA/m)(测量距离 10m)
	准峰值	平均值	准峰值
0.15～30	—	—	39～3　随频率的对数线性减小
30～80.872	30	25	—
80.872～81.848	50	45	—
81.848～134.786	30	25	—
134.786～136.414	50	45	—
136.414～230	30	25	—
230～1000	37	32	

注:平均值仅适用于磁控管驱动的设备。当磁控管驱动设备在某些频率超过准峰值限值时,应在这些频率点用平均值检波器进行重新测量,并采用本表中的平均值限值。

表 3-17(a)　2 组 A 类设备电磁辐射骚扰限值

频段/MHz	限值/dB(μV/m)(测量距离为 D)	
	D 指与所在建筑物外墙的距离	在试验场,距受试设备的距离 $D=10$m
0.15～0.49	75	95
0.49～1.705	65	85
1.705～2.194	70	90
2.194～3.95	65	85
3.95～20	50	70
20～30	40	60
30～47	48	68
47～53.91	30	50
53.91～54.56	30(40)[a]	50(60)[a]
54.56～68	30	50
68～80.872	43	63
80.872～81.848	58	78
81.848～87	43	63
87～134.786	40	60
134.786～136.414	50	70
136.414～156	40	60
156～174	54	74
174～188.7	30	50
188.7～190.979	40	60
190.979～230	30	50
230～400	40	60
400～470	43	63
470～1000	40	60

注:a. 根据我国的情况,53.91～54.56MHz 频段内的限值分别采用 30dB(μV/m)和 50dB(μV/m)。

对于在现场测量的受试设备,只要测量距离 D 在辖区的周界以内,测量距离从安装受试设备的建筑物外墙算起,$D=(30+x/a)$(单位为 m)或 $D=100\mathrm{m}$,两者中取较小者。当计算的距离 D 超过辖区的周界时,则 $D=x$ 或 $30\mathrm{m}$,两者中取较大者。在计算上述值时,x 是安装受试设备的建筑物外墙和用户辖区周界之间在每一个测量方向上的最近距离;频率低于 $1\mathrm{MHz}$ 时,a 取 2.5,频率等于或高于 $1\mathrm{MHz}$,a 取 4.5。

为了保护特定区域内的专用航空业务,国家有关部门可能要求满足 $30\mathrm{m}$ 距离时确定的限值。

表 3-17(b) 试验场测量时,A 类 EDM 设备和弧焊设备的电磁辐射骚扰限值

频率/MHz	准峰值/dB(μV/m)(测量距离 10m)
30～230	80～60 随频率对数线性减小
230～1000	60

警告:A 类设备拟用于工业环境中。应在用户文件中说明,提醒用户注意,在其他环境中由于(设备的)传导骚扰和辐射骚扰,要达到电磁兼容可能有潜在的困难。

③1GHz～18GHz 频段

1 组工科医(ISM)设备其限值在考虑中。其中 1GHz 以上,1 组工科医(ISM)设备的辐射骚扰限值拟与正在考虑的信息技术设备(ITE)的限值相同。

2 组工科医(ISM)设备 A 类设备其限值在考虑中。

B 类工作在 400MHz 以下的工科医(ISM)设备其限值也在考虑中,待确定后,这些限值与下述规定的试验条件一起引入。如果在 400MHz～1GHz 频段内,所有的发射值都低于 B 类限值,且源内部产生的 5 次谐波的最高频率低于 1GHz(即源的最高工作频率<200MHz),则 1GHz 以上就不需要进行试验。工作在 400MHz 以上的工科医(ISM)设备,1GHz～18GHz 频段内的电磁辐射骚扰限值见表 3-18～表 3-20 中规定。

表 3-18 工作频率在 400MHz 以上,产生连续骚扰的 2 组 B 类工科医设备的电磁辐射骚扰 A 值限值

频率/GHz	场强/dB(μV/m)(测量距离 3m)
1～2.4	70
2.5～5.725	70
5.875～18	70

注:1. 为了保护无线电业务,国家有关部门可能要求满足更低的限值。

2. 峰值测量采用 1MHz 分辨率带宽和不小于 1MHz 的视频信号带宽。

表 3-19 工作频率在 400MHz 以上,产生波动连续骚扰的 2 组 B 类工科医设备的电磁辐射骚扰峰值限值

频率/GHz	场强/dB(μV/m)(测量距离 3m)
1～2.3	92
2.3～2.4	110
2.5～5.725	92
5.875～11.7	92
11.7～12.7	73
12.7～18	92

注:1. 为了保护无线电业务,国家有关部门可能要求满足更低的限值。

2. 峰值测量采用 1MHz 分辨率带宽和不小于 1MHz 的视频信号带宽。

3. 本表限值已考虑到波动骚扰源,如磁控管驱动的微波炉。

表 3-20　工作频率在 400MHz 以上,2 组 B 类工科医设备的电磁辐射骚扰加权限值

频率/GHz	场强/dB(μV/m)(测量距离 3m)
1~2.4	60
2.5~5.725	60
5.875~18	60

注:1. 为了保护无线电业务,国家有关部门可能要求满足更低的限值。

2. 加权测量采用 1MHz 分辨率带宽和 10Hz 的视频信号带宽。

3. 为了检验本表限值,只需环绕 2 个中心频率进行测量:一个在 1005MHz~2395MHz 频段的最大发射,另一个在 2505MHz~17995MHz(在 5720MHz~5880MHz 频率除外)的最大峰值发射。在这两个中心频率之内用频谱分析仪以 10MHz 间距进行测量。

④18GHz~400GHz 频段

18GHz~400GHz 频段内的限值正在考虑中。

(5)对安全业务的保护规定

设计工科医系统时,应避免在有关安全业务的无线电频段内出现基波或高电平假信号和谐波信号,这些业务频段详见第 3.4 节。

为保护特定区域内的特种业务,国家或各地方无线电管理机构可能要求进行现场测试并满足表 3-21 所列频段规定的限值。

表 3-21　在特定区域内保护特种安全业务的电磁辐射骚扰限值

频率/MHz	限值/dB(μV/m)	在设备所在建筑物外,离外墙的距离/m
0.2835~0.5265	65	30
74.6~75.4	30	10
108~137	30	10
242.95~243.05	37	10
328.6~335.4	37	10
960~1215	37	10

注:许多航空通信业务需要对垂直辐射的电磁骚扰加以限制,如何保护这类系统正常工作的必要措施仍在继续制定中。

3.3　测量仪器及原理

电磁辐射的测量按测量场所分为作业环境、特定公众暴露环境、一般公众暴露环境测量。按测量参数分为电场强度、磁场强度和电磁场功率密度等的测量。对于不同的测量应选用不同类型的仪器,以期获取最佳的测量结果。测量仪器根据测量目的分为非选频式宽带辐射测量仪和选频式辐射测量仪。无论是非选频式宽带辐射测量仪还是选频式辐射测量仪,基本构造都是由天线(传感器)及主机系统两部分组成。

3.3.1　电磁辐射测量基础

电磁辐射的测量方法通常与测量点位和辐射源的距离有关,即远场测量和近场测量存在差异。由于远场和近场电磁场的性质有所不同,因此有必要对远场和近场测量进行区分。

1. 近场区测量

近场区(感应场区)内,电场强度 E 与磁场强度 H 的大小没有确定的比例关系,需要分

别测量电场强度 E 与磁场强度 H 的大小。一般对于电压高而电流小的场源(如发射天线、馈线等),在感应场区内以电场为主,对于电压低而电流大的场源(如感应线圈、感应加热设备等),以磁场为主。例如,对于没有接上电器的墙上电源插座,电流基本为零,电压不为零,插座在其附近产生一定强度的工频电场,但产生的工频磁场基本为零。上述两种情况下近场区的电磁场强度都比远场区大得多,且近场区的电磁场强度随距离的变化比较快,在此空间内的不均匀度较大。从这个角度上说,电磁防护的重点应该在近区场。

由前面的场强与距离的关系可知,近场区场强很大(根据不同的设备,电场强度可能从几十到几百 V/m,磁场强度可达到数 A/m),但场强随距离的增大衰减得很快,即场强变化梯度很大,是一种非常复杂的非均匀场。因此,近区场强仪的量程应当足够大,而测量探头应当足够小,测量结果才能代表测试点的场强。近场区监测主要属于工作场所监测。

由于近场区场强很大,较远处的其他电磁辐射源的贡献可忽略不计,因此,近场区场强测量不采用选频式仪器,可用综合场强仪测量,如意大利 PMM 公司的 8053 型仪器,具有较好的测量精度和强大的数据处理功能。目前的综合场强仪与早期的近区场强仪不同,前者为各向同性,测量时不必调整探头方向;前者较后者频率范围更宽。

2. 远场区测量

在远区场(辐射场区)中,所有的电磁能量基本上均以电磁波形式辐射传播,这种场辐射强度的衰减要比感应场慢得多,且电场强度与磁场强度有如下关系:在国际单位制中,$E = 377H$,电场与磁场的运行方向互相垂直,并都垂直于电磁波的传播方向。远区场为弱场,其电磁场强度均较小。

在远区场,可引入功率密度矢量。电场矢量、磁场矢量、功率密度矢量三者方向互相垂直,功率密度矢量的方向为电磁波传播方向。在数值上,$E = 377H$,$S = EH = E^2/377$。其中电场强度 E 的单位是(V/m),磁场强度 H 的单位是(A/m),功率密度的单位是(W/m²),全部是国际单位制(SI)。

在远场区,电场与磁场不是独立的,可以只测电场强度、磁场强度及功率密度中的一个量,其他两个量均可由此换算出来。

一般情况,关于远场和近场的测量问题可以进行简化。国标规定,当电磁辐射体的工作频率低于 300MHz 时,应对工作场所的电场强度和磁场强度分别测量。当电磁辐射体的工作频率大于 300MHz 时,可以只测电场强度。300MHz 频率相应的波长为 1m,$\lambda/6$ 为 16cm,16cm 之外辐射场占优势。如按 3λ 的划分界限,距辐射源 3 米之外可认为是远场区。一般电磁环境是指在较大范围内由各种电磁辐射源,通过各种传播途径造成的电磁辐射背景值,因而属于远场场,辐射的频谱非常宽,电磁场强度均较小。1GHz 以下远区辐射场的测量,可用远区场强仪,也可用干扰场强仪。

3.3.2　电磁物理量测量原理

1. 电场强度(场强)测量

场强是电场强度的简称,它是天线在空间某点处感应电信号的大小,以表征该点的电场强度。其单位是微伏/米($\mu V/m$),为方便起见,也有用 dB(0dB=$1\mu V/m$)。

(1)场强测量

场强的测量如图所示。当天线在空中与被测信号极化方向相同时取得最大感应信号,一般可用射频(RF)的有效值型电平表(电压表)来测量。其测量原理如图 3-2 所示。

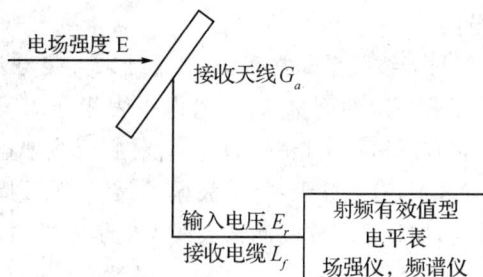

图 3-2 电场强度测量方法

当线路匹配良好时,仪表读取的电平值是仪表输入端口(一般 50Ω 或 75Ω)所取得的射频电压 $E_r(dB\mu V)$。E_r 可用(3-22)式表示:

$$E_r = E + G_a + 20\lg l_e - L_f - 6 \tag{3-22}$$

式中,E_r 为仪表输入口的读取电平$(dB\mu V)$;E 为电场强度$(dB\mu V/m)$;G_a 为接收天线增益(dB)。如果采用半波长偶极天线时 $G_a=0dB$;l_e 为接收天线有效长度(λ/π);L_f 为接收馈线损耗(dB);6 为从终接值换算开放口的校正值(dB)。

而电场强度 $E(dB\mu V/m)$ 则可根据(3-23)式求出,即:

$$E = E_r - G_a - 20\lg l_e + L_f + 6 \tag{3-23}$$

现举实例说明:设测试频率 $228.25MHz(\lambda=1.31m)$,则 $20\lg(\lambda/\pi)=20\lg(1.31/\pi)\approx -7.6dB$;接收天线为半波长偶极天线,$G_a=0dB$;$L_f$ 选用衰减 10dB/100m 型电缆,实用长度 10m 时衰减为 1dB;仪表指示电平为 $15dB\mu V$。

将上列数据代入式(3-23)时,即得 $E=E_r-G_a-20\lg l_e+L_f+6=29.6dB\mu V/m$。

(2)场强仪

众所周知,电平表是以分贝(dB)作单位,如 $dB\mu V$、$dBmV$、dBm,而电压表则是以伏特(V)作单位,如 V、mV、μV、kV 等。其实电平、电压都是同一个物理量,因此,在很多场合这两种单位在一个仪器中同时标出。这从某种意义上来说,电压表也是电平表,电平表也是电平压表,只是习惯上把它们分开称呼。

场强仪顾名思义是测量场强的仪器。场强仪的量值是 $\mu V/m$ 作单位,包含有一个长度单位 m。从原理上来说,电平表(或电压表)量度的电压值是在仪表的输入端口,而场强仪所量度的电压(或叫电势)是天线在空中某一点感应的电压。严格来说,场强仪是由电平表和天线组成。

就目前市面上的场强仪来看,它们也是将电平表的技术指标与天线分开。如日本安立公司 ML524 场强仪主机就是按一个电平表给出技术指标如频率范围、灵敏度、电平测量范围和电平测试精度等,而天线 MP534A、MP666A 作为选件,按频段给出技术指标和天线系数。目前国内无线领域常用的南韩生产的 PTK3201 场强仪,它也是按电平表给出指标,频率范围 $0.1\sim2000MHz$,灵敏度 0.3mV 等都是以仪器输入端口给定,有一根鞭装天线,没有天线系数,只能定性地测量信号场强大小,如果要测定 $dB\mu V/m$ 场强,则要选配测量天线。

由此可见,电平和场强、电平表和场强仪是有很大区别的。可是在一些场合常被混淆了,特别是在我国有线电视行业范围内,有线电视信号用测量同步头的电平来量度,以 $dB\mu V$ 作单位,本应该叫做电视信号电平表,或电平表,然而国内也叫它场强仪。关于有线电视范围内"误称"的场强仪,业界有研究人员已将它分类为电视场强仪、电视频谱图像场强仪、CATV 分析仪、频谱分析仪,得到了同行和专家们认可。

（3）频谱分析仪与场强仪

从式（3-22）可知，场强仪与天线关系非常密切，测量结果直接与天线增益 G_a 及天线的工作频率范围有关。因此，如果要求一定的测量精度，与电平表相连的天线十分重要。在实践中，这种天线称之为测试天线，它有严格技术指标，如频率范围、天线增益、阻抗及驻波比等。为适应它的频率范围其形状大有区别，有鞭状天线、半波振子天线、对数周期天线、环行天线等。要求高的测试天线，价格相当高，如日本安立的测试天线大概是主机的 1/4。

以前场强仪总是将天线配套供给，即一台场强仪必然是主机（电平表）配天线。随着电子技术和电子测量技术的发展，特别是 20 世纪 80 年代以来，频谱分析仪大量使用，单一的场强仪已越来越少，甚至单一的电平表也越来越少，因为它的功能可以用频谱仪代替。从原理上来说频谱仪、电平表、场强仪（主机）基本原理是一样的。频谱仪本身就是测量频谱范围内的信号电平，使用"零跨导"的频谱仪就是一个选频电平表。频谱仪上加标准测试天线便能测量场强。性能较好的频谱仪可以将天线系数存储在机内，使用时直接显示场强数值（$\mu V/m$），如安捷伦公司、安立公司频谱仪大都有天线系数存储功能。

用频谱仪加上测试天线可以测量场强，如频谱仪可以存储天线系数，可以直接显示 $\mu V/m$ 单位场强。如果不可存天线系数频谱仪，则需要按前述的式（3-22）代入天线系数进行计算。如果用没有天线系数的一般接收信号用的天线，那么只能在空间测量场强的强弱，而不能得出场强 $\mu V/m$ 量值，即只能作定性测试分析，不可作定量测试分析。

综合上述，在场强测量中，它取得的结果应是 $\mu V/m$ 为单位，而由于电子技术和电子测量技术的发展单一功能的场强仪已很少，常常使用频谱分析仪，较严格的测量时还应选择测试用天线。

（4）不同场强仪测量原理

①独立式场强仪

独立式场强仪的探头常由两个互相对称的电极组成，其形状如图 3-3 所示。这两个电极相互绝缘，又相互靠得很近，可以视为一对偶极子。

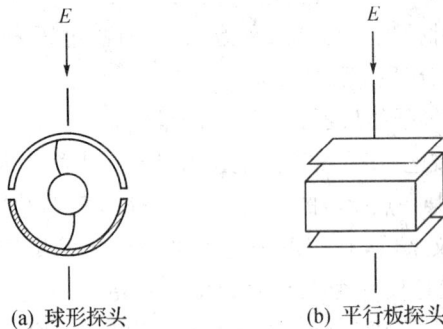

(a) 球形探头　　　(b) 平行板探头

图 3-3　独立式场强仪的探头

在均匀电场中偶极子所感生的电荷或者电流与场强有如下关系

$$Q = KE \tag{3-24}$$

$$I = K\omega E \tag{3-25}$$

式中，K 为比例系数，与偶极子的几何形状、尺寸有关系，通常由检验确定；Q 为感应电荷的有效值；E 为电场强度；I 为感应电流；ω 为角频率。

从式（3-24）、式（3-25）可知，只要测出偶极子探头上的感生电荷或者感生电流，就可以得到相应的场强。独立式场强仪就是依据这个原理工作的。

独立式场强仪一般以干电池为工作电源,测量时用绝缘支撑引入被测电场。

②参照式场强仪

参照式场强仪探头的结构如图 3-4 所示。它由置于薄绝缘板上的平板电极和接地保护电极组成。保护电极的宽度至少应为平板电极边长的 6%,探头的厚度不超过其边长的 3.5%。探头与检测器常常是分离的,两者之间用同轴屏蔽电缆连接。

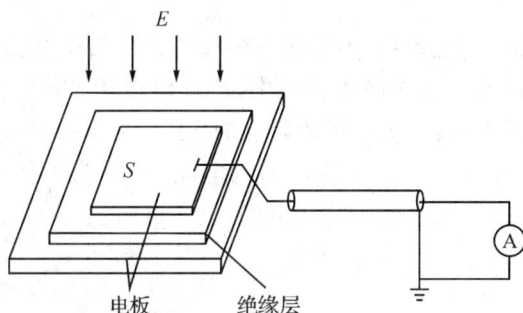

图 3-4　参照式场强仪探头的结构

参照式场强仪常以"地"为参考单位。其工作原理与独立式场强仪相仿,即式(3-24)和式(3-25)的关系依然存在,这时系数 K 与探头的面积有关。

③光电式场强仪

目前所用的光电式场强仪一般应用介质晶体探头在电场中的普克尔(Pockels)效应来确定电场强度。其探头尺寸通常很小(2cm 左右),探头和检测器之间无电气连接,仅用光纤相连,故探头的引入对被测电场的影响极小。

当介质晶体按一定方向放入电场时,由于电场的作用,晶体对偏振光的折射率发生变化,这种变化的大小与电场强度成正比,即透射光 I_0 和入射光 I_i 之比为:

$$I_0 / I_i = (1 + \sin M)/2 \tag{3-26}$$

式中,$M = E/F_0$,$F_0 = \lambda/(2\pi n^3 cL)$;$\lambda$ 为光的波长;n 为晶体的折射率;E 为晶体内的电场强度;L 为晶体的厚度;c 为光电系数。

由式(3-26)可知,光调制的大小反映了晶体内部场强的数值,从而也间接测量了外部电场的场强。

因独立式场强仪和光电式场强仪不需要参考电位,故可用来测量离地不同高度处的空间场强。

2.磁场强度测量

测量磁场的仪器通常利用电磁感应法或霍尔效应原理进行测量。

(1)电磁感应法

根据法拉第电磁感应定律,把一探测线圈放入磁场中,当穿过线圈的磁通变化时,线圈中将产生感应电动势:

$$\varepsilon = -\frac{\mathrm{d}\psi}{\mathrm{d}t} \tag{3-27}$$

探测线圈比较小,一般采用多匝平面线圈,可以认为穿过每匝线圈的磁通量都相等,均为 φ,则 $\psi = N\varphi$,N 为探测线圈匝数。当线圈平面与被测磁场垂直时,上式可以写成

$$\varepsilon = -N\frac{\mathrm{d}\psi}{\mathrm{d}t} = -NS\frac{\mathrm{d}B}{\mathrm{d}t} \tag{3-28}$$

式中 S 为探测线圈的面积。

工频磁场中 $B = B_0 \sin\omega t$，代入上式可得

$$\varepsilon = - N\omega S B_0 \cos\omega t \tag{3-29}$$

感应电动势与待测磁感应强度成正比，因此可以通过测量探测线圈中的感应电动势来测定待测磁场。

(2)霍尔效应

霍尔效应从本质上讲，是运动的带电粒子在磁场中受洛仑兹力的作用而引起的偏转。当带电粒子(电子或空穴)被约束在固体材料中，这种偏转就导致在垂直电流和磁场的方向上产生的正负电荷在不同侧聚积，从而形成附加的横向电场。如图 3-5 所示，磁场 B 位于 Z 的正向，与之垂直的半导体薄片上沿 X 正向通以电流 I_S(称为工作电流)，假设载流子为电子(N 型半导体材料)，它沿着与电流 I_S 相反的 X 负向运动。

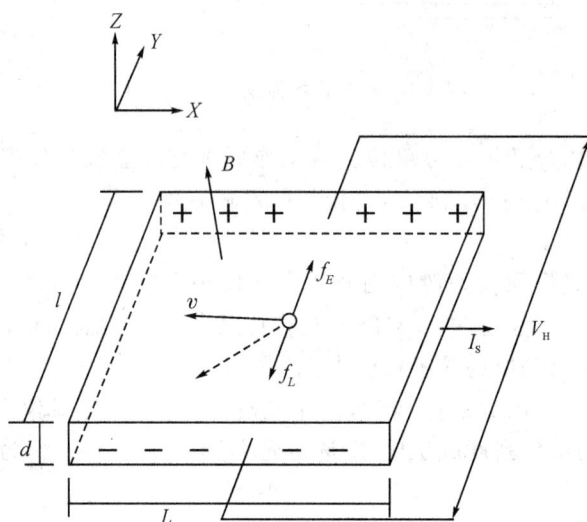

图 3-5　霍尔效应

由于洛仑兹力 f_L 作用，电子即向图中虚线箭头所指的位于 Y 轴负方向偏转，并形成电子积累，而相对的 Y 轴正方向形成正电荷积累。与此同时运动的电子还受到由于两种积累的异种电荷形成的反向电场力 f_E 的作用。随着电荷积累的增加，f_E 增大，当两力大小相等(方向相反)时，$f_L - f_E = 0$，电子积累便达到动态平衡。这时在 Y 方向两端面之间建立的电场称为霍尔电场 E_H，相应的电势差称为霍尔电势 V_H。

设电子按均一速度 v，向图示的 X 负方向运动，在磁场 B 作用下，所受洛仑兹力

$$f_L = - evB \tag{3-30}$$

式中，e 为电子电量，v 为电子漂移平均速度，B 为磁感应强度。

同时，电场作用于电子的力 f_E 满足

$$f_E = - eE_H = - e\frac{V_H}{l} \tag{3-31}$$

式中，E_H 为霍尔电场强度，V_H 为霍尔电势，l 为霍尔元件宽度。当达到动态平衡时，

$$f_L = - f_E \tag{3-32}$$

$$vB = - \frac{V_H}{l}$$

设霍尔元件宽度为 l,厚度为 d,载流子浓度为 n,则霍尔元件的工作电流为

$$I_S = -nevld \tag{3-33}$$

由(3-32)、(3-33)两式可得：

$$V_H = \frac{1}{ne}\frac{I_S B}{d} = R_H \frac{I_S B}{d} \tag{3-34}$$

即霍尔电压 V_H 与 I_S 和 B 的乘积成正比,与霍尔元件的厚度成反比,比例系数 $R_H = 1/ne$ 称为霍尔系数,它是反映材料霍尔效应强弱的重要参数。当霍尔元件的材料和厚度确定时,设

$$K_H = R_H/d = 1/ned \tag{3-35}$$

将式(3-35)代入式(3-34)中得：

$$K_H = \frac{V_H}{I_S B} \tag{3-36}$$

式中,K_H 称为元件的灵敏度,它表示霍尔元件在单位磁感应强度和单位控制电流下的霍尔电势大小,其单位是 mV/mA · T,一般要求 K_H 愈大愈好。

霍尔元件测量磁场的基本电路如图 3-6,将霍尔元件置于待测磁场的相应位置,并使元件平面与磁感应强度 B 垂直,在其控制端输入恒定的工作电流 I_S,霍尔元件的霍尔电势输出端接毫伏表,测量霍尔电势 V_H 的值。

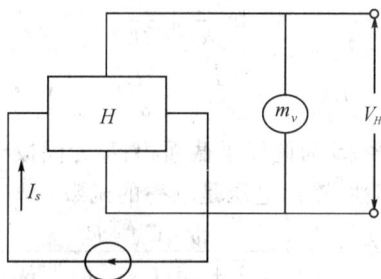

图 3-6　霍尔元件磁场测量电路

测量霍尔电势 V_H 时,不可避免的会产生一些副效应,由此而产生的附加电势叠加在霍尔电势上,形成测量系统误差,这些副效应包括：(1)不等位电势；(2)爱廷豪森效应；(3)伦斯脱效应；(4)里纪—杜勒克效应。这些副效应中,除爱廷豪森效应外,其他副效应产生的电动势可通过各种方式实现消除。但爱廷豪森效应所产生的电势差 V_E 的符号和霍尔电势 V_H 的符号,与 I_S 及 B 的方向关系相同,故无法消除,但在非大电流、非强磁场下,V_H 远大于 V_E,因而 V_E 可忽略不计。

3. 无线电干扰的测量

对分米波、厘米波、毫米波等频段进行测定时,实际上均以辐射波的功率通量密度值来表示,测量用的仪器为辐射强度测量仪。这种仪器的工作原理为：在被测定的辐射场中,喇叭形接收天线接收微波的辐射通量,并沿着波导管前进,经衰减器到变热电阻箱内,被测试电桥的变热电阻所吸收。

假设天线接收的总功率为 P_w,则辐射强度 P 用下式表示：

$$P = P_w/S \tag{3-37}$$

式中,$S = G\lambda^2/4\pi$,则 $P = 4\pi P_w/G\lambda^2$；P 为能量密度(W/cm²)；P_w 为天线接收功率(W)；S 为天线有效面积(cm²)；λ 为波长；G 为天线增益。

4. 离子流密度测量

离子电流密度可通过测量对地绝缘的金属板截获的电流计算得出。一般采用 1m×1m 的金属板进行测量。一种方法是将金属板连接一个能测微弱电流的电流表接地,直接测量电流;另一种方法是将金属板与地间并联一个电阻,通过测量该电阻上的压降来得到流过的电流。

测量仪器可以人工读取数据,也可用多通道自动测量系统进行测量。

3.3.3 非选频式宽带辐射测量仪

具有各向同性响应或有方向性探头的宽带辐射测量仪属于非选频式辐射测量仪。

1. 工作原理

(1)偶极子和检波二极管组成探头

这类仪器由三个正交的 2~10cm 长的偶极子天线、端接肖特基检波二极管、RC 滤波器组成。检波后的直流电流经高阻传输线或光缆送入数据处理和显示电路。当偶极子直径 $D \ll$ 偶极子长度 h 时,偶极子互耦可忽略不计,由于偶极子相互正交,将不依赖场的极化方向。探头尺寸很小,对场的扰动也小,能分辨场的细微变化。偶极子等效电容 C_A、电感 L_A 根据双锥天线理论求得:

$$C_A = \frac{\pi \cdot \varepsilon_0 \cdot L}{\ln \dfrac{L}{a} + \dfrac{S}{2L} - 1} \tag{3-38}$$

$$L_A = \frac{\mu_0 \cdot L}{3\pi} \left(\ln \frac{2L}{a} - \frac{11}{b} \right) \tag{3-39}$$

式中,a 为天线半径;b 为环半径;S 为偶极子截面积;L 为偶极子实际长度。

由于偶极子天线阻抗呈容性,输出电压是频率的函数:

$$V = \frac{L}{2} \cdot \frac{\omega \cdot C_A \cdot R_L}{\sqrt{1 + \omega^2 (C_A + C_L)^2 R_L^2}} \tag{3-40}$$

式中,ω 为角频率,$\omega = 2\pi f$,f 频率;C_L 为天线缝隙电容和负载电容;R_L 为负载电阻。

由于 C_A、C_L 基本不变,只要提高 R_L 就可使频响大为改善,使输出电压不受场源频率影响,因此必须采用高阻传输线。

当三副正交偶极子组成探头时,它可以分别接收 x、y、z 三个方向场分量,经理论分析得出:

$$\begin{aligned} U_{d_c} &= C \cdot | K_e |^2 \cdot [| E_x(r \cdot \omega) |^2 + | E_y(r \cdot \omega) |^2 + | E_z(r \cdot \omega) |^2] \\ &= C \cdot | K_e |^2 \cdot | E(r \cdot \omega) |^2 \end{aligned} \tag{3-41}$$

式中,C 为检波器引入的常数;K_e 为偶极子与高频感应电压间比例系数;E_x、E_y、E_z 分别对应于 x、y、z 方向的电场分量;E 为待测场的电场矢量。

式(3-41)为待测场的厄米特幅度(Hermitian)。可见用端接平方律特性二极管的三维正交偶极子天线总的直流输出正比于待测场的平方,而功率密度亦正比于待测场的平方,因此经过校准后,U_{d_c} 的值就等于待测电场的功率密度。如果电路中引入开平方电路,那么 U_{d_c} 值就等于待测电场强度值。偶极子的长度应远小于被测频率的半波长,以避免在被测频率下谐振。这一特性决定了这类仪器只能在低于几吉赫频率范围使用。

(2)热电偶型探头

采取三条相互垂直的热电偶结点阵作电场测量探头,提供了和热电偶元件切线方向场强平方成正比的直流输出。待测场强为

$$E = \sqrt{E_x^2 + E_y^2 + E_z^2} \tag{3-42}$$

其与极化无关。沿热电偶元件直线方向分布的热电偶结点阵,保证了探头有极宽的频带。沿 x、y、z 三个方向分布的热电偶元件的最大尺寸应小于最高工作频率波长的 1/4,以避免产生谐振。整个探头像一组串联的低阻抗偶极子或像一个低 Q 值的谐振电路。

（3）磁场探头

由三个相互正交环天线和二极管、RC 滤波元件、高阻线组成,从而保证其全向性和频率响应。环天线感应电势 ε 为:

$$\varepsilon = \mu_0 \cdot N \cdot \pi \cdot b^2 \cdot \omega \cdot H \tag{3-43}$$

式中,N 为环匝数;b 为环半径;H 为待测场的磁场强度。

2. 电性能要求

使用非选频式宽带辐射测量仪测定电磁辐射时,为了确保测量准确,应对这类仪器电性能提出基本要求:

各向同性误差≤±1dB;

系统频率响应不均匀度≤±3dB;

灵敏度:0.5V/m;

校准精度:±0.5dB。

3. 常用非选频式辐射测量仪

表 3-22 为常用的非选频式宽带辐射测量仪的有关数据。测定电磁辐射时,可根据具体需要选用其中仪器。

表 3-22　常用非选频式宽带辐射测量仪

名称	频带	量程	各向同性	探头类型
微波漏能仪	0.915～12.4GHz	0.005～30mW/cm²	无	热电偶结点阵
微波辐射测量仪	1～10GHz	0.2～20mW/cm²	有	肖特基二极管偶极子
电磁辐射监测仪	0.5～1000MHz	1～1000V/m	有	偶极子
全向宽带近区场强仪	0.2～1000MHz	1～1000V/m	有	偶极子
宽带电磁场强计	E:0.1～3000MHz H:0.5～30MHz	E:0.5～1000V/m H:1～2000A/m	有	偶极子 环天线
宽带电磁场强计	E:20～10⁵Hz H:50～60Hz	E:1～20000V/m H:1～2000A/m	有	偶极子 环天线
辐射危害计	0.3～18GHz	0.1～200mW/cm²	有	热偶结点阵
辐射危害计	200kHz～26GHz	0.001～20mW/cm²	有	热偶结点阵
宽带全向辐射监测仪	0.3～26GHz	8621B 探头:0.005～100mW/cm² 8623 探头:0.05～100mW/cm²	有	热偶结点阵
宽带全向辐射监测仪	10～300MHz	8631:0.005～20mW/cm² 8633:0.05～100mW/cm²	有	热偶结点阵
宽带全向辐射监测仪	0.3～26GHz 10～300MHz	8621B:0.005～20mW/cm² 8631:0.05～100mW/cm²	有	热偶结点阵
宽带全向辐射监测仪	8635、8633:10～3000MHz 8644:10～3000MHz	8633:0.05～100mW/cm² 8644:0.0005～2W/cm² 8635:0.0025～10W/cm²	有	热偶结点阵 环天线
宽带全向辐射监测仪	由决定选用探头	由决定选用探头	有	热偶结点阵 环天线
全向宽带场强仪	E:5×10⁻⁴～6GHz H:0.3～3000MHz	E:0.1～30V/m H:0.1～1000A²/m²	有	偶极子磁 环天线

3.3.4　选频式宽带辐射测量仪

这类仪器用于环境中低电平场强度、电磁兼容、电磁干扰测量。除场强仪(或称干扰场强仪)外,可用接收天线和频谱仪或测试接收机组成的测量系统,经校准后,用于环境电磁辐射测量。

所谓选频是指只选择某些频率进行测量,只让很小频率范围的信号进来,滤除其余频率的信号。选频式测量仪器的灵敏度较非选频式的高很多。

根据所测量信号频谱的不同,选频式射频辐射测量仪器也按检波方式分为两大类,一类采用峰值检波,测量广播电视及通信等较窄的辐射源;另一类采用准峰值检波,测量火花放电等频谱范围很宽的电磁脉冲源。

电视场强仪、远区场强仪,采用峰值检波方式。干扰场强仪、测量接收机,采用准峰值检波方式。频谱分析仪峰值检波及准峰值检波二者均有。

1. 工作原理

(1)场强仪(干扰场强仪)

待测场强值:

$$E = K + V_r + L \tag{3-44}$$

式中 K 是天线校正系数(dB),它是频率的函数,可由场强仪的附表中查得。场强仪的读数 V_r(dBμV)必须加上对应 K 值和电缆损耗 L(dB)才能得出场强值。但近期生产的场强仪所附天线校正系数曲线所示 K 值已包括测量天线的电缆损耗 L 值。

当被测场是脉冲信号时,不同带宽 V_r 值不同。此时需要归一化于 1MHz 带宽的场强值,即

$$E = K + V_r + 20\lg\frac{1}{BW} + L \tag{3-45}$$

BW 为选用带宽,单位为 MHz。测量宽带信号环境辐射峰值场强时,要选用尽量宽的带宽。相应平均功率密度为:

$$P_d = \frac{10^{\frac{E-111.577}{10}}}{10 \cdot q} \tag{3-46}$$

上式中 q 为脉冲信号占空比,K、L 值查表可得,V_r 为场强值读数,于是 E(dBμV/m)和 P_d(μW/cm^2)可以方便地计算出来。

(2)频谱仪测量系统

这种测量系统工作原理和场强仪一致,只是用频谱仪作接收机,此外频谱仪的 dBm 读数须换算成 dBμV。对 50Ω 系统,场强值为:

$$E = K + A + 107 + L \tag{3-47}$$

式中,A 为数字幅度计读数(dBm)。频谱仪的类型不受限制,但频谱仪天线系统必须校准。

(3)微波测试接收机

用微波接收机、接收天线也可以组成环境监测系统。扣除电缆损耗,功率密度 P_d 按式(3-41)计算:

$$P_d = \frac{4\pi}{G\lambda^2} \cdot 10^{\frac{A+B}{10}} \tag{3-48}$$

式中,G 为线增益(倍数);λ 为工作波长(cm);A 为数字幅度计读数(dBm);B 表示 0dB 输入

功率(dBm)。

由上述测试接收机组成的监测装置的灵敏度取决于接收机灵敏度。天线系统应校准。

(4)用于环境电磁辐射测量的仪器种类较多,凡是用于 EMC(电磁兼容)、EMI(电磁干扰)目的的测试接收机都可用于环境电磁辐射监测。专用的环境电磁辐射监测仪器,也可用上面介绍的方法组成测量装置实施环境监测。

2.常用选频式辐射测量仪

表 3-23 为常用的非选频式宽带辐射测量仪的有关数据。测定电磁辐射时,可根据具体需要选用其中仪器。

表 3-23 常用选频式宽带辐射测量仪

名称	频带	量程	注
干扰场强测量仪	10kHz～150kHz	24dB～124dB	交直流两用
干扰场强测量仪	0.15MHz～30MHz	28dB～132dB	交直流两用
干扰场强测量仪	28MHz～500MHz	9dB～110dB	交直流两用
干扰场强测量仪	0.47GHz～1GHz	27dB～120dB	交直流两用
干扰场强测量仪	0.5MHz～30MHz	10dB～115dB	交直流两用
场强仪	2×10^{-8}GHz～18GHz	1×10^{-8}V～1V	NM-67 只能用交流
EMI 测试接收机	9kHz～30MHz 20MHz～1GHz 5Hz～1GHz 20Hz～5GHz 20Hz～26.5GHz	<1000V/m	交流供电、 显示被测场频道
电视场强计	1～56 频道	灵敏度:10μV	交直流两用
电视信号场强计	40MHz～890MHz	20dBμ～120dBμ	交直流两用
场强仪	40MHz～860MHz	20dBμ～120dBμ	交直流两用

3.4 有关安全业务频段

为便于开展环境电磁监测和评价工作,表 3-24 中列出了常用安全业务的频段。

表 3-24 有关安全业务频段

频率/MHz	分配/应用
0.010～0.014	无线电导航(仅适用于船上和航空器的奥米伽远程导航系统)
0.090～0.11	无线电导航(罗兰 C 和台卡导航系统)
0.2835～0.5265	航空无线电导航(无定向信标)
0.489～0.519	海运安全信息(仅适用海岸区和船上)
1.82～1.88	无线电导航(仅适用于 3 区的罗兰－A 导航系统,海岸区和船上)
2.1735～2.1905	动态遇险频率
2.09055～2.09105	指示事故位置无线电信标(EPIRB)
3.0215～3.0275	航空器机动装置(搜索和营救工作)
4.122～4.2105	动态遇险频率
5.678～5.6845	航空器机动装置(搜索和营救工作)
6.212～6.314	动态遇险频率
8.288～8.417	动态遇险频率
12.287～12.5795	动态遇险频率

续表

频率/MHz	分配/应用
16.417~16.807	动态遇险频率
19.68~19.681	海运安全信息(仅适用于海岸区和船上)
22.375~22.3765	海运安全信息(仅适用于海岸区和船上)
26.1~26.101	海运安全信息(仅适用于海岸区和船上)
74.6~75.4	航空无线电导航(标志信标)
108~137	航空无线电导航(108~118)MHz为甚高频全向信标,121.4~123.5MHz为遇险频率SARSAT上行线路,(118~137)MHz为航空交通控制
156.2~156.8375	海运动态遇险频率
242.9~243.1	搜寻和营救(SARSAT上行线路)
328.6~335.4	航空无线电导航(仪表着陆系统下滑道指示仪)
399.9~400.05	无线电导航卫星
406~406.1	搜寻和营救(指示事故位置无线电信标(EPIRB),SARSAT上行线路)
960~1238	航空无线电导航(TACAN),航空交通控制信standart
1300~1350	航空无线电导航(远程航空搜索雷达)
1544~1545	遇险频率,SARSAT上行线路((1530~1544)MHz移动卫星下行线路,可优先用于遇险)
1545~1559	航空移动式卫星(R)
1559~1610	航空无线电导航(全球定位系统)
1610~1625.5	航空无线电导航(无线电测高低)
1645.5~1646.5	遇险频率上行线路((1626.5~1645.5)MHz移动卫星上行线路可优先用于遇险)
1646.5~1660.5	航空移动式卫星(R)
27000~29000	航空无线电导航(航站航空交通控制雷达)
2900~3100	航空无线电导航(雷达信标—仅适用海岸区和船上)
4200~4400	航空无线电导航(测高仪)
5000~5250	航空无线电导航(微波着陆系统)
5350~5460	航空无线电导航(机载雷达和信标)
5600~5650	航站多普勒天气雷达—风切变(探测)
9000~9200	航空无线电导航(精确接近雷达)
9200~9500	海事搜寻和营救雷达应答器,海运雷达信标和无线电导航雷达,低能见度条件下机载无线电导航用天气和地面图像雷达。
13250~13400	航空无线电导航(多普勒导航雷达)

参考文献

[1] 赵玉峰,赵冬平.现代环境中的电磁污染[M].北京:电子工业出版社,2003.
[2] 刘文魁,庞东.电磁辐射的污染及防护与治理[M].北京:科学出版社,2003.
[3] 张宝杰,乔英杰,赵志伟.环境物理性污染控制[M].北京:化学工业出版社,2003.
[4] 刘文魁(译).电磁辐射的风险与规避[M].北京:人民卫生出版社,2009.
[5] 杨新村(译).制定以健康为基础的电磁场标准的框架[M].北京:中国电力出版社,2008.
[6] GB8702-88.电磁辐射防护规定[S].
[7] GB9175-88.环境电磁波卫生标准[S].
[8] GB10436-89.作业场所微波辐射卫生标准[S].
[9] GB10437-89.作业场所超高频辐射卫生标准[S].
[10] GB12638-90.微波和超短波通信设备辐射安全要求[S].
[11] GB16203-1996.作业场所工频电磁卫生标准[S].

[12] HJ/T10.3-1996.辐射环境保护管理导则　电磁辐射环境影响评价方法与标准[S].

[13] HJ/T10.2-1996.辐射环境保护管理导则　电磁辐射监测仪器和方法[S].

[14] 电磁环境公众曝露控制限值(报批稿)[S].

[15] GB15707-1995 高压交流架空送电线无线电干扰限值[S].

[16] GB/T17624.1-1998 电磁兼容综述电磁兼容基本术语和定义的应用与解释[S].

[17] DL/T1089-2008 直流换流站与线路合成场强、离子流密度测量方法[S].

[18] GB4824-2004/CISPR11:2003 工业、科学和医疗(ISM)射频设备电磁骚扰特性限值和测量方法[S].

[19] 向天明.场强测量与场强仪[J].无线电工程,2002,32(6):59—60.

[20] 潘启军,马伟明,赵治华等.磁场测量方法的发展及应用[J].电工技术学报,2005,20(3):7—12.

[21] 刘宝华,孔令丰,郭兴明.国内外现行电磁辐射防护标准介绍与比较[J].辐射防护,2008,28(1):51—56.

[22] 秦会斌,胡建人,郑梁.环境电磁辐射测量方法研究[J].仪器仪表学报,2007,28(4):41—43.

[23] 张彦文,张广斌,田伟.某市环境电磁辐射水平分布[J].环境与健康杂志,2005,22(2):93—95.

[24] 张淑琴,张彭.电磁辐射的危害与防护[J].工业安全与环保,2008,34(3):30—32.

[25] 《电磁环境公众曝露控制限值》编制说明(报批稿)[J].

[26] 马文华.电磁辐射标准跟踪研究[J].

[27] Ross M. Carlton. An Overview of Standards in Electromagnetic Compatibility for Integrated Circuits [J]. 2004,35:487—495.

[28] Santi Tofani, Laura Anglesio. Electromagnetic Standard Fields：Generation and Accuracy Levels from 100kHz to 990MHz[S]. 1986,34(7):832—835.

[29] ICNIRP. Guidelines for Limiting Exposure to Time-varying Electric, Magnetic, and Electromagnetic Fields (up to 300GHz)[S].

[30] IEEE. Standard for Safety Levels with Respect to Human Exposure to Radio Frequency Electromagnetic Fields (3kHz to 300GHz)[S].

[31] ANSI. Techniques and Instrumentation for the Measurement of Potentially Hazardous Electromagnetic Radiation at Microwave Frequencies[S].

第4章 广播电视发射设备电磁监测与评价

广播电视系统的发射设备数量较多,功率较大,电磁辐射影响的范围很广。为收听、收看好广播电视,希望发射的电磁波越强越好,但在广播电视发射台站较近处,则会产生很强的电磁波场强,造成对人体健康的有害影响,污染环境。广播电视发射设备一般可分为中波广播、短波广播、调频广播与电视。

4.1 设备工作原理

4.1.1 中波广播

中波广播的频率范围为 526.5～1606.5kHz,频道间隔为 9kHz,从标称载频 531kHz 到 1602kHz 为止,共有 120 个频道。

中波是以地波和天波两种方式传播。所谓地波,就是从天线辐射的沿地球表面向四周传播的电磁波。中波因其频率较低,地波场强随传播距离的增加而衰减,但衰减较慢,可以形成一个稳定的服务区(约几十公里至百余公里),覆盖半径主要取决于发射机功率、频率、极化、天线增益以及传输路径的地导系数。所谓天波,是在夜间能够强烈吸收中波的电离层 D 层消失后,中波天线以高仰角辐射的那部分电波将被电离层的 E 层反射回地面形成,可以传播几百甚至上千公里。

中波发射天线大多数采用拉线垂直桅杆辐射垂直极化波,一般称单塔为全向天线,双塔为弱定向天线,四塔和八塔为强定向天线。桅杆底部有绝缘子支持,中波发射机的电磁能通过不对称的馈线送至天线的底部,由天线将电磁能转换成定向或不定向的波速向外辐射。其大部分能量沿地面传播,小部分能量向天空传播。

对于中波天线,提高地波辐射场强的另一个重要措施就是在其周围的地面下埋设一个辐射状的金属地网。中波天线是建在地面上的垂直单极子,它以大地作为辐射电流的回路。为了提高天线的增益,就应减少大地损耗。设置地网能够减少地电流的损耗,降低接地电阻,提高天线效率。所有地网线在铁塔底部都要与基础屏蔽铜皮焊接起来。按此要求施工的地网,在一般的地质土壤条件下均可达到电阻小于 2Ω 的要求,满足防雷接地的需要。

4.1.2 短波广播

短波广播的频率范围为 3～30MHz。

短波电台主要组成部分包括:发射机系统、节目和天线调度系统、天线和馈线系统、节目传送系统和供电系统。广播信号通过卫星、专用光缆、数字微波等方式传送到发射台,通过功分器与接收机,进入节目传送系统。在节目传送系统中,根据节目调度,经过音频分配系统,发往发射系统。发射机控制系统和天线交换系统按照播出节目单将输入音频信号,转换为电磁波信号,采用短波波段,发往用户所在区域。同时供电系统对整个运行系统提供电力支持,保证安全运行。

短波广播是远距离无线电广播,发射波束有一定的仰角,电磁波辐射到空中后,利用电离层对无线电波的反射,使电波回到地面,再通过调整发射波束的仰角,控制电磁波辐射到地面的距离和区域。短波发射方式可使覆盖区达到数百公里至数千公里,即通常所称的天波传播。天线型式有宽波段同相水平天线、隙缝天线、菱形天线和角形天线等。同相水平天线电能利用效率为 $65\%\sim70\%$,隙缝天线效率仅为 30% 左右,菱形天线效率更低但具有方向可调性。目前我国大功率短波发射天线多采用同相水平天线。

短波发射电磁波主要向空中辐射,沿地面传播的电磁波是少量的,且耗损很快,传播距离极短。但在强功率、强定向、低仰角发射天线的正前方,从天线底部到一两千米范围内,可能有较强的地面场强。短波天线在垂直面内的最大发射方向有一定的仰角,垂直面最大发射仰角随服务区的距离而定,距离越远最大仰角越小。对 200km 以外地区,大致为 $4°$。正前方地面环境处在辐射场的副瓣区内。由于天线辐射方向图中副瓣的计算值和实测值相差较大,加之辐射近场区内方向图计算更复杂、准确度不高,因此,短波辐射近场区的场强一般用实测方法求出。

4.1.3　调频广播与电视

调频广播的频率范围是 $87\sim108MHz$,电视广播的频率范围是 $48.5\sim960MHz$,其中甚高频(VHF)波段的频率范围为 $48.5\sim223MHz$,超高频(UHF)频率范围为 $470\sim958MHz$。VHF 划分为 $3\sim12$ 频道,UHF 划分为 $13\sim68$ 频道。目前随着数字电视的实施,使得电视广播的频率范围增加至 GHz 段。

从频率上来看,调频广播与电视属超短波和微波,发射台主要设备包括线路设备、发射设备、天线设备、电源设备及遥控监视设备等,主要建筑物为设备机房及发射天线的支撑构架等,产生电磁辐射的设备是音频广播发射机、电视广播发射机及天线。传播方式是直线传播,遇有建筑物就严重衰减,甚至会造成用户无法接收,即便收到的有时也是反射的电波。传输距离视发射设备的功率大小和天线高度及增益决定,一般不超过 100 公里。

产生电磁辐射的污染源是指数字音频广播和数字电视广播的发射天线,其主要作用是:将由音频广播发射机和电视广播发射机馈送来的高频信号能量转换成电磁波能量,并以电磁波的形式向空间辐射出去。连接音频广播发射机(或电视广播发射机)和天线的馈线系统的主要作用则是将发射机欲发射的高频信号能量馈送给天线。天线由许多基本振子(又称电偶极子或电流元)组成。基本振子是一段载有高频电流的短导线,其长度远小于波长,直径远小于长度。基本振子通过交变电流后,在其附近产生交变电场,并在较远处发生交变电场与交变磁场的互相转化,形成电磁辐射。天线产生有效的电磁波主要取决于辐射频率、几何形状、增益以及电流分布等情况。其中方向性图是表示天线辐射的能量在空间的分布图,一般调频广播和电视广播的水平方向和垂直方向图见图 4-1～图 4-4。

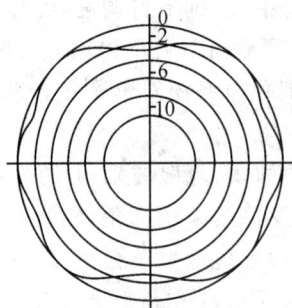

图 4-1 调频广播水平面方向图（H 图）

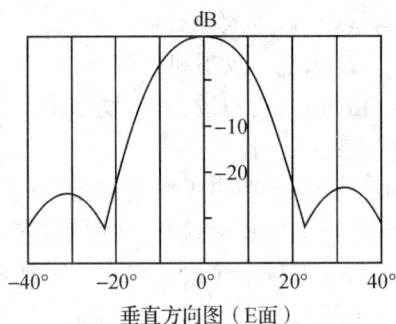

垂直方向图（E面）

图 4-2 调频广播垂直面方向图（E 图）

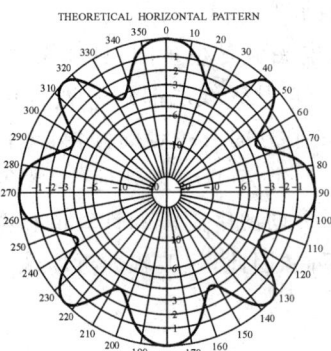

THEORETICAL HORIZONTAL PATTERN

图 4-3 电视广播水平面方向图（H 图）

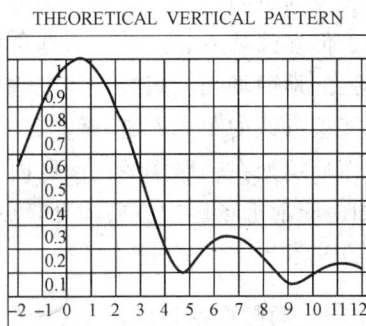

THEORETICAL VERTICAL PATTERN

图 4-4 电视广播垂直面方向图（E 图）

4.2 电磁辐射特性

4.2.1 中波广播

目前,我国中波台中,常用的有单塔、双塔、四塔、八塔天线。其中单塔天线最为常见,单塔天线就是一个以塔身为振子的底部馈电的垂直振子,它由钢桅杆、带绝缘的拉绳、底座绝缘、地网及放电球组成,单根铁塔天线布置见图 4-5。单塔天线在水平面内作无方向性辐射,在垂直面内 0°仰角的辐射最大。这就是说,在水平面内的方向图与方位角无关,是一个圆。垂直面方向图和振子的高度 h 有关,不同高度的垂直振子的垂直面方向图见图 4-6。

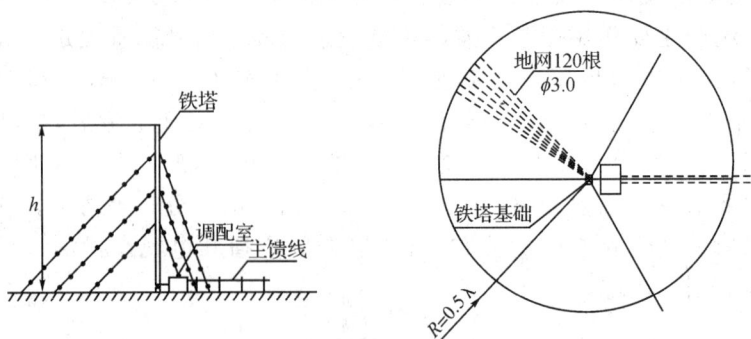

图 4-5 单根铁塔天线布置

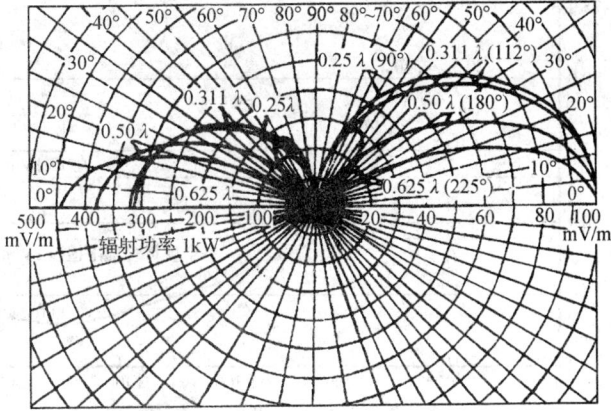

图 4-6　不同高度的垂直振子的垂直面方向图

在天线塔附近的高场强区,天波场强远小于地波场强,从辐射防护角度看,只考虑地波场强即可。目前中波广播一般采用单塔全向天线,用得最多的是 150kW 的半波天线塔(增益 4.8 倍)和 10kW 的 1/4 波长天线塔(增益 3.2 倍),这两种天线辐射的地波场强见图 4-7。

从图 4-7 可以看出,对于 150kW 的半波天线塔,800m 以内有可能超过防护限值,对于 10kW 的半波天线塔,100m 以内有可能超过防护限值。

4.2.2　短波广播

目前,我国大功率短波发射天线多采用同相

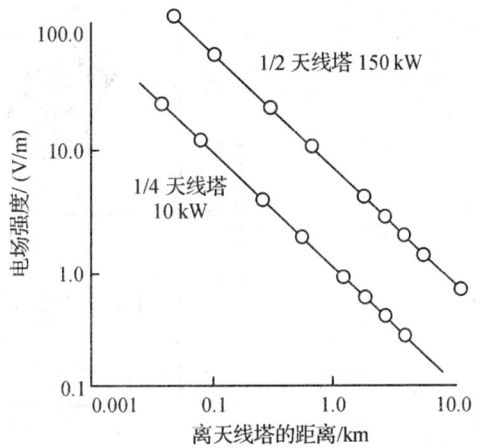

图 4-7　两种天线辐射的地波场强计算值

水平天线,该类型天线为同相馈电的水平对称振子组成的边射式平面天阵,为了保证单向的辐射和接收,在阵面的一侧设置射面。同向水平天线示意图见图 4-8。

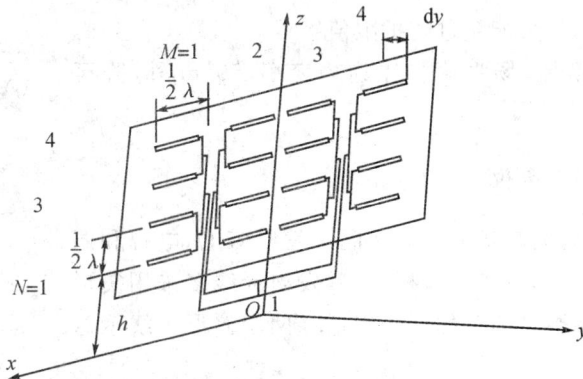

图 4-8　同向水平天线

目前,我国短波台中发射功率一般为 500kW 和 100kW,对某台甲台区(100kW,10 副天线)和乙台区(500kW,1 副天线)厂界围墙外的场强测量结果见图 4-9、4-10。

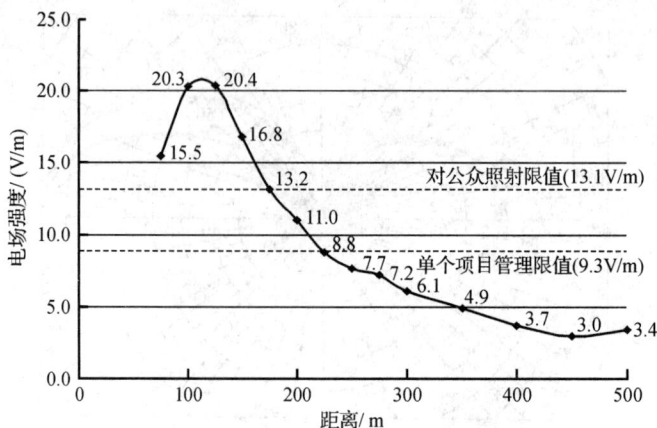

图 4-9　甲台区天线外电场强度变化趋势

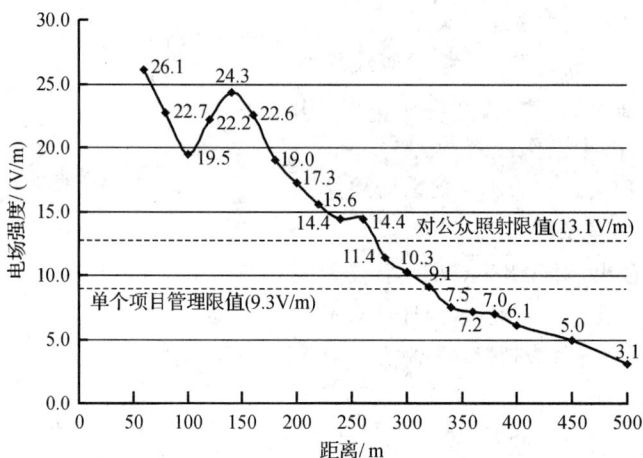

图 4-10　乙台区天线外电场强度变化趋势

从图中可以看出：

（1）在厂界围墙外，天线塔附近距离天线 100m～300m 范围内最可能出现最大值，有可能超过防护限值。

（2）随着距离的增加，场强值整体趋势变小，500m 外，降至 5V/m 以下。

4.2.3　调频广播与电视

目前，我国电视、调频设备都安装在同一发射塔上，电视和调频天线绝大部分分装在同一塔的桅杆上，其发射天线多采用翼形天线，它是由一组同相激励的对称振子组成。两层翼形天线示意图见图 4-11。

调频与电视发射的电磁波为空间直线传播形式，易受市区内楼房建筑的遮挡与反射。从北京中央广播电视塔、上海东方明珠塔、天津天塔三座 400m 以上电视塔的电磁辐射环境验收监测结果看，电视塔周围建筑各层接收到的场强值大小是不同的；距离

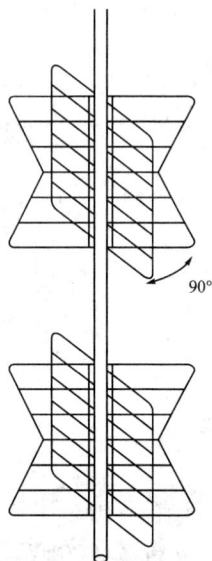

图 4-11　两层翼形天线

不同,高层建筑出现最大场强值的层次分布也是不一样的。这是因为直射波除了和发射机功率、天线增益以及天线高度有关外,还与天线垂直面方向性有关。离发射塔越近,倾角越大,高度变化时场强的变动也越明显,一般来说,它越接近天线主瓣,则场强值越大。建于市区内较高的广播电视塔尽管发射功率较大,但由于塔上发射天线区在较高的桅杆处(350m左右),天线发射的电磁波主瓣越过周围建筑顶部向远处辐射,以取得较大服务半径,周围地面和一些高层建筑均在电视发射电磁波的弱副瓣区域,只要合理规划,控制周围建筑物的建筑高度,防止高层建筑顶部进入电视塔辐射强副瓣区,其对周围地面和建筑物所产生的电磁辐射污染可以控制在国家标准之下。

值得注意的是,增益低、功率小但架设高度较低的天线近地面处的最大可能场强,在某些场合会比增益高、功率大但架设较高的天线的场强更高。当天线架设足够高时,附近居民的活动范围在天线辐射场型的副瓣之内,若天线架设过低,居民活动范围进入主瓣,加上天线增益不高,垂直面场型的主瓣较宽,场强可能超过防护限值。

4.3　监 测 方 法

4.3.1　测量条件

环境条件应符合行业标准和仪器标准中规定的使用条件,即无雪、无雨、无雾、无冰雹。环境温度一般为 $-10℃ \sim +40℃$,相对湿度小于 80%。

测量记录表应注明环境温度、相对湿度及天气状况。

4.3.2　测量场地

1. 固定测量站

(1)周围场地应空旷平坦,半径 400m 范围内无建筑物、大批树林等障碍物,要求没有反射杂波到达测量点。

(2)应离主要交通运输道路、高压输电、变电所、工厂等较远,保证没有来自上述设施的明显干扰。

(3)应能提供全天候观测。

2. 移动测量

(1)当测量发射天线反馈电系统的效果时,测量点周围应比较空旷平坦,最好在前方200m 内,两侧及后方 100m 内无建筑物、树林及高压线等。

(2)当测量特定环境下的讯号场强时,要求详细说明测量点的环境状况、接收天线具体位置以及传播途径上的特点。

4.3.3　测量高度

一般距地面或立足点 1.7m $\sim$ 2.0m,也可根据不同目的,选择测量高度。

4.3.4　测量时间

根据目前广播电视的播出特点,选择工作时段进行测量。若 24 小时昼夜测量,则昼夜测量点不应少于 10 点。

4.3.5　布点方法

以辐射体为中心(比如电视发射塔),按间隔 45°的八个方位为测量线,每条测量线上选取距场源 30m、50m、100m 等不同距离定点测量,测量范围根据实际情况确定。同时对周围评价范围内敏感目标处(如为楼房可进一步选择不同楼层进行测量)及工作人员经常停留的位置进行测量。

4.3.6　数据记录处理

原始数据的记录应该使用一定格式的记录纸,计算每个测量位置的平均场强值(V/m),此平均值作为评价值,原始数据记录应有测量人和数据校核人的签名。

4.4　评价方法

4.4.1　中、短波广播

中波广播大多采用垂直极化波,主要以地面波和天波方式传播。由于近场区离场源较近,是个复杂的不均匀场,故近场区电场强度不易计算,一般采用同类型天线类比实测数据。远区场的电场强度一般采用《辐射环境保护管理导则　电磁辐射监测仪器和方法》(HJ/T10.2-1996)推荐的舒来依金—范德波尔公式估算,该公式适用于地形平坦无高大障碍物的开阔地区,可将辐射源视为处于自由空间,距离辐射源 d 处的场强可按式(4-1)计算。

$$E = \frac{245}{d}\sqrt{P \times \eta \times G} \times F(h) \times F(\Delta \cdot \varphi) \times A \tag{4-1}$$

近似公式:

$$E = \frac{300}{d}\sqrt{P \times G} \times A \tag{4-2}$$

式中:

$$G = 10^{0.1N} \tag{4-3}$$

$$A = 1.41\frac{2 + 0.3X}{2 + X + 0.6X^2} \tag{4-4}$$

$$X = \frac{\pi d}{\lambda} \times \frac{\sqrt{(\varepsilon - 1)^2 + (60\lambda\sigma)^2}}{\varepsilon^2 + (60\lambda\sigma)^2} \tag{4-5}$$

上述各式中,d 为被测位置与发射天线水平距离(km);P 为发射机标称功率(kW);η 为天线效率(%);G 为相对于接地基本振子(点源天线 $G=1$)的天线增益(倍数);N 为相对于接地基本振子(点源天线 $G=1$)的天线增益;$F(h)$ 为发射天线高度因子;$F(h)=1\sim1.43$;$F(\Delta \cdot \varphi)$ 是发射天线垂直面(Δ 仰角)、水平面(方位角 φ)方向性函数,$\Delta_{\max}=0$;A 为地面波衰减因子;λ 为波长(m);ε 为大地的介电常数(无量纲);σ 是大地的导电系数$[(\Omega \cdot m)^{-1}]$。

近似公式由 $\eta \approx 1$,$F(h) \approx 1.2$,$F(\Delta \cdot \varphi) = 1$ 得出。

上述公式中的大地导电系数 σ 与介电常数 ε 的取值见表 4-1。

表 4-1　大地导电系数 σ 与介电常数 ε 取值

地质	导电系数 $\sigma/(\Omega \cdot m)^{-1}$	介电常数 ε
淡水	5×10^{-3}	80
湿地	3×10^{-2}	10
干地	1×10^{-3}	4
森林	8×10^{-3}	12
丘陵	5×10^{-3}	13
山地	1×10^{-3}	5
城市	7.5×10^{-4}	5

短波(水平极化波)场强计算公式同上式,但其中 X 按下式计算:

$$X = \frac{\pi d}{\lambda} \times \frac{1}{\sqrt{(\varepsilon - 1)^2 + (60\lambda\sigma)^2}} \tag{4-6}$$

考虑中短波天线区均不只 1 副天线,其天线周围一般均为复合场强,根据我国《环境电磁波卫生标准》第 1.2.3 条:复合场强是指两个或两个以上频率的电磁复合在一起的场强,其值为各单个频率场强平方和的根值,可用下式表示:

$$E = \sqrt{E_1^2 + E_2^2 + \cdots + E_n^2} \tag{4-7}$$

式中,E 为复合场强(V/m);E_1、E_2、$\cdots$、E_n 分别为各个频率所测得的场强(V/m)。

4.4.2　调频广播和电视广播

调频广播、电视广播的频率主要位于超短波段,目前随着数字电视的实施,使得其介于微波段的频率有所增加。

1. 频率位于 30MHz～300MHz(超短波)的调频广播和电视广播

由电磁辐射理论可知,当距辐射源的距离 $d \geqslant 2D^2/\lambda$ 时,(D 为天线直径,λ 为波长)为远场区,电磁波近似为平面波,根据《辐射环境保护管理导则　电磁辐射监测仪器和方法》(HJ/T10.2-1996)中给出的预测公式,电视、调频超短波场强可按下式计算:

$$E = \frac{444 \sqrt{P \cdot G}}{r} F(\theta) \tag{4-8}$$

式中,E 为综合场强(mV/m);P 为发射机标称功率(kW);G 为相对于半波偶极子($G_{0.5\lambda} = 1.64$)天线增益(倍数);r 为测量位置与天线水平距离(km);$F(\theta)$ 为天线垂直面方向性函数(视天线型式和层数而异)。

式(4-8)是近似公式,它作了如下简化:

(1)电视天线一般辐射水平极化波,若地面为理想导体,对水平极化波的发射系数 $R = -1$;

(2)计算离天线塔底部 2km 范围内的场强,可将球形地面看成是平面的,即散射系数为 1;

(3)令直射波到接收点的俯角和发射波到接收点的俯角相等;

(4)不考虑地形和建筑物对电波的阻挡消耗;

(5)不考虑多次发射;

(6)因为是水平极化波,直射波和发射波的电场方向相同。令直射波和发射波等幅同相,故合成波的振幅是直射波的两倍。

根据《电磁辐射防护规定》,对于 30MHz 以上的频段,选用功率密度作为评价量。在正

对天线辐射主瓣方向的地方,最大可能功率密度可按下式计算:

$$S_{W/m^2} = \frac{E^2}{120\pi} = \frac{E^2}{377} \tag{4-9}$$

或

$$S_{mW/cm^2} = 0.1 \frac{E^2}{120\pi} = \frac{E^2}{3770} \tag{4-10}$$

$$S = S_1 + S_2 + \cdots + S_n \tag{4-11}$$

式中,S 为复合功率密度;S_1、S_2、$\cdots$、S_n 为各个频率的功率密度。

广播电视发射塔是具有不同发射频率和功率的复合发射体,一般都加载了多个频道,对环境的电磁辐射是多个频道辐射场强的叠加值。复合场强按式(4-7)计算。

2. 频率位于 300MHz～3000GHz(超短波)的电视广播

由《辐射环境保护管理导则　电磁辐射监测仪器和方法》(HJ/T10.2-1996)给出的公式计算,近场最大功率密度(W/m²)为

$$P_{dmax} = \frac{4P_T}{S} \tag{4-12}$$

式中,P_T——送入天线净功率(W);S 为天线实际几何面积(m²),$S = \pi R^2$;R 为天线半径(m)。

远场轴向功率密度(W/m²)

$$P_d = \frac{P \cdot G}{4\pi r^2} \tag{4-13}$$

式中,P 为发射机平均功率(W);G 为天线增益(倍数);r 为预测点与天线轴向距离(m)。

根据上述公式计算出的场强,从地面水平不同距离的计算结果来看,场强最大贡献值一般出现在与天线塔底部水平距离 2km 以内的地方。水平距离越远,场强越小。同时从理论计算结果来看,电场强度的贡献值总的趋势是随着高度的增大而增大,这与相关的类比监测数据基本一致,且与广播电视的超短波电磁波的传播机理相吻合。

4.5　电磁环境影响评价案例分析

4.5.1　案例1:某中波广播转播台迁建工程

1. 项目构成及规模

某中波转播台担负着中央人民广播电台第一套节目、某省人民广播电台第一套节目和地方人民广播电台广播节目的转播任务及有关的实验任务,现有拉线式垂直铁塔 5 座,天线5 副。

随着城市建设的推进,城区面积的不断扩大,该中波转播台所在区域已规划为教育园区,从城市发展和广播事业发展长远利益考虑,应当予以搬迁,以利于中波转播台的发射效果和今后的发展。根据当地人民政府关于该中波转播台迁建的信函和发展计划委员会关于该中波广播转播台迁建项目可行性研究报告的批复,将现有中波广播转播台迁建至别处。

建设规模及内容:本项目为迁建工程,基本维持原有规模。由于新址土质为砂卵石,导电性比原址差,故输出功率有所增大,项目的建设规模为:

总输出功率:26kW;

自立式铁塔:5 座。

总用地面积:201610m²,其中发射台建设用地 10080m²(含铁塔基础用地),天线场地 191530m²,列入广播设施保护范畴。

2.工程分析

(1)工艺流程

依据中波广播转播台搬迁项目的建设任务,其发射总功率为 26kW,8 套节目分别使用 810kHz、1359kHz、927kHz、1008kHz、1143kHz、603kHz、1521kHz、711kHz 频率播出。为确保广播安全播出,发射机配备采用同功率双机互为备份方案。其中 810kHz 和 1359kHz 分别选用一台 PDM 全固态 10kW 中波发射机(一台 10kW 假负载),其余 6 套节目分别选用一台 PDM 全固态 1kW 中波发射机(一台 1kW 假负载)。这种全固态发射机可靠性高、整机效率高、耗能低、维护方便,并考虑今后向 DRM 发射机升级。

全固态 PDM 机工作原理和 PDM 发生器工作原理分别见图 4-12 和图 4-13。

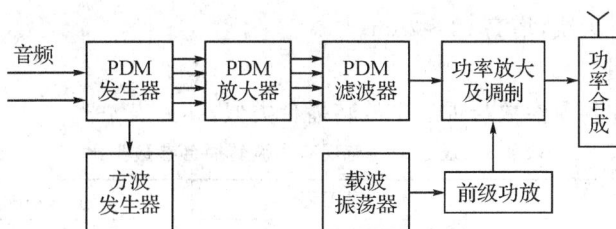

图 4-12　全固态 PDM 机工作原理

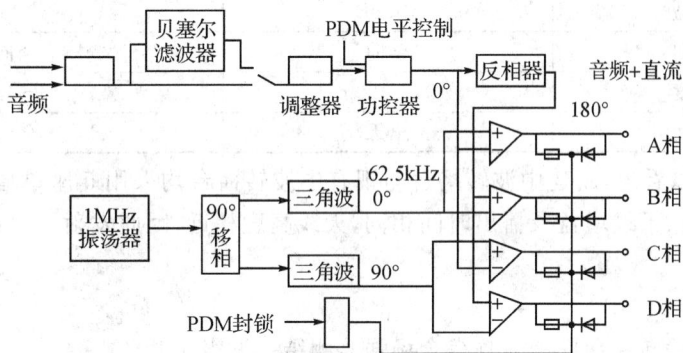

图 4-13　PDM 发生器工作原理

(2)电磁污染源分析

中波发射天线是主要的电磁辐射环境污染源,其向空间发射连续性垂直极化波,大部分能量沿地面传播(地波),小部分能量向天空传播(天波)。本项目发射总功率为 26kW,采用 5 座直立式铁塔,使用的频率分别为 0.810MHz、1.359MHz、0.927MHz、1.008MHz、1.143MHz、0.603MHz、1.521MHz、0.711MHz。

此外,中波广播转播台发射机房内设备,如全固态 PDM 机等,生产厂家已经对其进行了必要的屏蔽,再加上机房的屏蔽作用,其向环境的泄漏量极小。

根据以上分析,本工程运行期电磁污染源情况列于表 4-2 中。

表 4-2　建设项目主要电磁污染因子

时期	污染因子	主要污染物	来源	特征
运行期	电磁辐射	电磁波	发射天线	连续排放

3.电磁环境影响评价

依据 HJ/T10.3-1996 第 3.1.2.款的规定,发射机功率≤100kW 时,评价范围为以天线为中心的半径 0.5km 区域。

新建的该中波广播转播台发射机总功率为 26kW,采用 5 座单塔天线,高度分别为 120m(1 座)、102m(2 座)、84m(2 座),因此本项目电磁辐射环境影响评价范围为:以 5 座单塔地面塔基为中心,各自半径 0.5km 的区域。

(1)类比监测

该中波转播台始建于 20 世纪 70 年代,台址在某市区内,担负着中央人民广播电台第一套节目、省人民广播电台第一套节目和当地人民广播电台广播节目的转播任务及有关的实验任务,现有拉线式垂直铁塔 5 座,天线 5 副。该台使用频率为 603～1521kHz,总输出功率 26kW,采用 5 座单塔天线,塔高 64～76m。

①类比条件说明

本项目的功能和各项参数与现运中波转播台类似,详见表 4-3。

表 4-3　迁建工程与现有中波转播台参数类比

名称	本迁建工程	现中波转播台
主要发射设备	全固态中波广播发射机	全固态中波广播发射机
总标称功率	26kW(5 座单塔)	26kW(5 座单塔)
工作频段	0.603～1.521MHz	0.603～1.521MHz
天线增益	≤2dB	≤2dB
天线主向	全向	全向
天线高度	84～120m	64～76m
播出时间	全天	全天

从表 4-3 可以看出,新建中波转播台与现有中波转播台均采用 5 座单塔全向天线,总标称功率、工作频段、天线增益及播出时间相同,天线高度相近,因此发射塔周围的场强值具有一定的可比性。

②监测结果

现有中波广播转播台周围射频综合场强监测结果见表 4-4。

从表 4-4 可以看出,在评价范围内,该中波转播台周围敏感点的射频综合场强值为 0.45～17.81V/m,所有测点均低于《电磁辐射防护规定》(GB8702-88)相应频率的公众导出限值 40V/m。

表 4-4　现址射频综合场强监测结果

测点编号	测点位置	综合场强/(V/m)	功率密度/(μW/cm²)	备注
◆1	5♯塔基向北 25m	13.85	53.64	
◆2	5♯塔基向北 50m	8.12	18.29	
◆3	5♯塔基向北 75m	4.61	6.45	
◆4	5♯塔基向北 100m	4.00	4.30	
◆5	5♯塔基向北 125m	3.91	4.10	

测点编号	测点位置		综合场强/(V/m)	功率密度/(μW/cm²)	备注
◆6	5♯塔基向北 150m		3.63	3.38	
◆7	5♯塔基向北 175m		3.20	2.59	
◆8	5♯塔基向北 200m		2.87	2.17	
◆9	5♯塔基向北 225m		2.75	1.99	
◆10	5♯塔基向北 250m		2.32	1.48	
◆11	5♯塔基向北 275m		1.83	0.89	
◆12	5♯塔基向北 300m		2.79	2.07	
◆13	5♯塔基向北 325m		1.57	0.65	
◆14	5♯塔基向北 350m		1.40	0.52	
◆15	5♯塔基向北 375m		1.60	0.69	
◆16	5♯塔基向北 400m		1.57	0.67	
◆17	5♯塔基向北 425m		1.20	0.39	
◆18	5♯塔基向北 450m		1.86	0.94	
◆19	5♯塔基向北 475m		0.89	0.22	
◆20	5♯塔基向北 500m		1.41	0.57	
◆21	◆12 测点以东 25m		1.60	0.66	
◆22	◆12 测点以东 50m		3.10	2.58	
◆23	◆12 测点以东 75m		3.01	2.48	
◆24	◆12 测点以东 100m		2.57	1.50	
◆25	◆12 测点以东 200m		2.51	1.70	
◆26	◆12 测点以东 300m		1.69	0.83	
◆27	◆12 测点以东 400m		1.33	0.48	
◆28	◆12 测点以东 500m		1.48	0.58	
◆29	某学校教学楼	地面一层	1.64	1.15	距 5♯塔天线 460m
		二层阳台	2.08	0.70	
◆30	地块中心		8.06	18.13	
◆31	地块中心以南 25m		9.31	23.49	
◆32	地块中心以南 50m		11.08	32.83	
◆33	地块中心以南 75m		12.90	37.44	
◆34	地块中心以南 100m		12.91	47.40	
◆35	地块中心以南 125m		15.50	63.51	
◆36	地块中心以南 150m		13.21	49.10	
◆37	地块中心以南 175m		14.71	54.88	
◆38	地块中心以南 200m		7.51	14.89	
◆39	地块中心以南 225m		7.24	13.75	
◆40	地块中心以南 250m		13.98	49.86	
◆41	地块中心以南 275m		14.26	54.59	
◆42	地块中心以南 300m		15.47	64.57	
◆43	地块中心以南 325m		7.60	15.22	
◆44	地块中心以南 350m		4.35	5.07	
◆45	地块中心以南 375m		2.68	1.79	某小区 49 号
◆46	地块中心以南 400m		1.61	0.71	
◆47	地块中心以南 425m		0.49	0.06	某小区 132 号

续表

测点编号	测点位置	综合场强/(V/m)	功率密度/(μW/cm²)	备注
◆48	地块中心以南 450m	0.45	0.05	
◆49	地块中心以南 475m	0.48	0.06	
◆50	地块中心以南 500m	0.46	0.06	
◆51	某小区 80 幢三层窗口	2.41	1.58	
◆52	某小区 80 幢地面一层	0.85	0.19	
◆53	4♯与 5♯塔之间中点	14.71	56.91	
◆54	◆53 测点以西 25m	17.81	83.93	
◆55	◆53 测点以西 50m	11.69	35.02	
◆56	◆53 测点以西 75m	9.17	21.47	
◆57	◆53 测点以西 100m	10.33	27.94	
◆58	◆53 测点以西 125m	11.78	35.75	
◆59	◆53 测点以西 150m	11.59	35.77	
◆60	◆53 测点以西 175m	10.37	27.69	
◆61	◆53 测点以西 200m	8.71	20.01	
◆62	◆53 测点以西 225m	8.19	17.22	
◆63	◆53 测点以西 250m	6.18	10.23	
◆64	◆53 测点以西 275m	5.31	7.40	
◆65	◆53 测点以西 300m	5.96	9.22	
◆66	◆53 测点以西 325m	5.72	8.83	
◆67	◆53 测点以西 350m	5.21	7.38	
◆68	◆53 测点以西 375m	4.66	5.97	
◆69	◆53 测点以西 400m	3.15	2.62	
◆70	◆53 测点以西 425m	4.09	4.45	
◆71	◆53 测点以西 450m	3.50	3.29	
◆72	◆53 测点以西 475m	3.65	3.55	
◆73	◆53 测点以西 500m	3.42	3.14	
◆74	西北角农居点	2.16	1.24	
◆75	机房一层地面	4.70	5.79	
◆76	办公楼二层阳台	5.20	7.16	
◆77	某学校门口	2.52	1.76	
◆78	某邮政局培训中心门口	2.11	1.18	

从表 4-4 可以看出,个别测点的场强值存在异常现象,即并不是随着距单塔的距离增大而减小,原因是测量场区内存在 5 个单塔,各测点的场强值是 5 个单塔贡献值的叠加。也就是说,场区内的测点离某一单塔距离增大的同时可能离另一单塔却更近了,因此场强值并没有体现出应有的规律性。

(2)理论计算

根据《辐射环境保护管理导则 电磁辐射监测仪器和方法》(HJ/T10.2-1996)中规定的预测公式,中波广播场强可按式(4-1)~式(4-5)计算。

①预测参数

各中波发射机的发射功率、频率、波长、天线高度及天线增益见表 4-5。

表 4-5　该中波转播台主要技术参数

塔号	频率/(kHz)	波长/(m)	发射功率/(kW)	天线高度/(m)	天线增益	
					/(dB)	系数
1#	1359	220.8	10	84	2	1.58
2#	810	370.4	10	102	2	1.58
3#	927	323.6	1	120	2	1.58
	711	421.9	1	120	2	1.58
4#	1143	262.5	1	102	2	1.58
	603	497.5	1	102	2	1.58
5#	1521	197.2	1	84	2	1.58
	1008	297.6	1	84	2	1.58

②大地的介电常数及导电系数

$$\sigma = 3 \times 10^{-3} (\Omega \cdot m)^{-1}, \quad \varepsilon = 4$$

③水平面方向性图

本项目采用单塔全向性天线,天线水平面方向性图为同心圆。

④单塔垂直面方向图

中波天线的垂直面方向图要求沿地面及低仰角部分的场强要高,高仰角部分的场强越小越好,也就是说,随着预测点高度的增加中波场强值是减小的,这和中波主要靠地波传播的机理有关。

⑤预测结果

以 1# 塔 $d = 0.01$ km 处为例,将以上参数代入,得 $X = 3.55 \times 10^{-6}$,$A = 1.41$

$$E = \frac{300}{d} \sqrt{P \cdot G} \cdot A = \frac{300}{0.01} \sqrt{10 \times 1.58} \times 1.41 = 168.14 \text{V/m}$$

同理,计算出距各天线不同水平距离处的场强贡献值,由于单塔天线水平方向性图的各向同性,仅对一个方向的场强值进行计算,预测结果见表 4-6。

表 4-6　各天线场强贡献值理论计算结果

距离/m　　E/(V/m)	1# 塔	2# 塔	3# 塔	4# 塔	5# 塔	叠加值
25m	67.26	67.26	30.08	30.08	30.08	108.45
50m	33.63	33.63	15.04	15.04	15.04	54.23
75m	22.42	22.42	10.03	10.03	10.03	36.15
100m	16.81	16.81	7.52	7.52	7.52	27.11
125m	13.45	13.45	6.02	6.02	6.02	21.69
150m	11.21	11.21	5.01	5.01	5.01	18.07
175m	9.61	9.61	4.30	4.30	4.30	15.50
200m	8.41	8.41	3.76	3.76	3.76	13.56
225m	7.47	7.47	3.34	3.34	3.34	12.04
250m	6.73	6.73	3.01	3.01	3.01	10.85
275m	6.11	6.11	2.73	2.73	2.73	9.85
300m	5.60	5.60	2.51	2.51	2.51	9.03
325m	5.17	5.17	2.31	2.31	2.31	8.33
350m	4.80	4.80	2.15	2.15	2.15	7.74
375m	4.48	4.48	2.01	2.01	2.01	7.23
400m	4.20	4.20	1.88	1.88	1.88	6.77
425m	3.96	3.96	1.77	1.77	1.77	6.38
450m	3.74	3.74	1.67	1.67	1.67	6.03
475m	3.54	3.54	1.58	1.58	1.58	5.71
500m	3.36	3.36	1.50	1.50	1.50	5.42

根据表 4.4-3 的预测结果,以距发射天线的水平距离为 x 轴,场强贡献值为 y 轴作图,得到各个单塔场强贡献值随距离的变化曲线,见图 4-14～4-18。

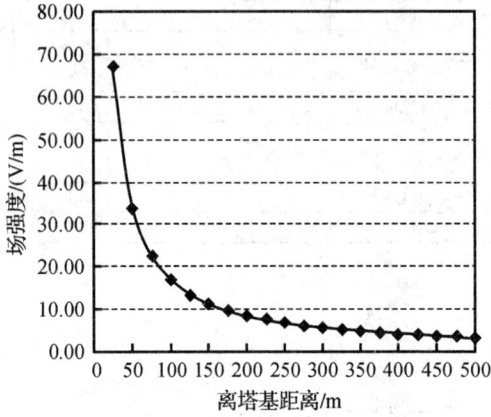

图 4-14　1#塔场强贡献值随距离的变化

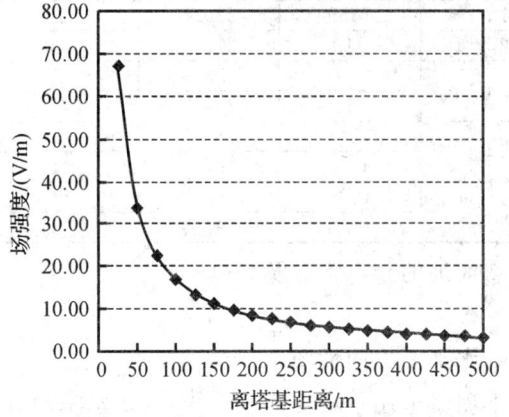

图 4-15　2#塔场强贡献值随距离的变化

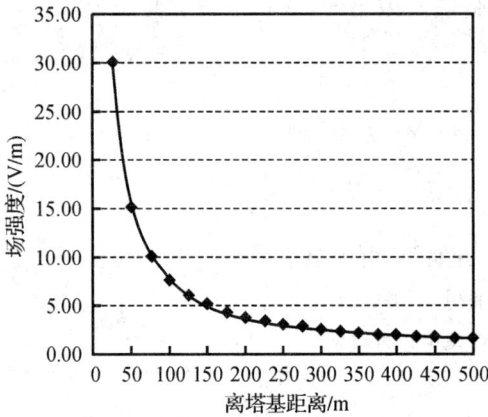

图 4-16　3#塔场强贡献值随距离的变化

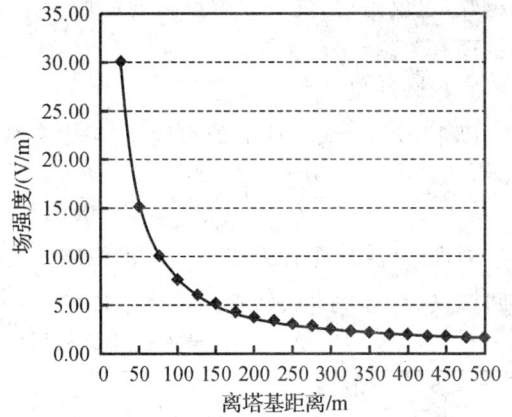

图 4-17　4#塔场强贡献值随距离的变化

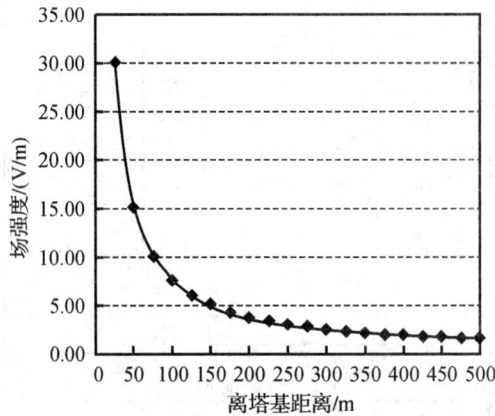

图 4-18　5#塔场强贡献值随距离的变化

⑥电磁环境敏感目标处预测值

拟建地块周围主要电磁辐射环境敏感目标分布情况见表 4-7,分别预测 2 处现有敏感目标和 1 处规划敏感目标处的综合场强值。由表 4-6 查得各个单塔在敏感目标处的场强贡献值,然后将 5 个单塔的场强贡献值叠加,最后与环境背景值进行叠加得到项目建成后各敏感目标处的总场强值,预测结果见表 4-8。

表 4-7　评价范围内 3 个环境敏感目标处电场强度预测结果

位置	环境敏感目标	距天线距离/m				
		1♯塔	2♯塔	3♯塔	4♯塔	5♯塔
地块东北侧	现有敏感目标 1	150	310	532	452	250
地块南侧	现有敏感目标 2	456	254	260	150	400
地块西南侧	规划中的敏感目标	546	340	350	250	500

表 4-8　敏感目标处的综合场强

敏感目标名称	场强贡献值(V/m)					叠加值/(V/m)	背景值/(V/m)	总场强值/(V/m)
	1♯塔	2♯塔	3♯塔	4♯塔	5♯塔			
现有敏感目标 1	11.21	5.60	3.36	3.74	6.73	15.09	0.26	15.09
现有敏感目标 2	3.74	6.73	6.73	11.21	4.20	15.74	0.16	15.74
规划中的敏感目标	3.36	5.17	2.15	3.01	1.50	7.35	0.16	7.35

从表 4-8 的预测结果可以看出,本工程单个项目对各敏感点的场强贡献值均低于单个项目的场强限值 17.9V/m,与背景值叠加后的总场强值低于 40V/m,符合《电磁辐射防护规定》(GB8702-88)的公众照射导出安全限值。

从预测结果可知,由于中波单塔天线为全向性天线,其水平方向性系数各向同性,因此在计算单个塔场强贡献值时,只需计算一个水平方向的场强值即可;从图 4-1~4-5 可以看出,场强贡献值随着与发射天线距离的增大而减小,且呈现一定的规律性;从单塔中波天线的垂直面方向性图可以看出,场强值随高度的增加而减小,故只要预测点地面处的场强值达标,则相同位置高度处的场强值也将达标;根据保守估算,5 个单塔的场强叠加值在 175m 以外能够达到单个项目的场强限值 17.9V/m。因此,在距各单塔天线 175m 以内禁止建造学校、医院、居民等敏感建筑。

4.5.2　案例 2:某广播电视中心

1.项目构成及规模

某广播电视中心新建项目占地面积为 62731m²,总建筑面积为 240000m²,项目总投资为人民币 9.95 亿元,工程建设期五年,分三期建设。其中,一期工程建设规模为 84000m²,投资 3.93 亿元,建设内容为广播电视中心大厦主楼及节目制作楼,主要有广播电台工艺用房、电视台工艺用房、数字媒体资源管理用房、广播电视发射用房、网络传输用房、广播电视收录中心用房及地下车库等。

本项目新建的数字音频广播及数字电视广播发射系统属一期工程建设内容。项目拟新建一座约 60 米高广播电视发射塔,设计安装架设于约 110 米高度的广播电视中心大厦主楼之上。建成后,将发射播出三套数字音频广播节目和二套数字电视广播节目。该广播电视发射塔建成后将成为设施完备、设备先进、功能齐全的广播电视中心。

产生电磁辐射的设备是数字音频广播发射机、数字电视广播发射机及天线。本项目建成后,将发射三套数字音频广播节目,采用4部5kW数字调频广播发射机(3套节目的发射机采用3+1备份方式),三套节目通过多工器共用一副天线,采用四层四面双偶极子板天线。同时本项目设有二套数字电视广播节目,其中,频道1配备有2部5kW数字米波电视发射机,一主一备使用,采用一副四层四面四偶极子板天线;频道2配备2部5kW数字分米波电视发射机,一主一备使用,采用一副八层四面四偶极子板天线。由建设单位提供的数字音频广播和数字电视广播发射系统的技术指标见表4-9和表4-10。

表 4-9　数字音频广播无线电发射系统技术指标

频道	中心频率	发射功率	天线形式	极化方式	天线高度	天线增益	播出时间
FM1	105.4MHz	5kW	双偶极板	垂直极化	140m	7.5dB	24h/d
FM2	91.8MHz	5kW	双偶极板	垂直极化	140m	7.5dB	24h/d
FM3	89.0MHz	5kW	双偶极板	垂直极化	140m	7.5dB	20h/d

表 4-10　数字电视广播无线电发射系统技术指标

频道	中心频率	发射功率	天线形式	极化方式	天线高度	天线增益	播出时间
频道1	208.25MHz	5kW	四偶极板	水平极化	160m	8.0dB	22h/d
频道2	735.25MHz	5kW	四偶极板	水平极化	170m	8.0dB	22h/d

2. 工程分析

(1)数字音频广播

①工作原理

数字音频广播(Digital Audio Broadcasting,DAB)是继调幅广播、调频广播之后的第三代广播。DAB是以数字技术为手段,由广播机构向移动、固定或便携式接收机传送高质量的声音节目和数据业务。DAB的主要工作原理为:经A/D(把模拟的电信号变为数字的电信号)转换后的数字音频信号,首先经信源编码进行数据率压缩,然后经过信道编码予以差错保护。数据业务也经过相似的处理。多套音频业务和数据业务,经主业务复合器复合后,送入传输复合器,与业务信息及复合信息再进行复合。接着,送入OFDM(正交频分复用)发生器,产生出处在视频范围内的COFDM(编码正交频分复用)基带信号,送入发射机进行频率变换,转变为射频,经过功率放大和滤波后发射出DAB信号。

②工作流程

数字音频广播无线电发射工作流程见图4-19。

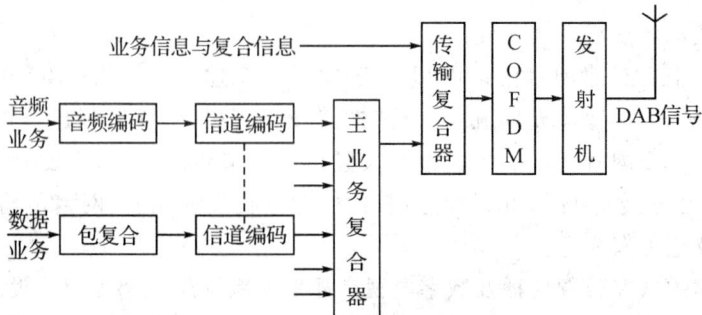

图 4-19　数字音频广播无线电发射工作流程

（2）数字电视广播

①工作原理

数字电视广播是指节目摄制、编辑、发送、传输、存储、接收和显示等环节全部采用数字处理的全新电视系统。其中，电视信号的采集（摄取）、编辑加工、播出发送（发射）属于信源，传输和存储属于信道，接收端与显示器件属于信宿。

数字电视由源编码和压缩、服务复用和传送、RF/传输三个子系统组成。

源编码和压缩分别用来得到视频、音频和辅助数字数据流。辅助数据（Ancillary data）指控制数据、条件接收控制数据和与视频、音频节目有关的数据，如隐蔽字幕，辅助数据也可以独立于节目。数字电视系统的视频编码采用 MPEG-2 视频系统语法规定，音频编码采用 AC-3 数字音频压缩标准。服务复用和传送把数字数据流分成数据包。这意味着把视频、音频和辅助数据流打成统一格式的数据包并合成一个数据流。其传送格式考虑到了各种数字媒体如地面广播、电缆电视节目分配、卫星节目分配、记录媒体、计算机接口之间的互操作性。数字电视系统采用 MPEG-2 传送系统语法，对视频、音频和数据信号进行打包和复用。MPEG-2 传送数据流语法是专门开发用于通道带宽和记录容量有限的媒体进行高效传送并与 ATM 传送方法有互操作性。RF 传输也称为通道编码和调制。通道编码的目的是附加额外信息到比特流，以便在接收时能从收到传输损失的信号中恢复出原信号。调制（或物理层）是将要传送的数据调制到传输信号上。

②工作流程

数字电视广播无线电发射工作流程见图 4-20。

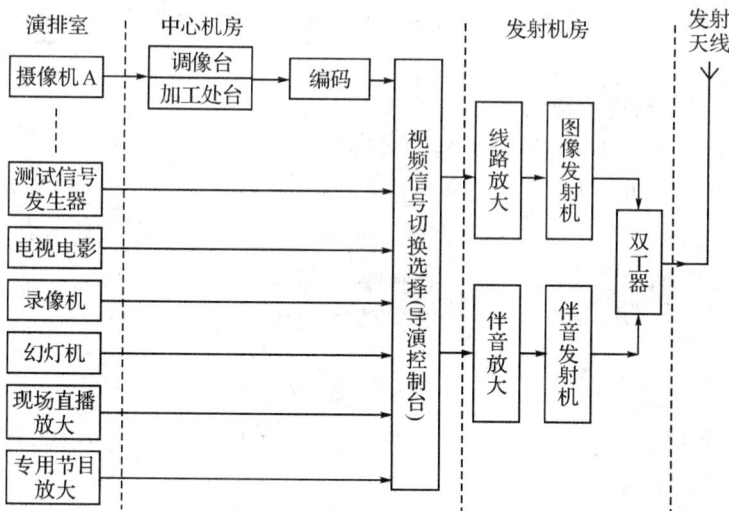

图 4-20　数字电视广播无线电发射工作流程

（3）电磁辐射污染源

电磁辐射污染属于能量污染，该种污染的一个显著特点是随着污染源的关闭而自动消失。本项目电磁辐射污染源是架设于主楼楼顶的数字音频广播和数字电视广播的发射天线。本项目广播电视发射塔产生的电磁辐射强度与发射机的功率、天线的方向性图及天线增益有密切关系。

3. 电磁环境影响评价

本次评价采用理论预测的方式分析项目电磁环境影响。

(1)预测参数

①垂直面方向性图

天线的方向性函数是描写天线的辐射作用在空间的相对分布情况的数字表达式,场强振幅的归一化方向性函数一般表示为

$$F(\theta, \varphi) = \frac{|E(\theta, \varphi)|}{E_{max}} \tag{4-14}$$

式中,$E(\theta, \varphi)$为天线在任意方向(θ, φ)上的辐射场强;E_{max}为天线在其最大辐射方向上的辐射场强。

②天线增益

表 4-11 列出了该项目数字音频广播和数字电视广播发射天线的增益。

表 4-11　天线增益值

频道 增益	数字音频广播			数字电视广播	
	FM1	FM2	FM3	11ch	41ch
天线层数	四层			四层	八层
功率增益系数	5.5			6.0	
功率增益/dB	7.5			8.0	

③其他主要技术参数

天线的馈线长度不大于 80m,馈电方式为无源,天线下段、中段、上段铁塔直径分别为 3m、1.279m、0.94m,预测时考虑最不利的情况进行场强值的计算。

(2)预测结果

①按不同水平距离进行预测

首先,计算距发射塔 10m 处(地面)综合场强的贡献值。

FM1 频道发射机功率为 5kW,天线增益 $G=5.5$(系数),距发射塔 10m 处地面的仰角为 arctan(140/10)$=86°$,查天线的垂直方向性图得 $F(\theta)=0.007$,则 FM1 在距发射塔 10m 处地面的电场强度值 E_1 计算如下:

$$P = 5\text{kW}, G = 5.5, F(\theta) = 0.007, r = 10\text{m}$$

$$E_1 = \frac{444 \times \sqrt{5 \times 5.5}}{10 \times 10^{-3}} \times 0.007 = 1630\text{mV/m} = 1.63\text{V/m}$$

FM1、FM2、FM3 共用一副天线,因此天线的增益和方向性系数相同,则 FM2、FM3 在 10m 处产生的场强值 E_2、E_3 分别为:

$$E_2 = E_3 = E_1 = \frac{444 \times \sqrt{5 \times 5.5}}{10 \times 10^{-3}} \times 0.007 = 1630\text{mV/m} = 1.63\text{V/m}$$

电视频道 1 在 10m 处的场强值 E_4 为:

$$E_4 = \frac{444 \times \sqrt{5 \times 6}}{10 \times 10^{-3}} \times 0.007 = 1700\text{mV/m} = 1.70\text{V/m}$$

电视频道 2 在 10m 处的场强值 E_5 为:

$$E_5 = \frac{444 \times \sqrt{5 \times 6}}{10 \times 10^{-3}} \times 0.007 = 1700\text{mV/m} = 1.70\text{V/m}$$

10m 处的复合场强的贡献值为：

$$E = \sqrt{E_1^2 + E_2^2 + E_3^2 + E_4^2 + E_5^2} = 3.71(\mathrm{V/m})$$

其功率密度为：

$$S = \frac{E^2}{377} = \frac{E_1^2 + E_2^2 + E_3^2 + E_4^2 + E_5^2}{377} = 0.036(\mathrm{W/m^2})$$

然后，根据同样的方法，可以分别计算出距发射塔 50m、70m、100m、150m、200m、250m、300m、350m、400m、450m、500m 地面的电场强度及功率密度的贡献值，见表 4-12～4-24。

表 4-12　广播电视发射塔周围的复合场强和功率密度（地面）

距离/(m)	E_1/(V/m)	E_2/(V/m)	E_3/(V/m)	E_4/(V/m)	E_5/(V/m)	复合场强/(V/m)	功率密度/(W/m²)
10	1.63	1.63	1.63	1.70	1.70	3.71	0.036
50	1.86	1.86	1.86	1.95	1.95	4.24	0.048
70	2.33	2.33	2.33	2.43	2.08	5.15	0.070
100	2.53	2.53	2.53	2.54	1.70	5.35	0.080
150	2.17	2.17	2.17	2.27	0.73	4.46	0.053
200	1.16	1.16	1.16	1.22	0.61	2.43	0.016
250	0.42	0.42	0.42	0.44	0.97	1.29	0.004
300	0.08	0.08	0.08	0.08	0.81	0.83	0.002
350	0.67	0.67	0.67	0.69	0.35	1.39	0.005
400	0.76	0.76	0.76	0.79	0.09	1.53	0.006
450	0.98	0.98	0.98	1.03	0.05	1.99	0.011
500	0.95	0.95	0.95	1.00	0.24	1.95	0.010

从计算结果可以看出，500m 范围内距铁塔不同水平距离地面的复合场强和功率密度的贡献值低于国标《电磁辐射防护规定》规定的公众照射标准的导出限值（5.4V/m 和 0.08W/m²）。

②按不同高度进行预测

为考虑项目运营时发射塔的电磁辐射对周围高层建筑的影响，需要对每个测点按不同高度分别进行预测，尤其当高层建筑的部分楼层进入天线辐射主瓣的半功率角以内时。根据正在批复的项目迁建地所在控制性详细规划，广电中心大楼周边的建筑高度均控制在 100m 以内，这样才不会对广电大楼的信号发射有影响。因此，对距发射塔不同水平距离的每个测点，按离地高度 10m、20m、30m、40m、50m、60m、70m、80m、90m、100m 分别进行预测，预测结果见表 4-13～5-15。

表 4-13　广播电视发射塔 10m 处不同高度的复合场强和功率密度

高度/(m)	E_1/(V/m)	E_2/(V/m)	E_3/(V/m)	E_4/(V/m)	E_5/(V/m)	复合场强/(V/m)	功率密度/(W/m²)
10	1.63	1.63	1.63	1.70	1.70	3.71	0.04
20	1.63	1.63	1.63	1.70	1.70	3.71	0.04
30	1.63	1.63	1.63	1.70	1.70	3.71	0.04
40	1.63	1.63	1.63	1.70	1.70	3.71	0.04
50	1.16	1.16	1.16	1.22	1.22	2.65	0.02
60	1.16	1.16	1.16	1.22	1.22	2.65	0.02
70	1.16	1.16	1.16	1.22	1.09	2.59	0.02
80	2.33	2.33	2.33	2.43	1.09	4.84	0.06
90	1.40	1.40	1.40	1.46	1.22	3.08	0.03
100	2.33	2.33	2.33	2.43	1.22	4.87	0.06

表 4-14　广播电视发射塔 50m 处不同高度的复合场强和功率密度

高度/(m)	E_1/(V/m)	E_2/(V/m)	E_3/(V/m)	E_4/(V/m)	E_5/(V/m)	复合场强/(V/m)	功率密度/(W/m²)
10	1.75	1.75	1.75	1.82	2.19	4.16	0.05
20	2.33	2.33	2.33	2.43	2.19	5.19	0.07
30	3.26	3.26	3.26	3.40	2.77	7.15	0.14
40	2.65	2.65	2.65	2.77	3.48	6.39	0.11
50	3.35	3.35	3.35	3.50	3.40	7.58	0.15
60	3.49	3.49	3.49	3.65	3.65	7.95	0.17
70	3.63	3.63	3.63	3.79	3.79	8.26	0.18
80	5.12	5.12	5.12	5.35	3.89	11.06	0.32
90	5.59	5.59	5.59	5.84	8.27	14.01	0.52
100	6.52	6.52	6.52	6.81	8.27	15.57	0.64

表 4-15　广播电视发射塔 70m 处不同高度的复合场强和功率密度

高度/(m)	E_1/(V/m)	E_2/(V/m)	E_3/(V/m)	E_4/(V/m)	E_5/(V/m)	复合场强/(V/m)	功率密度/(W/m²)
10	2.66	2.66	2.66	1.60	1.74	5.18	0.07
20	2.83	2.83	2.83	2.95	2.78	6.36	0.11
30	3.33	3.33	3.33	3.47	2.78	7.28	0.14
40	3.49	3.49	3.49	3.65	2.43	7.47	0.15
50	3.66	3.66	3.66	3.82	2.78	7.91	0.17
60	3.83	3.83	3.83	4.00	0.68	7.78	0.16
70	3.66	3.66	3.66	3.82	0.34	7.41	0.15
80	2.60	2.60	2.60	2.21	1.74	5.31	0.07
90	2.66	2.66	2.66	1.74	1.66	5.20	0.07
100	2.16	2.16	2.16	2.34	0.69	4.47	0.05

表 4-16　广播电视发射塔 100m 处不同高度的复合场强和功率密度

高度/(m)	E_1(V/m)	E_2/(V/m)	E_3/(V/m)	E_4/(V/m)	E_5/(V/m)	复合场强/(V/m)	功率密度/(W/m²)
10	2.74	2.74	2.74	1.66	1.70	5.31	0.07
20	3.14	3.14	3.14	3.28	1.95	6.64	0.12
30	3.33	3.33	3.33	3.48	1.74	6.96	0.13
40	3.33	3.33	3.33	3.48	1.05	6.82	0.12
50	3.32	3.32	3.32	3.47	1.05	6.80	0.12
60	3.03	3.03	3.03	3.16	0.68	6.16	0.10
70	2.79	2.79	2.79	2.32	0.34	5.37	0.08
80	2.79	2.79	2.79	2.29	0.24	5.35	0.08
90	2.10	2.10	2.10	2.19	1.46	4.49	0.05
100	1.16	1.16	1.16	1.22	2.43	3.38	0.03

表 4-17　广播电视发射塔 150m 处不同高度的复合场强和功率密度

高度/(m)	$E_1/(V/m)$	$E_2/(V/m)$	$E_3/(V/m)$	$E_4/(V/m)$	$E_5/(V/m)$	复合场强 /(V/m)	功率密度 /(W/m²)
10	2.10	2.10	2.10	2.19	0.57	4.28	0.05
20	2.17	2.17	2.17	2.27	0.24	4.40	0.05
30	1.99	1.99	1.99	2.08	0.08	4.03	0.04
40	1.71	1.71	1.71	1.78	0.41	3.48	0.03
50	1.40	1.40	1.40	1.46	0.92	2.98	0.02
60	1.12	1.12	1.12	1.17	1.46	2.70	0.02
70	0.78	0.78	0.78	0.81	1.62	2.26	0.01
80	0.16	0.16	0.16	0.16	1.86	1.89	0.01
90	0.47	0.47	0.47	0.49	1.62	1.88	0.01
100	1.55	1.55	1.55	1.62	0.81	3.24	0.03

表 4-18　广播电视发射塔 200m 处不同高度的复合场强和功率密度

高度/(m)	$E_1/(V/m)$	$E_2/(V/m)$	$E_3/(V/m)$	$E_4/(V/m)$	$E_5/(V/m)$	复合场强 /(V/m)	功率密度 /(W/m²)
10	0.93	0.93	0.93	0.97	0.73	2.02	0.01
20	0.93	0.93	0.93	0.97	0.97	2.12	0.01
30	0.66	0.66	0.66	0.69	1.22	1.81	0.01
40	0.17	0.17	0.17	0.18	1.34	1.38	0.01
50	0.12	0.12	0.12	0.12	1.4	1.42	0.01
60	0.12	0.12	0.12	0.12	1.22	1.24	0.004
70	0.70	0.70	0.70	0.73	1.09	1.79	0.01
80	1.40	1.40	1.40	1.46	0.61	2.90	0.02
90	1.86	1.86	1.86	1.95	0.06	3.77	0.04
100	2.56	2.56	2.56	2.68	0.73	5.23	0.07

表 4-19　广播电视发射塔 250m 处不同高度的复合场强和功率密度

高度/(m)	$E_1/(V/m)$	$E_2/(V/m)$	$E_3/(V/m)$	$E_4/(V/m)$	$E_5/(V/m)$	复合场强 /(V/m)	功率密度 /(W/m²)
10	0.37	0.37	0.37	0.39	1.07	1.31	0.005
20	0.09	0.09	0.09	0.10	1.07	1.09	0.003
30	0.27	0.27	0.27	0.28	0.97	1.11	0.003
40	0.40	0.40	0.40	0.42	0.97	1.26	0.004
50	0.75	0.75	0.75	0.78	0.83	1.73	0.01
60	1.12	1.12	1.12	1.17	0.49	2.32	0.01
70	1.30	1.30	1.30	1.36	0.04	2.63	0.02
80	1.86	1.86	1.86	1.95	0.39	3.79	0.04
90	2.24	2.24	2.24	2.33	0.97	4.63	0.06
100	2.79	2.79	2.79	2.02	1.17	5.37	0.08

表 4-20 广播电视发射塔 300m 处不同高度的复合场强和功率密度

高度/(m)	E_1/(V/m)	E_2/(V/m)	E_3/(V/m)	E_4/(V/m)	E_5/(V/m)	复合场强/(V/m)	功率密度/(W/m²)
10	0.19	0.19	0.19	0.2	0.81	0.90	0.002
20	0.27	0.27	0.27	0.28	0.81	0.98	0.003
30	0.78	0.78	0.78	0.81	0.58	1.68	0.01
40	1.11	1.11	1.11	1.16	0.23	2.26	0.01
50	1.24	1.24	1.24	1.3	0.08	2.51	0.02
60	1.55	1.55	1.55	1.62	0.35	3.16	0.03
70	1.71	1.71	1.71	1.78	0.73	3.53	0.03
80	1.94	1.94	1.94	2.03	0.81	4.01	0.04
90	2.33	2.33	2.33	2.43	1.38	4.91	0.06
100	2.56	2.56	2.56	2.08	1.78	5.21	0.07

表 4-21 广播电视发射塔 350m 处不同高度的复合场强和功率密度

高度/(m)	E_1/(V/m)	E_2/(V/m)	E_3/(V/m)	E_4/(V/m)	E_5/(V/m)	复合场强/(V/m)	功率密度/(W/m²)
10	0.70	0.70	0.70	0.73	0.35	1.46	0.01
20	1.00	1.00	1.00	1.04	0.10	2.02	0.01
30	1.04	1.04	1.04	1.09	0.03	2.11	0.01
40	1.33	1.33	1.33	1.39	0.19	2.70	0.02
50	1.46	1.46	1.46	1.53	0.52	3.00	0.02
60	1.80	1.80	1.80	1.88	0.69	3.71	0.04
70	2.00	2.00	2.00	2.08	1.04	4.17	0.05
80	2.13	2.13	2.13	2.22	1.39	4.52	0.05
90	2.20	2.20	2.20	2.29	1.53	4.70	0.06
100	2.66	2.66	2.66	1.58	2.08	5.30	0.07

表 4-22 广播电视发射塔 400m 处不同高度的复合场强和功率密度

高度/(m)	E_1/(V/m)	E_2/(V/m)	E_3/(V/m)	E_4/(V/m)	E_5/(V/m)	复合场强/(V/m)	功率密度/(W/m²)
10	0.87	0.87	0.87	0.91	0.06	1.76	0.01
20	1.11	1.11	1.11	1.16	0.06	2.25	0.01
30	1.33	1.33	1.33	1.39	0.43	2.72	0.02
40	1.41	1.41	1.41	1.48	0.61	2.92	0.02
50	1.57	1.57	1.57	1.64	0.61	3.23	0.03
60	1.75	1.75	1.75	1.82	1.09	3.70	0.04
70	1.86	1.86	1.86	1.95	1.22	3.96	0.04
80	2.15	2.15	2.15	2.25	1.34	4.55	0.05
90	2.33	2.33	2.33	2.43	1.82	5.05	0.07
100	2.44	2.44	2.44	2.55	2.01	5.33	0.08

表 4-23　广播电视发射塔 450m 处不同高度的复合场强和功率密度

高度/(m)	E_1/(V/m)	E_2/(V/m)	E_3/(V/m)	E_4/(V/m)	E_5/(V/m)	复合场强/(V/m)	功率密度/(W/m^2)
10	1.03	1.03	1.03	1.08	0.16	2.09	0.01
20	1.14	1.14	1.14	1.19	0.38	2.34	0.01
30	1.40	1.40	1.40	1.46	0.54	2.88	0.02
40	1.42	1.42	1.42	1.49	0.81	2.99	0.02
50	1.55	1.55	1.55	1.62	0.97	3.28	0.03
60	1.66	1.66	1.66	1.73	1.08	3.53	0.03
70	1.81	1.81	1.81	1.89	1.19	3.85	0.04
80	2.07	2.07	2.07	2.16	1.62	4.49	0.05
90	2.17	2.17	2.17	2.27	1.78	4.74	0.06
100	2.22	2.22	2.22	2.32	1.89	4.87	0.06

表 4-24　广播电视发射塔 500m 处不同高度的复合场强和功率密度

高度/(m)	E_1/(V/m)	E_2/(V/m)	E_3/(V/m)	E_4/(V/m)	E_5/(V/m)	复合场强/(V/m)	功率密度/(W/m^2)
10	1.02	1.02	1.02	1.07	0.07	2.07	0.01
20	1.07	1.07	1.07	1.12	0.44	2.21	0.01
30	1.40	1.40	1.40	1.46	0.73	2.92	0.02
40	1.40	1.40	1.40	1.46	0.83	2.95	0.02
50	1.49	1.49	1.49	1.56	0.97	3.17	0.03
60	1.63	1.63	1.63	1.70	1.05	3.46	0.03
70	1.86	1.86	1.86	1.95	1.46	4.04	0.04
80	1.96	1.96	1.96	2.04	1.61	4.28	0.05
90	2.00	2.00	2.00	2.09	1.70	4.39	0.06
100	2.05	2.05	2.05	2.14	1.95	4.58	0.06

以上预测计算结果为该广播电视发射塔建成后的电磁辐射影响贡献值,未考虑叠加背景值。

由地面水平不同距离处的预测计算结果可知,距发射塔 500m 范围内的地面场强贡献值均低于《电磁辐射防护规定》的标准限值,场强最大贡献值出现在 100m 附近,为 5.35V/m。根据现广电中心的类比监测,其最大值出现在 150m 左右,这与新建项目的发射功率减小,天线型式、高度和方向性图等因素有关。

由不同高度处的预测结果可知,电场强度的贡献值总的趋势是随着高度的增大而增大,这与现广电中心的类比监测数据一致,且与广播电视的超短波电磁波的传播机理相吻合。

在距发射塔 50m 处,离地面 30m 高以上的预测点的电磁辐射贡献值范围为 7.15～15.57V/m,超过了 5.4V/m 的标准值;由于天线方向性关系,距发射塔 70m 处,高 20m～70m 处的场强值范围为 6.36～7.91V/m,距发射塔 100m 处,高 20m～60m 处的场强值范围为 6.16～6.96V/m,均超过了 5.4V/m 的标准限值。

发射塔 100m 以外不同高度的电磁辐射均低于 5.4V/m 的公众照射导出限值。

③考虑叠加背景值后的预测结果

目前,拟建址周围测点的背景场强值在 1.89～4.00V/m 之间,平均值为 2.95V/m,周围基本为空旷地带,不考虑地形、建筑等对电磁波的吸收衰减,因此取平均值与贡献值进行叠加,计算得预测点的总场强值,见表 4-25 和表 4-26。

表 4-25　新建广播电视发射塔周围总场强预测值　　　　　　单位:V/m

高度 /m	不同水平距离/m											
	10	50	70	100	150	200	250	300	350	400	450	500
0	4.74	5.17	5.94	6.11	5.35	3.82	3.22	3.06	3.26	3.32	3.56	3.54
10	4.74	5.10	5.96	6.07	5.20	3.58	3.23	3.08	3.29	3.44	3.62	3.60
20	4.74	5.97	7.01	7.27	5.30	3.63	3.14	3.11	3.58	3.71	3.77	3.69
30	4.74	7.73	7.85	7.56	4.99	3.46	3.15	3.39	3.63	4.01	4.12	4.15
40	4.74	7.04	8.03	7.43	4.56	3.26	3.21	3.72	4.00	4.15	4.20	4.17
50	3.97	8.13	8.44	7.41	4.19	3.27	3.42	3.87	4.21	4.37	4.41	4.33
60	3.97	8.48	8.32	6.83	4.00	3.20	3.75	4.32	4.74	4.73	4.60	4.55
70	3.93	8.77	7.98	6.13	3.72	3.45	3.95	4.60	5.11	4.94	4.85	5.00
80	5.67	11.45	6.07	6.11	3.50	4.14	4.80	4.98	5.40	5.42	5.37	5.20
90	4.26	14.32	5.98	5.37	3.50	4.79	5.49	5.73	5.55	5.85	5.58	5.29
100	5.69	15.85	5.36	4.49	4.38	6.00	6.13	5.99	6.07	6.09	5.69	5.45

表 4-26　新建广播电视发射塔周围总功率密度预测值　　　　　　单位:W/m²

高度 /m	不同水平距离/m											
	10	50	70	100	150	200	250	300	350	400	450	500
0	0.06	0.07	0.09	0.10	0.08	0.04	0.03	0.02	0.03	0.03	0.03	0.03
10	0.06	0.07	0.09	0.10	0.07	0.03	0.03	0.03	0.03	0.03	0.03	0.03
20	0.06	0.09	0.13	0.14	0.07	0.04	0.03	0.03	0.03	0.04	0.04	0.04
30	0.06	0.16	0.16	0.15	0.07	0.03	0.03	0.03	0.04	0.05	0.05	0.05
40	0.06	0.13	0.17	0.15	0.06	0.03	0.03	0.04	0.04	0.05	0.05	0.05
50	0.04	0.18	0.19	0.15	0.05	0.03	0.03	0.04	0.05	0.05	0.05	0.05
60	0.04	0.19	0.18	0.12	0.04	0.03	0.04	0.05	0.06	0.06	0.06	0.05
70	0.04	0.20	0.17	0.10	0.04	0.04	0.04	0.06	0.07	0.06	0.06	0.07
80	0.09	0.35	0.10	0.10	0.04	0.05	0.06	0.07	0.08	0.08	0.08	0.07
90	0.05	0.54	0.09	0.08	0.03	0.06	0.08	0.09	0.08	0.09	0.08	0.07
100	0.09	0.67	0.08	0.05	0.05	0.10	0.10	0.10	0.10	0.10	0.09	0.08

从叠加背景值后的预测结果可知,该项目建成后的总场强值除了离塔 50m 处 90m 高和 100m 高的点超过《电磁辐射防护规定》12V/m 的限值,其余各预测点均低于标准值。发射塔 50m 用地范围内为广电中心二期、三期规划用地,因此需对 50m 以内建筑的楼高进行限制(不得超过 80m)。

④敏感目标处电磁环境影响预测

评价范围内有电磁环境敏感目标 4 处,综合场强值预测结果如下:

敏感目标 1 为住宅区,位于发射塔的北侧和东北侧,距发射塔的最近距离为 300m,场强背景值按 4.12V/m 的平均值计算,结果见表 4-27。可见,项目建成该敏感目标处的电磁辐射水平低于 12V/m,符合公众照射导出安全限值。

表 4-27 敏感目标 1(住宅)不同高度的复合场强和功率密度

高度/m	场强贡献值/(V/m)	背景值/(V/m)	总场强值/(V/m)	总功率密度/(W/m²)
0	0.83	4.12	4.20	0.05
10	0.90	4.12	4.22	0.05
20	0.98	4.12	4.23	0.05
30	1.68	4.12	4.45	0.05
40	2.26	4.12	4.70	0.06
50	2.51	4.12	4.82	0.06
60	3.16	4.12	5.19	0.07
70	3.53	4.12	5.43	0.08
80	4.01	4.12	5.75	0.09
90	4.91	4.12	6.41	0.11
100	5.21	4.12	6.64	0.12

另外 3 个敏感目标处的预测值可分别参照距发射塔 100m、150m、150m 处的理论预测计算值,均低于电磁辐射相应频率范围的标准限值。

参考文献

[1] 王毅等.电磁环境监测与评价[M].北京:原国家环境保护总局核安全与辐射环境管理司,2003.

[2] 谭民强等.输变电及广电通信类环境影响评价[M].北京:中国环境科学出版社,2009.

[3] 姚耿东.电磁辐射的危害及防护[M].北京:北京医科大学和中国协和医科大学联合出版社,1994.

第 5 章　通信基站、雷达及卫星地球站电磁监测与评价

通信基站、雷达及卫星地球站是通过发射和接收电磁波信号,将有用信息进行传递的设备(设施)。由于此类设备(设施)具体的用途不同,采用的原理、结构、外形等千差万别,种类繁多,数量巨大,因而在电磁环境监测与评价中应具体问题具体分析,结合其各自的特点进行监测和评价。

5.1　设备工作原理

5.1.1　通信基站

1. 定义

通信基站是在移动通信系统中,采用无线电通讯技术连接交换系统和用户终端的设施,其基本关系结构见图 5-1。现代移动通信系统,一般都采用小区制(蜂窝)实现对服务区域的覆盖,每一个小区设有一个收发信基站,通过发射和接收一定频率的无电线信号,为所在小区的用户提供话音和数据等服务。若干个基站由一个基站控制器控制,并与业务交换中心连接。

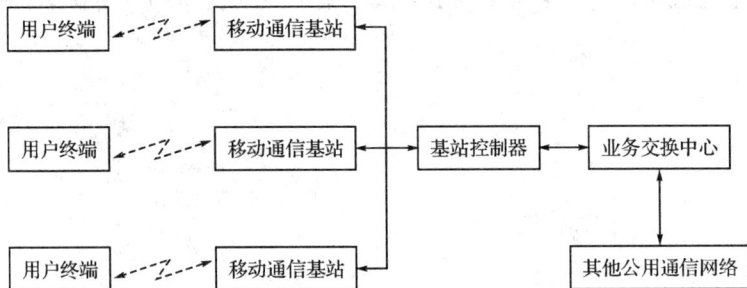

图 5-1　移动通信系统基本关系

2. 发展历程

(1)第一代移动通信系统(1G)

主要采用的是模拟技术和频分多址(FDMA)技术。由于受到传输带宽的限制,不能进行移动通信的长途漫游,只能是一种区域性的移动通信系统。第一代移动通信有多种制式,我国主要采用的是 TACS 制式。第一代移动通信有很多不足之处,比如容量有限、制式太多、互不兼容、保密性差、通话质量不高、不能提供数据业务、不能提供自动漫游等。

(2)第二代移动通信系统(2G)

主要采用的是数字的时分多址(TDMA)技术和码分多址(CDMA)技术。全球主要有 GSM和 CDMA 两种体制。GSM 技术标准是欧洲提出的,目前全球绝大多数国家使用这一标准。CDMA 是美国高通公司提出的标准,目前在美国、韩国等国家使用。其主要业务是语音,可提供数字化的话音业务及低速数据业务。它克服了模拟移动通信系统的弱点,话音质量、保密性

能得到大的提高,并可进行省内、省际自动漫游。第二代移动通信系统替代第一代移动通信系统完成模拟技术向数字技术的转变,但由于第二代采用不同的制式,移动通信标准不统一,用户只能在同一制式覆盖的范围内进行漫游,因而无法进行全球漫游,由于第二代数字移动通信系统带宽有限,限制了数据业务的应用,也无法实现高速率的业务如移动的多媒体业务。

（3）第三代移动通信系统（3G）

与从前以模拟技术为代表的第一代和目前正在使用的第二代移动通信技术相比,3G 将有更宽的带宽,其传输速度最低为 384K,最高为 2M,带宽可达 5M 以上。目前全球有三大标准,分别是欧洲提出的 WCDMA、美国提出的 CDMA2000 和我国提出的 TD-SCDMA。不仅能传输话音,还能传输数据,从而提供快捷、方便的无线应用,如无线接入 Internet。能够实现高速数据传输和宽带多媒体服务是第三代移动通信系统的另一个主要特点。第三代移动通信网络能将高速移动接入和基于互联网协议的服务结合起来,提高无线频率利用效率。提供包括卫星在内的全球覆盖并实现有线和无线以及不同无线网络之间业务的无缝连接。满足多媒体业务的要求,从而为用户提供更经济、内容更丰富的无线通信服务。

虽然第三代移动通信可以比现有传输率快上千倍,但是未来仍无法满足多媒体的通信需求。第四代移动通信系统的提供便是希望能满足提供更大的频宽需求,满足第三代移动通信尚不能达到的在覆盖、质量、造价上支持的高速数据和高分辨率多媒体服务的需要。

我国工业和信息化部于 2009 年 1 月 7 日宣布,批准中国移动通信集团公司增加基于 TD-SCDMA 技术制式的第三代移动通信（3G）业务经营许可,中国电信集团公司增加基于 CDMA2000 技术制式的 3G 业务经营许可,中国联合网络通信集团公司增加基于 WCDMA 技术制式的 3G 业务经营许可。

3.组成和结构

虽然移动通信基站发展了若干代,但基本结构都是类似的,一般由机房、基站设备、传输设备、动力设备、馈线、天线和天线支架等设备组成。基站设备主要由射频子系统、基带子系统及其他辅助设备。

室内设备包括主机柜、辅助机柜、跳线、传输设备、动力设备、开关电源、蓄电池、走线架和避雷器等。室外设备包括馈线、桅杆和天线、天线支架。根据基站的位置一般有楼顶塔（抱杆、拉线塔、钢架塔）、落地塔（钢架塔、拉线塔等）。基站的天馈系统示意图见图 5-2。

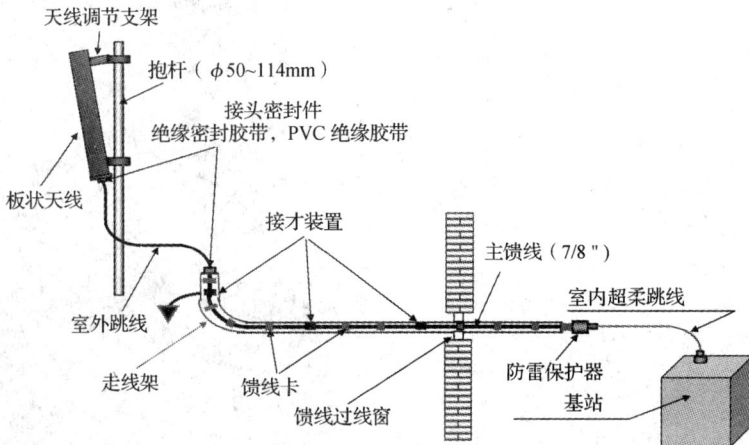

图 5-2　基站天馈系统

天线在无线通信系统中起着重要的作用,它将馈管中的高频电磁能转成为自由空间的电磁波,反之将自由空间中的电磁波转化为馈管中的高频电磁能。

基站天线按照方向性可以分为全向天线和定向天线。

全向天线在水平方向图上表现为360°均匀辐射,在垂直方向图上表现为有一定宽度的波束,一般情况下波瓣的宽度越小,增益越大。全向天线在移动通信系统中一般应用于郊县大区制的站型,覆盖范围较大。

定向天线在水平方向图上表现为一定角度范围辐射,在垂直方向图上表现为有一定宽度的波束。定向天线在移动通信系统中一般应用于城区小区制的站型,覆盖范围小,用户密度大,频率利用率高。

典型的全向天线和定向天线的外观见图5-3。典型天线增益方向性图见图5-4和图5-5。

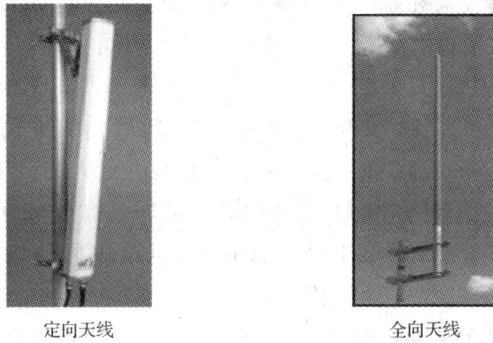

定向天线　　　　　　　　　　全向天线

图 5-3　典型的全向天线和定向天线的外观

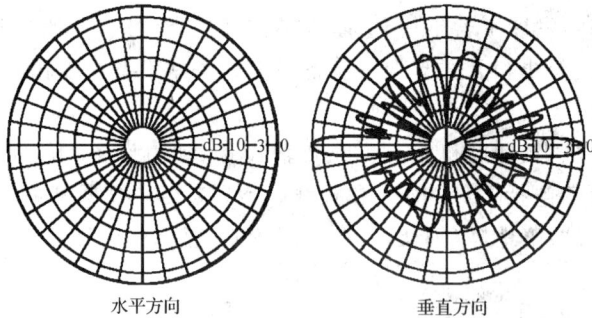

水平方向　　　　　　　　　　垂直方向

图 5-4　典型全向天线增益方向性

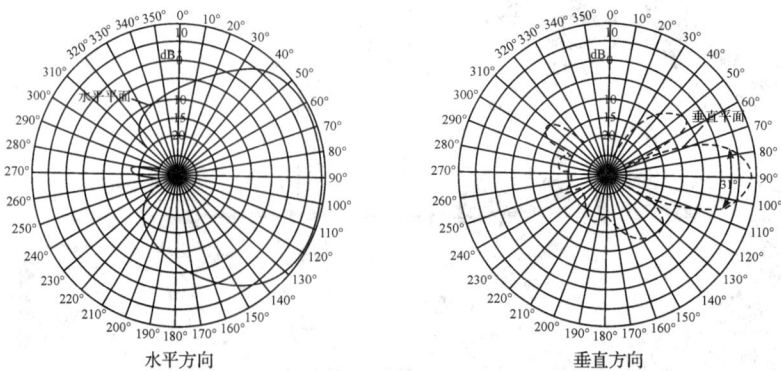

水平方向　　　　　　　　　　垂直方向

图 5-5　典型定向天线增益方向性

4.工作频率

依据国际电联有关第三代公众移动通信系统(IMT-2000)频率划分和技术标准,按照我国无线电频率划分规定,结合我国无线电频谱使用的实际情况,信息产业部文件《关于第三代公众移动通信系统频率规划问题的通知》(信部无〔2002〕479 号)公布了我国第三代公众移动通信系统频率规划,中国 2G/3G 频段分配规划见图 5-6。国内各移动通信运营商频率使用现状见表 5-1。

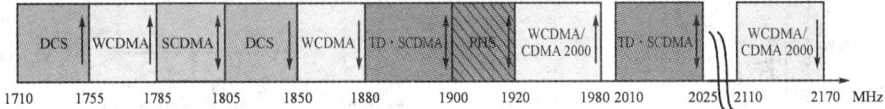

| DCS | WCDMA | SCDMA | DCS | WCDMA | TD·SCDMA | RHS | WCDMA/CDMA 2000 | TD·SCDMA | WCDMA/CDMA 2000 |

1710　1755　1785　1805　1850　1880　1900　1920　1980 2010　2025　2110　　2170 MHz

图 5-6　中国 2G/3G 频段分配规划

表 5-1　国内各移动通信运营商频率使用现状

运营商	网络制式	上行(移动台发)/MHz	下行(基站发)/MHz
中国移动	GSM900	890～909	935～954
	GSM1800	1710～1725	1805～1820
	TD-SCDMA	A 频段 1880～1900	
		B 频段 2010～2025	
		C 频段 2300～2400	
中国联通	GSM900	909～915	954～960
	GSM1800	1745～1755	1840～1850
	WCDMA	1940～1955	2130～2145
中国电信	CDMA2000	825～835	870～880

5.1.2　雷达

1.定义

雷达是利用电磁波探测目标的电子设备,通过发射电磁波对目标进行照射并接收其回波,由此获得目标至电磁波发射点的距离、距离变化率(径向速度)、方位、高度等信息。

2.种类

雷达种类很多,可按多种方法分类:

(1)按辐射源种类可分为:有源雷达、无源雷达。

(2)按平台可分为:地面雷达、舰载雷达、机载雷达、星载雷达等。

(3)按照波形可分为:脉冲雷达和连续波雷达。

(4)按工作波长波段可分:米波雷达、分米波雷达、厘米波雷达和毫米波雷达等。

(5)按用途可分为:监视雷达、搜索雷达、火控雷达、制导雷达、气象雷达、导航雷达等。

(6)按扫描方式可分为:机械扫描雷达和电扫描雷达。

3.结构

各种雷达的具体用途和结构不尽相同,但基本形式是一致的,包括五个基本组成部分:发射机、发射天线、接收机、接收天线以及显示器。还有电源设备、数据录取设备、抗干扰设备等辅助设备。

典型的新一代气象雷达系统工艺流程见图 5-7。

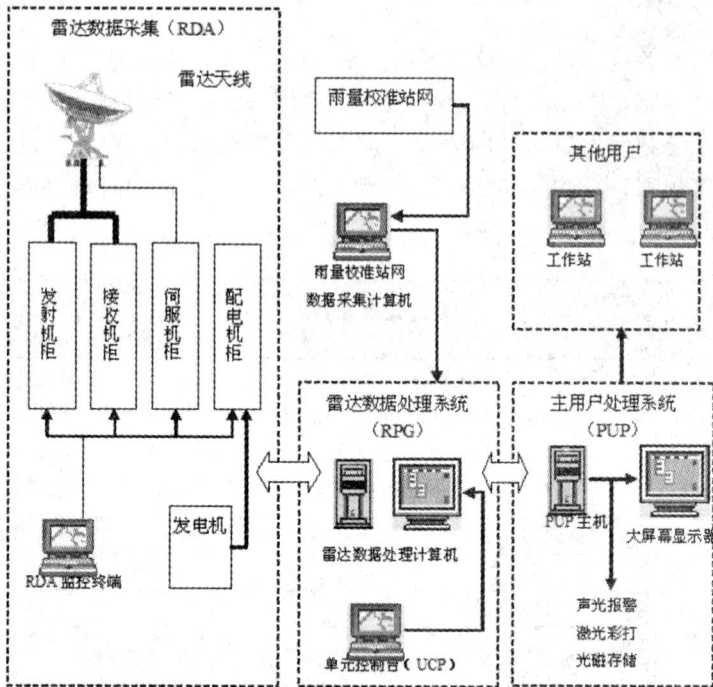

图 5-7　典型新一代气象雷达系统工艺流程

4. 工作原理

工作原理是雷达设备的发射机通过天线把电磁波能量射向空间某一方向,处在此方向上的物体反射碰到的电磁波;雷达天线接收此反射波,送至接收设备进行处理,提取有关该物体的某些信息(目标物体至雷达的距离,距离变化率或径向速度、方位、高度等)。

测量距离实际是测量发射脉冲与回波脉冲之间的时间差,因电磁波以光速传播,据此就能换算成目标的精确距离。

测量目标方位是利用天线的尖锐方位波束测量。测量仰角靠窄的仰角波束测量。根据仰角和距离就能计算出目标高度。

测量速度是雷达根据自身和目标之间有相对运动产生的频率多普勒效应原理。雷达接收到的目标回波频率与雷达发射频率不同,两者的差值称为多普勒频率。从多普勒频率中可提取的主要信息之一是雷达与目标之间的距离变化率。当目标与干扰杂波同时存在于雷达的同一空间分辨单元内时,雷达利用它们之间多普勒频率的不同能从干扰杂波中检测和跟踪目标。

5.1.3　卫星地球站

1. 定义

卫星地球站是卫星通信系统中的地面通信设备,设于地球表面或地球大气层主要部分以内,并与一个或多个空间卫星通信的电台。它由天线分系统、发射放大分系统、接收放大分系统、地面通信设备分系统、终端分系统和通信控制分系统以及电源分系统组成。

卫星通信系统的基本组成如图 5-8 所示。

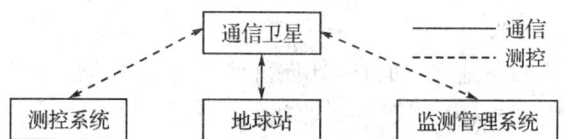

图 5-8　卫星通信系统的基本组成

2.种类

地球站可分为固定式地球站、可搬运地球站、便携式地球站、移动地球站以及手持式卫星移动终端。

3.结构

天线分系统是由天线、馈电、驱动、跟踪等设备组成,用于完成对卫星的高精度跟踪及高效率地发射、低损耗地接收无线电信号。

发射放大分系统主要由高功率放大器提供大功率发射信号,可达 10kW 或更高。

接收放大分系统主要是由低噪声放大器对接收的微弱信号提供放大。它们也被称作射频单元。

地面通信设备分系统包括调制器、上变频器、下变频器和解调器。终端分系统用于与地面通信网的连接。通信控制分系统用于监视各个分系统的工作状态,切换主、备用设备,提供标准时钟及部队勤务通信。

典型的卫星地球站由下述部分构成:

(1)与陆地网的接口设备;

(2)多路连接设备;

(3)发收信频率转换设备;

(4)大功率发送器;

(5)低噪声接收机;

(6)天线;

(7)监控设备。

其结构示意如图 5-9。

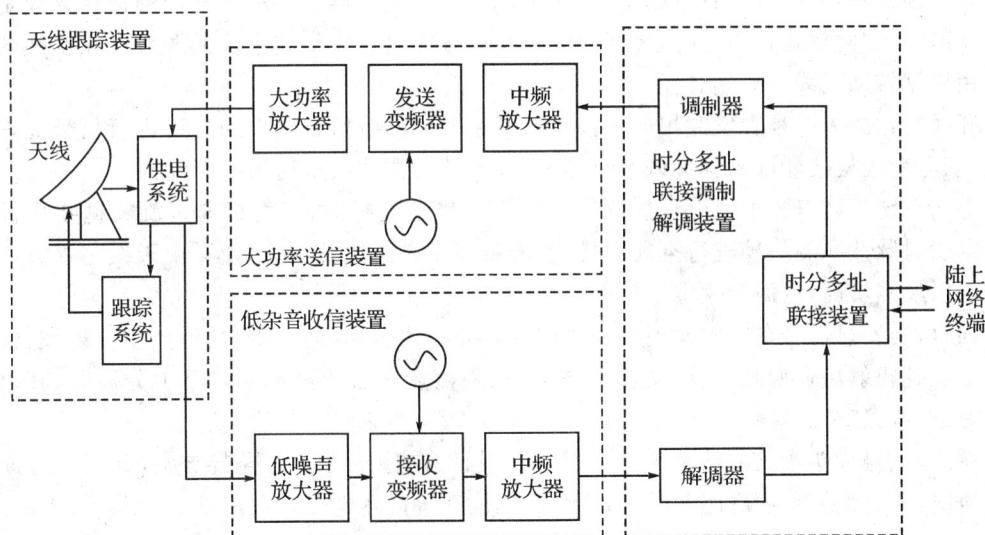

图 5-9　卫星地球站结构实例

4.工作原理

卫星地球站是进行卫星通信业务的地面设施。卫星通信是指地球上的无线电通信站之间利用人造通信卫星做中继站而进行的通信方式,它具有覆盖面积大,能适应恶劣自然环境的特点。卫星通信所使用的频率由国际电信联盟(ITU)主持召开的世界无线电通信大会

（WRC）分配决定，主要采用 C 频段（5.850～6.425GHz）和 Ku 频段（14.000～14.500GHz）。

5.2　电磁辐射特性

5.2.1　通信基站

移动通信基站属于人工电磁辐射发射体。机房内有基站控制器、信号发射机、功率放大器、合路器、耦合器、双工器及部分馈线等设备。在设计、制造这些设备时已采取了较好的屏蔽措施，一般不会对周围环境造成电磁辐射影响。

宏蜂窝基站的天线系统有馈线和收、发信天线。移动通信基站的接收和发射通常共用同一副天线。移动通信基站正常运行时，天线将向周围发射一定频率范围内的电磁波，导致周围环境（主要集中在天线主射方向）电磁辐射场强增高。由电磁波的传输特性可知，天线发射的电磁波强度将随距离的增大而减小。

5.2.2　雷达

雷达是利用目标（如云雨等）对电磁波的反射现象来发现目标并确定其位置的，其主要由天线、发射机、接收机、信号处理机和终端设备等组成。

雷达发射机产生一定强度的脉冲信号，其波形是脉冲宽度为 τ 而重复周期为 T_τ 的高频脉冲串，馈送到天线，而后经天线辐射到空间。

雷达天线一般具有很强的方向性，以便集中辐射能量来获得较大的观测距离。同时，天线的方向性越强，天线波瓣宽度越窄，雷达测向的精度和分辨率越高。常用的雷达天线是抛物面反射体，馈源放置在焦点上，天线反射体将高频能量聚成窄波束。天线波束在空间的扫描采用机械转动天线而得到。

脉冲雷达的天线是收发共用的。接收机把微弱的回波信号放大到足以进行信号处理的电平，该电平经检波器取出脉冲调制波形，由视频放大器放大后送到终端设备。

雷达系统工艺流程中电磁辐射污染主要来自雷达运行时，发射机通过旋转抛物面天线向天空发射脉冲探测信号进行空间扫描，其峰值功率高达数百千瓦，使空中天线主视方向的电磁辐射场强增高，从而产生电磁辐射污染。

同时，当发射信号在空中碰到某种障碍物，如云、冰雹、龙卷风等，立即产生反射波，使高空环境电磁辐射场强增高，反射波经介质吸收、距离衰减后传至地面时已十分微弱，其对环境的污染可以忽略。

雷达发射机、功率放大器及馈线等设备在设计、制造时已采取屏蔽措施，并且设备放置在机房内，经过墙体和机房门的屏蔽，不会对周围环境产生电磁辐射污染。

5.2.3　卫星地球站

卫星地球站发射天线面对空间的同步通信卫星，一般具有很强的方向性，以便集中辐射能量将信号发射到太空中的卫星上。常用的卫星天线是抛物面反射体，馈源放置在焦点上，天线反射体将高频能量聚成窄波束，在天线主视方向具有一定的电磁辐射强度，但其只对空间辐射环境有较大影响。

在保证天线主视方向下的安全净空距离足够大,有效的控制周围建筑物标高,即可以防止微波对公众的影响。

5.3　监测方法

5.3.1　通信基站

对通信基站的电磁辐射环境监测应执行《移动通信基站电磁辐射环境监测方法》(环发〔2007〕114 号)的相关规定,主要考虑监测条件和监测方法两个方面。

1. 监测条件

(1)环境条件

监测时的环境条件应符合行业标准和仪器的使用环境条件,建议在无雨、无雪的天气条件下监测。

(2)测量仪器

测量仪器根据监测目的分为非选频式宽带辐射测量仪和选频式辐射测量仪。进行移动通信基站电磁辐射环境监测时,采用非选频式宽带辐射测量仪;需要了解多个电磁波发射源中各个发射源的电磁辐射贡献量时,则采用选频式辐射测量仪。

测量仪器工作性能应满足待测场要求,仪器应定期检定或校准。

监测应尽量选用具有全向性探头(天线)的测量仪器。使用非全向性探头(天线)时,监测期间必须调节探测方向,直至测到最大场强值。

(3)监测人员

现场监测工作须有两名以上监测人员才能进行。

(4)监测时间

在移动通信基站正常工作时间内进行监测,建议在 8:00～20:00 时段进行。

2. 监测方法

(1)基本要求

监测前收集被测移动通信基站的基本信息,包括:移动通信基站名称、编号、建设地点、建设单位、类型;发射机型号、发射频率范围、标称功率、实际发射功率;天线数目、天线型号、天线载频数、天线增益、天线极化方式、天线架设方式、钢塔桅类型(钢塔架、拉线塔、单管塔等)、天线离地高度、天线方向角、天线俯仰角、水平半功率角、垂直半功率角等参数。

测量仪器应与所测基站在频率、量程、响应时间等方面相符合,以保证监测的准确。

使用非选频式宽带辐射测量仪器监测时,若监测结果超出管理限值,还应使用选频式辐射测量仪对该点位进行选频测试,测定该点位在移动通信基站发射频段范围内的电磁辐射功率密度(或电场强度)值,判断主要辐射源的贡献量。在实际工作中,还可以采用关停部分设备,进行判别测量的方法。

选用具有全向性探头(天线)测量仪器的测量结果作为与标准对比的依据。

(2)监测参数的选取

根据移动通信基站的发射频率,对所有场所监测其功率密度(或电场强度)。

(3)监测点位的选择

监测点位一般布设在以发射天线为中心半径 50m 的范围内可能受到影响的保护目标,

根据现场环境情况可对点位进行适当调整。具体点位优先布设在公众可以到达的距离天线最近处,也可根据不同目的选择监测点位。移动通信基站发射天线为定向天线时,则监测点位的布设原则上设在天线主瓣方向内。

探头(天线)尖端与操作人员之间距离不少于 0.5m。在室内监测,一般选取房间中央位置,点位与家用电器等设备之间距离不少于 1m。在窗口(阳台)位置监测,探头(天线)尖端应在窗框(阳台)界面以内。对于发射天线架设在楼顶的基站,应在楼顶公众可活动范围内布设监测点位。进行监测时,应设法避免或尽量减少周边偶发的其他辐射源的干扰。

(4)监测时间和读数

在移动通信基站正常工作时间内进行监测。每个测点连续测 5 次,每次监测时间不小于 15s,并读取稳定状态下的最大值。若监测读数起伏较大时,适当延长监测时间。

测量仪器为自动测试系统时,可设置于平均方式,每次测试时间不小于 6min,连续取样数据采集取样率为 2 次/s。

(5)测量高度

测量仪器探头(天线)尖端距地面(或立足点)1.7m。根据不同监测目的,可调整测量高度。

(6)记录

记录移动通信基站名称、编号、建设单位、地理位置(详细地址或经纬度)、移动通信基站类型、发射频率范围、天线离地高度、钢塔桅类型(钢塔架、拉线塔、单管塔等)等参数。

记录环境温度、相对湿度、天气状况。记录监测开始结束时间、监测人员、测量仪器。记录以移动通信基站发射天线为中心半径 50m 范围内的监测点位示意图,标注移动通信基站和其他电磁发射源的位置。记录监测点位具体名称和监测数据。记录监测点位与移动通信基站发射天线的距离。选频监测时,建议保存频谱分布图。

5.3.2　雷达

由于雷达的建设目的是探测空间目标,而不会直接面对在地面活动的人群等保护目标,对雷达的电磁辐射环境监测方法按照《辐射环境保护管理导则　电磁辐射监测仪器和方法》(HJ/T10.2-1996)执行,对环境保护目标的监测可以参考通信基站电磁辐射环境监测方法。

5.3.3　卫星地球站

对卫星地球站的电磁辐射环境监测方法也按照 HJ/T10.2-1996 执行,对环境保护目标的监测可以参考通信基站电磁辐射环境监测方法。

5.4　电磁环境影响评价方法

5.4.1　通信基站

1. 理论计算

一般情况下,电磁辐射场根据感应场和辐射场的不同而区分为近区场(感应场)和远区场(辐射场)。由于远场和近场的划分相对复杂,具体根据不同的工作环境和测量目的进行划分,对于电尺寸较小的天线,天线尺寸小于波长或与波长相当,可以采用 10λ 为远近场分界距离，λ 为工作波长(m)。

射频电磁场近场的分布十分复杂，其电场强度和磁场强度没有相应的数学关系，没有相应的理论计算公式，一般以实际测量为准。

而评价关注的环境保护目标大多在基站天线的远场区，可采用 HJ/T10.2-1996 中规定的计算公式进行计算，详见式(4-13)。

计算中需要确定的参数如下：

发射功率：基站单载波最大标称发射功率，并考虑载波的配置数量。

损耗：从发射机开始，要经过合路器、跳线、馈线及相应链接接头等的损耗，才到达天线底端。除馈线外其余损耗均是固定值，馈线损耗根据馈线长度计算。

天线增益：基站定向天线的增益。

将上述参数逐一代入公式，得到基站发射天线远场轴向功率密度理论计算结果。根据估算模式，得出在天线主瓣方向满足功率密度为 $8\mu\text{W/cm}^2$ 的直线距离 d，水平保护距离为

$$d_p = d\cos\alpha \tag{5-1}$$

其中，d_p 为天线水平保护距离(m)；d 为离天线直线距离(m)；α 为天线俯角(°)。

根据公式 $h = d_p\tan\alpha$ 计算出水平保护距离下考虑天线俯角的垂直保护距离 h，由水平和垂直保护距离构成天线前方的净空距离，确保公众照射达标。示意图见图 5-10。

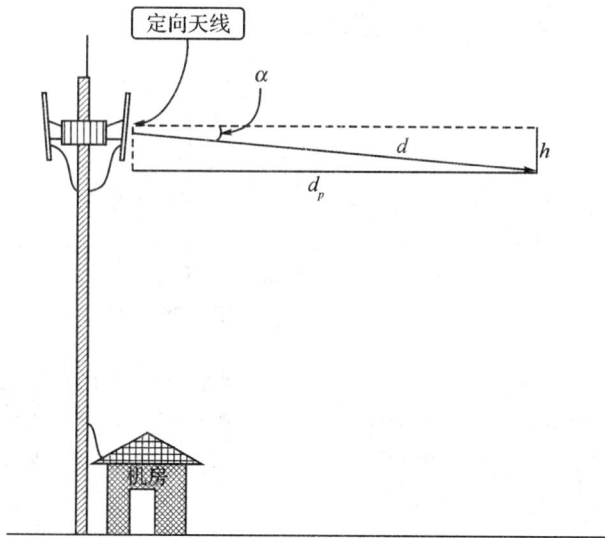

图 5-10　基站天线前方净空距离计算

2. 天线架设形式的分析和评价

宏蜂窝基站通常利用高塔顶上安装的射频天线完成无线电信号的发射和接收工作。由工程分析可知，基站发射机的功率和天线的增益组成其电磁辐射的源强，决定了电磁环境影响的程度，天线的辐射方向性决定了电磁环境影响的范围。发射天线架设形式是基站的外在表现，决定了电磁环境影响的方式。

由于基站的发射功率和天线增益在同一期工程中基本是一致或类似的，故源强也基本相同。基站发射天线架设形式根据不同的建设目的，而采用不用的形式，主要包括落地铁塔、楼顶抱杆、楼顶铁塔以及伪装天线等多种类型。发射天线的外在形式和与其所在的周围环境现状是决定电磁辐射环境影响程度的直接原因。

以下结合具体塔桅形式以及其拟建址周围环境现状逐一进行分析和评价。

(1)落地铁塔架设

落地铁塔架设的主要形式包括角钢塔、单管塔、落地拉线塔等,这种支架形式建设目的性较强,可以根据网络信号覆盖情况进行落地铁塔设计,便于管理,稳定性较好,但存在的缺点是占用一定的土地资源,建设成本一次性投资相对较高。落地铁塔架设形式通常应用在地面开阔的乡村、城郊区域,通常离地高度在 $30\sim40m$,比常见的多层楼房要高出一部分。

一般情况下,落地铁塔周围环境比较空旷,高层楼宇很少,而且其本身铁塔高度相对一般多层楼房要高,具体情形可见图 5-11。在这种情形下,发射天线的主瓣前方没有遮挡,无线电波在空间中迅速衰减,到达地面或远处的环境保护目标时,已经可以符合对电磁辐射环境影响的评价标准。

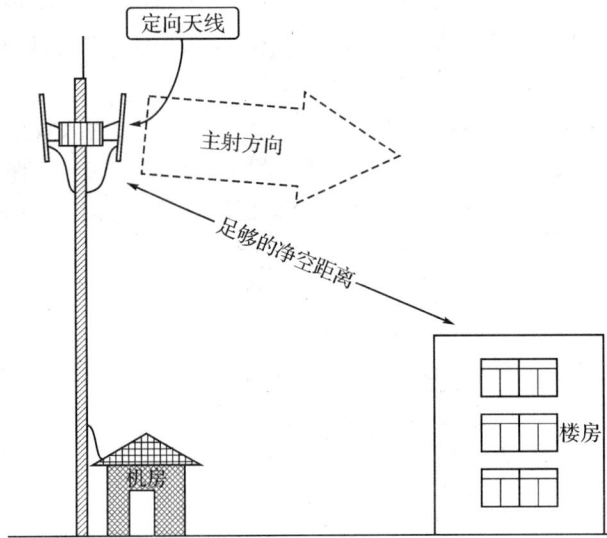

图 5-11　落地铁塔情形 1(有足够的净空距离)

在个别情形下,落地铁塔附近建设有高层建筑,或规划拟建设高层建筑,建筑的高度与铁塔高度接近,甚至超出,并且相对水平距离较近,具体情形可见图 5-12。在这种情形下,发射天线的主射方向正对临近的高层建筑,位于天线发射方向的高层建筑屋顶、露台或者阳台处电磁辐射功率密度可能出现超标。

故针对落地铁塔架设形式,必须在基站的选址规划阶段留足净空距离防止敏感建筑处射频电磁波超标(图 5-12)。应按照推荐的净空距离进行选址和设计,了解基站附近的建设规划情况,保证天线主射方向留有足够的净空距离,确保周围环境保护目标的电磁环境达标。

(2)楼顶抱杆架设

楼顶抱杆架设主要应用在城市或集镇内不易建设落地铁塔的地方。利用楼顶支撑方式安装天线较为复杂,且绝大多数是定向站,应根据楼顶的布局和周围的楼群建筑分布来选择安放支撑天线的位置。

楼顶抱杆安放的方式主要包括:

①将支撑杆固定在女儿墙上,加固器件可以用 U 型卡子和膨胀螺栓等对墙加固,再将天线架设在支撑杆上,一般高度在 $3\sim5m$ 左右。

②直接将支撑杆固定在楼顶电梯间或水箱等构筑物上,再将天线架设在支撑杆上。

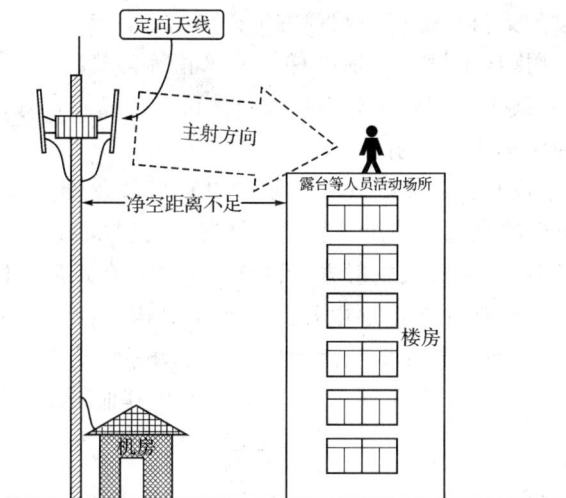

图 5-12　落地铁塔情形 2（净空距离不足）

　　楼顶抱杆架设可以充分利用原有建筑物的高度，租用（或购买）现有的房间作为机房，可以节省铁塔和机房建设的成本。可以利用建筑物结构进行隐蔽或者伪装，具有一定的美观性。但是机房和楼顶的租金受市场行情变化，存在拆迁、租赁合同到期等不稳定因素，还需要考虑原有建筑的结构安全。

　　多数情况下，楼顶抱杆架设在无线信号服务小区中相对高度突出的建筑上，天线架设高度比临近的建筑要高，具体情形可见图 5-13。在这种情形下，发射天线的主瓣前方没有遮挡，无线电波在空间中迅速衰减，到达地面或远处的环境保护目标时，已经可以符合对电磁辐射环境影响的评价标准。

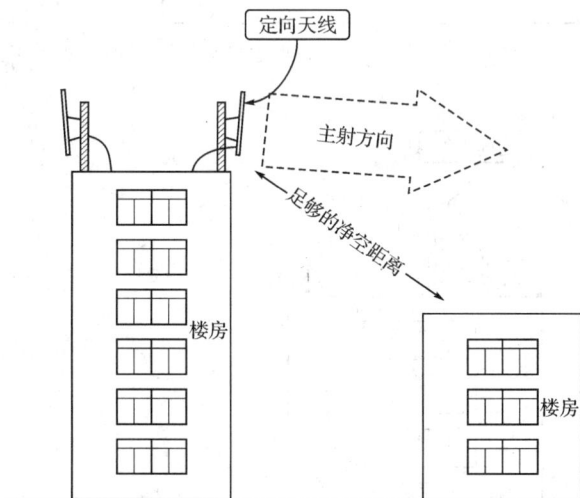

图 5-13　楼顶抱杆情形 1（天线架设在女儿墙，且有足够的净空距离）

　　在少数情形下，楼顶抱杆架设的建筑附近建设有高层建筑，或规划建设高层建筑，建筑的高度与天线架设高度接近，甚至超出，并且相对水平距离较近，具体情形可见图 5-14。在这种情形下，发射天线的主射方向正对临近的高层建筑，对在高层建筑的屋顶、露台或者阳台等直接暴露位置活动的人群可能产生超标的电磁辐射。

在个别情形下,楼顶抱杆架设在楼顶电梯间或水箱等构筑物上,具体情形可见图 5-15,但由于架设高度较低,天线主射方向部分直接面对楼顶露台或阳台等位置,导致在上述位置活动的人群可能产生超标的电磁辐射。

故针对楼顶抱杆架设形式,也必须在基站的设计阶段就避免出现上述个别情形(图 5-14),充分掌握基站附近的建筑物的建设和规划情况,在抱杆的具体位置选择时,必须按照推荐的净空距离进行评判,保证天线主射方向留有足够的净空距离,确保周围环境保护目标的电磁环境达标。对于抱杆架设在楼顶电梯间或水箱等构筑物上的情形,必须了解建筑物楼顶的利用情况,明确是否有人群在楼顶活动(种花、晾晒等),是否具有封闭楼顶的条件,避免出现上述个别情形(图 5-15)。若条件不允许,则应改用其他天线架设形式。

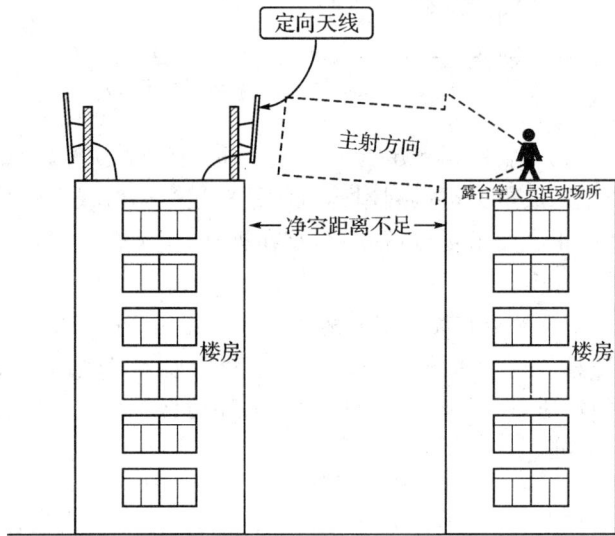

图 5-14　楼顶抱杆情形 2(天线架设在女儿墙,但净空距离不足)

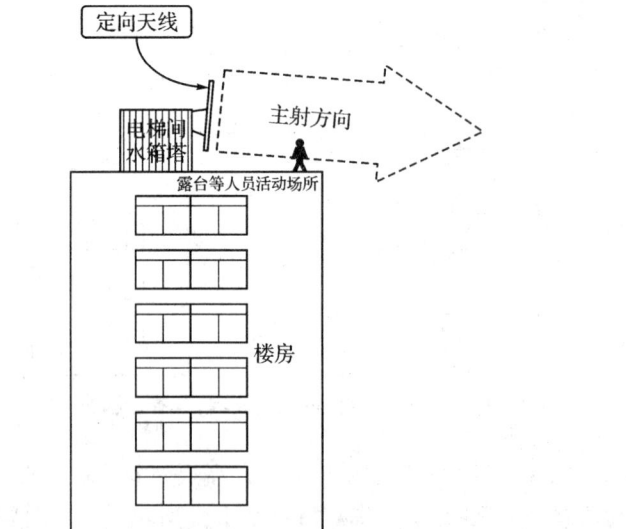

图 5-15　楼顶抱杆情形 3(天线架设在楼顶中央,且高度较低)

（3）楼顶铁塔架设

楼顶铁塔架设主要包括楼顶角钢塔和楼顶拉线塔等形式。

楼顶抱杆架设主要应用在城市或集镇内不易建设落地铁塔的地方，借助建筑物的高度以及铁塔高度，到达信号覆盖的目的。楼顶抱杆架设可以部分利用原有建筑物的高度，租用（或购买）现有的房间作为机房，可以节省铁塔和机房建设的成本。但是机房和楼顶的租金受市场行情变化，存在拆迁、租赁合同到期等不稳定因素，还需要考虑原有建筑的结构安全，受到建筑承载能力的制约，相对其他形式不够美观。

楼顶铁塔架设和落地铁塔对周围电磁环境影响的情形类似。

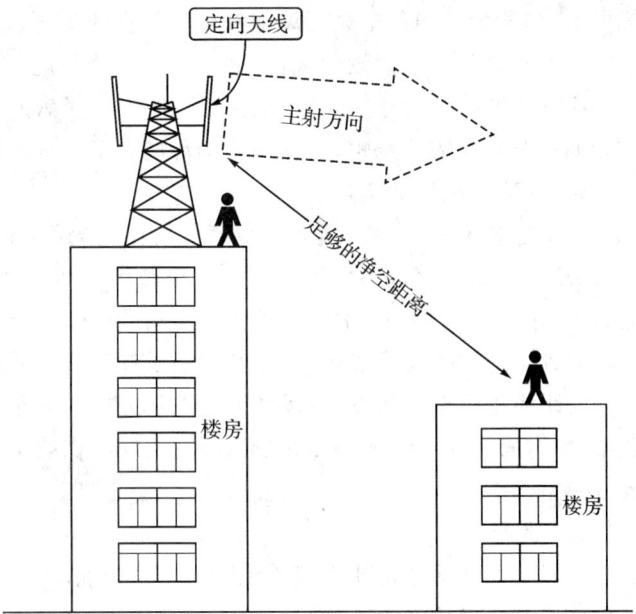

图 5-16　楼顶铁塔情形 1（天线架设楼顶，但临近楼宇较高）

一般情况下，落地铁塔高度相对一般多层楼房要高，具体情形可见图 5-16。在这种情形下，发射天线的主瓣前方没有遮挡，无线电波在空间中迅速衰减，到达地面或远处的环境保护目标时，已经可以符合对电磁辐射环境影响的评价标准。

在个别情形下，落地铁塔附近建设有高层建筑，或规划拟建设高层建筑，建筑的高度与铁塔高度接近，甚至超出，并且相对水平距离较近，具体情形可见图 5-17。在这种情形下，发射天线的主射方向正对临近的高层建筑，对在高层建筑的屋顶、露台或者阳台等直接暴露的位置活动的人群可能产生超标的电磁辐射环境影响。

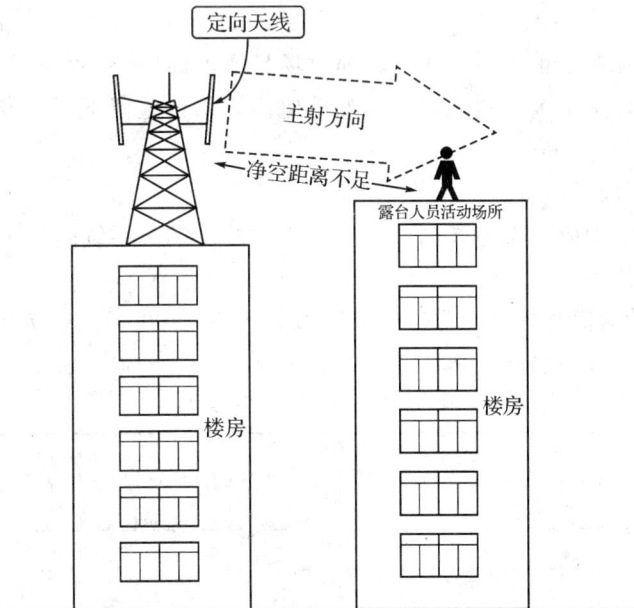

图 5-17　楼顶铁塔情形 2（天线架设楼顶，但临近楼宇较高且净空距离不足）

楼顶铁塔架设由于其铁塔的高度存在，一般不会对其所在楼的楼顶露台等位置带来超标的影响，避免了楼顶中央架设抱杆可能存在的问题。

故针对楼顶铁塔架设形式，必须在基站的选址规划阶段就避免出现上述个别情形（图 5-17），必须按照推荐的净空距离进行选址和设计，了解基站附近的建设规划情况，保证天线主射方向留有足够的净空距离，确保周围环境保护目标的电磁环境达标。

（4）其他的架设形式

在密集城区等区域，为满足无线信号的补充覆盖，建设单位可能利用楼房的较低楼层、营业厅的广告灯箱或者路灯路牌等作为依托，架设较低高度的基站天线。这种架设形式天线普遍高度偏低，直接面对道路、广场等人员活动的场所，可能产生超标的电磁辐射环境影响。

故针对此类架设形式，必须在基站的设计阶段就避免出现上述个别情形，必须按照推荐的净空距离进行选址和设计，保证天线主射方向留有足够的净空距离，或者控制基站的发射功率，确保周围环境保护目标的电磁环境达标。在竣工验收监测中一旦发现此类超标，必须进行调整或拆除。

3. 多网络共址基站分析

按照工业和信息化部与国务院国有资产监督管理委员会联合发布的《关于推进电信基础设施共建共享的紧急通知》（工信部联通〔2008〕235 号）要求，各电信企业积极贯彻落实政府倡导的基础设施共享共建和节能减排政策，大力推进网络建设中铁塔、机房等基础设施资源的共建共享。

不同网络的基站建设在同一地点，架设在同一座铁塔，其电磁环境影响在一定程度上存在叠加影响。为确保基站对周围环境保护目标电磁影响达标，从以下两个方面对共建共享基站进行分析和评价。

（1）单个项目的评价指标控制

按照《辐射环境影响评价管理导则　电磁辐射环境影响评价方法与标准》（HJ/T10.3-1996）中的规定：为使公众受到总照射剂量小于 GB8702-88 的规定值，对单个项目的影响必须限制在 GB8702-88 限值的若干分之一。

在评价中严格控制了单个项目的电磁辐射场量评价标准（$8\mu W/cm^2$），既考虑了已有背景电磁辐射的影响。又给今后建设其他基站等电磁辐射设施留下了一定的余量，确保满足对公众照射导出限值（$40\mu W/cm^2$）。

（2）网络干扰间隔

在共址基站系统中应考虑不同制式系统间干扰的影响。系统间的干扰包含杂散干扰、阻塞干扰及互调干扰。

由《第三代移动通信基站设计暂行规定》（YD/T5182-2009）可知，为保证系统性能，不同系统的基站天线的天线间隔度应满足表 5-2 的要求。

表 5-2　3G 系统间隔度要求　　　　　　　　单位:dB

干扰系统 被干扰系统	CDMA2000	WCDMA	TD-SCDMA
CDMA2000	—	27	27
WCDMA	83	—	48
TD-SCDMA	58	58	—

根据系统间隔度要求,天线安装水平距离或垂直距离应大于表 5-3 的要求。

表 5-3 天线安装隔离距离

系统	水平间隔距离/m	垂直间隔距离/m
WCDMA 与 CDMA2000	100	3
WCDMA 与 TD-SCDMA	6	1
TD-SCDMA 与 CDMA2000	6	1

不同网络避免相互干扰,技术上要求天线之间间隔一定的距离,从而防止发射主瓣方向在空间发生完全重叠。这样,在严格控制单个基站的电磁辐射场量评价标准的前提下,又减少了叠加影响的几率,可减轻对环境保护目标的影响程度。

5.4.2 雷达

1. 雷达输出功率

雷达的输出功率指发射机至天线输入端的功率。输出功率可以分为峰值功率 P_t 和平均功率 P, P_t 是指脉冲期间射频振荡的平均功率(并非射频正弦振荡的最大瞬时功率), P 是指脉冲重复周期内输出功率的平均值。峰值功率 P_t 和平均功率 P 的关系式如下:

$$P = P_t \tau f_r \tag{5-2}$$

式中, τ 为脉冲宽度(s); f_r 为脉冲重复频率(Hz)。

2. 雷达站周围环境电磁辐射水平估算

雷达站微波电磁场的辐射区域分为近场区和远场区。以离辐射源 $2D^2/\lambda$ 的距离作为近、远场区的分界,其计算公式如下:

$$R = 2D^2/\lambda \tag{5-3}$$

式中, R 为近、远场区分界距离(m); D 为天线的直径(m); λ 为波长(m)。

根据雷达系统设备参数、天线及其产生的电磁场特性,对天线周围环境的电磁辐射水平进行估算。由于该雷达系统使用频率处于微波段,因此,采用由《辐射环境保护管理导则 电磁辐射监测仪器和方法》(HJ/T10.2-1996)给出的公式计算,其中近场区最大功率密度按式(4-12)计算,远场区最大功率密度按式(4-13)计算。

由于雷达正常运行时是以不同仰角连续旋转的,在任意 6 分钟内,主瓣扫描过接收点时间占空比(时间占空比特指关心点在 6 分钟的雷达扫描过程中被雷达主波束所照射到的时间空间份额)。

设 $\eta =$(雷达主波束宽度/雷达扫描范围)×(特定仰角运行时间/完成单个工作模式所需时间),则在任意 6 分钟内所照射到的平均功率密度为:

$$P_{d(6\text{min})} = \eta \cdot P_d \tag{5-4}$$

3. 保护半径和建筑物标高的计算

从环境保护的角度出发,应当对该雷达的保护半径进行计算,计算公式如下:

$$d = \sqrt{\frac{PG}{4\pi P_A}} \tag{5-5}$$

式中, d 为保护半径(m); P 为雷达发射机平均功率(W); G 为天线增益(倍数); P_A 为功率密度评价标准值(W/m²)。

在雷达的保护半径范围内,应有效的控制周围其他建筑物的标高,从而防止微波辐射对建筑物内公众所造成的有害影响。

同时,为保护气象雷达的气象探测环境,根据《气象探测环境和设施保护办法》第 11 条规定,"天气雷达站主要探测方向的遮挡仰角不得大于 0.5°,孤立遮挡方位角不得大于 0.5°;其他方向的遮挡仰角不得大于 1°,孤立遮挡方位角不得大于 1°,且总的遮挡方位角不得大于 5°"。

在保证气象探测要求的前提下,控制周围建筑高度,就可以满足电磁辐射环境保护的要求。

5.4.3 卫星地球站

卫星地球站发射天线是面对空间的同步通信卫星,在天线主视方向具有一定的电磁辐射强度,但其只对空间辐射环境有较大影响。为防止敏感建筑处电磁环境超标,需要对微波天线主视方向下允许的安全净空距离与建筑物允许标高进行预测。即在保证天线主视方向的安全净空距离足够大的情况下,有效的控制建筑物标高,可以防止微波对人体的影响。

卫星发射天线前方居民辐射安全区见图 5-18。

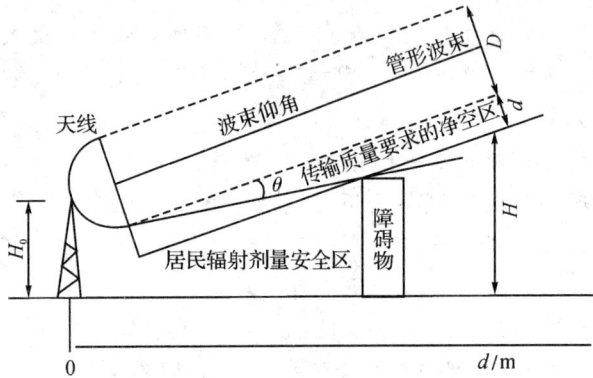

图 5-18 卫星发射天线前方居民辐射安全区

卫星发射天线前方建筑限高 H,可由以下公式求出:

$$H = H_0 - D/\cos\alpha(0.79 + 0.417 \lg P/D^2) + d\tan\theta \qquad (5-6)$$

式中,H_0 为天线中心距地面高度(m);D 为天线直径(m);P 为卫星天线发射功率(kW);α 为天线仰角(度);d 为计算点距天线水平距离(m);θ 为管状波束保护角(°),工作频段为 11/14GHz 时,$\theta \geqslant 10°$。

5.5 电磁环境影响评价案例分析

5.5.1 案例 1:新一代天气雷达系统建设项目

1.项目建设内容与工程分析

(1)建设内容:

包括多普勒天气雷达系统主机设备、配套设施,雷达测量半径范围内相应布设的雨量校准自动气象站和信息通信系统,以及根据新一代天气雷达架设要求的雷达业务用房等必要的配套土建和基础设施建设工程。

（2）建设规模：

项目总用地面积约 15 亩，总建筑面积 2680 平方米，4.5 米宽配套道路（包括供电、供水管道）长约 500 米，设置两处错车道。项目分为山上雷达塔楼和山下管理用房两部分，其中山上雷达塔楼部分建设高 88 米塔楼 1 座，建筑面积约 1600 平方米；山下管理用房部分建设生活、工作管理用房，建筑面积约 1080 平方米。

（3）项目选址与城市发展规划相符性分析

本项目的选址综合考虑了雷达发射系统的要求和当地城乡规划的意见。相关选址意见见中国气象局综合观测司《关于某新一代天气雷达选址的复函》和市规划与建设局《关于新一代天气雷达配套工程选址红线及相关规划技术指标的复函》，故本项目的选址符合城市发展规划。

（4）产业政策相符性分析

依据国家发展和改革委员会《产业结构调整指导目录（2011 年本）》，本项目属于国家鼓励的优先发展的"工业设计、气象、生物、新材料、节能、环保、测绘、海洋等专业科技服务"，符合国家的产业政策。

（5）工作原理

气象雷达站采用 CINRAD/SA 气象雷达，集现代雷达、微电子、计算机技术的 S 波段全相参多普勒天气雷达。雷达主机总体结构主要由以下三个相对独立的子系统组成：即数据采集系统 RDA(Radar Date Acquisition)、雷达产品生成子系统 RPG(Radar Product Generation)、主用户处理子系统 PUP(Principal User Processor)，以及连接通信传输系统的雷达资料数据库、用户网络、配套大气监测数据采集系统、信息分发系统、技术保障系统。

气象雷达主机三个子系统中的 RDA 子系统设置在高 88m 塔楼内，主要包括发射机柜、接收机柜、伺服机柜和配电机柜。RPG 和 PUP 两个子系统通过通信光缆连接，放置在雷达数据处理中心。

RDA 子系统向天空发射信号，并接收反射信号。然后经信号处理、自动定标、数据存档等自动操作程序后，通过光缆向 RPG 子系统传送基本数据的信息。

RPG 子系统收到 RDA 子系统传输的基本数据后，经一系列气象算法，形成固定的图形、图像和数字式气象产品，并存储基本数据和产品数据，提供给 PUP 子系统。

PUP 子系统向操作人员提供对 RPG 子系统的产品请求、显示、存储和分配等。

（6）主要功能

CINRAD/SA 雷达具有较强的运行监控能力，运行中除了监测多项雷达主要性能参数（如发射功率、噪声温度等）、电参数（各分机电流、电压等）、环境参数（温度、湿度等）外，检测参数出现超过门限值时发出预警，出现故障时雷达系统可自保，并记录故障现象。

CINRAD/SA 雷达的基本数据产品生成和产品图像处理的各项功能在微机平台实现；并有包括基数据和图像数据的存贮、管理功能和功能帮助文件、附加信息、系统工作日志。

CINRAD/SA 雷达具有丰富的气象应用产品，该系统可生成图像产品、文本信息共有 84 种，除基本反射率因子、平均径向速度和速度谱宽外，还包含了降水测量、垂直累积液态含水量、风廓线、中尺度气旋识别、龙卷气旋识别、冰雹识别、风暴追踪、风暴结构、强天气概率等。

在雷达数据采集和通信方面，CINRAD/SA 雷达实现了系统内部网络实时监控通信、建立数据档案库、系统内数据传递和产品分发的功能，雷达基数据及图像产品数据可利用网络和多种通信手段向外传输。

（7）电磁辐射污染源分析

运行期电磁辐射主要来自雷达数据采集工序（简称 RDA），RDA 子系统包括天线、天线罩、发射机和接收机。在晴空时段里雷达是处于定时的间断的开机状态；而在观测责任区内有降雨的时段内雷达是处于连续的开机状态。雷达运行时，发射机在雷达信号处理定时单元送来的触发脉冲控制下，产生高功率的射频脉冲，经传输由旋转抛物面天线以平面波的形式定向向空中发射探测信号，发射机峰值功率 750kW，通过传输由旋转抛物面发射使空中天线主射方向的电磁波场强增高。

同时，当发射信号在空中碰到某种障碍物，如云、冰雹、龙卷风等，立即产生反射波，并且向四周传播，也可以使周围环境电磁波场强增高，即对周围环境产生次级电磁环境影响，但该电磁波贡献可以忽略。此外，雷达机房内设备，如发射机、馈线等，生产厂家已经对其进行了必要的屏蔽，再加上机房的屏蔽作用，电磁波向环境的泄漏量极小。

可见，本项目雷达运行时，雷达天线向空间发射 2700～2900MHz 频段的电磁波，对周围环境产生一定的射频电磁辐射。

2. 环境保护目标

需要关注的环境保护目标主要包括评价范围以内居民住宅、医院、学校、幼儿园、机关等建筑物。

3. 评价工作总体设计

根据《辐射环境保护管理导则　电磁辐射环境影响评价方法与标准》（HJ/T10.3-1996）中第 3.1.2 款规定：功率＞200kW 的发射设备以发射天线为中心、半径为 1km 范围全面评价，如辐射场强最大处的地点超过 1km，则应在选定方向评价到最大场强处和低于标准限值处。

综合《电磁辐射防护规定》（GB8702-88）和《辐射环境保护管理导则　电磁辐射环境影响评价方法与标准》（HJ/T10.3-1996）的规定，有关管理限值在微波频段内是以电磁辐射场的功率密度来表示的。本项目由省级环保部门负责环保审查，单个项目电磁环境影响（管理限值）应取《电磁辐射防护规定》（GB8702-88）中功率密度限值的 1/5。

本项目天气雷达的发射频段为 2700～2900MHz，确定本项目对公众照射的导出限值为 $0.4W/m^2$，对单个项目的管理目标值为 $0.08W/m^2$。

4. 电磁辐射环境质量现状调查

新一代天气雷达拟建址周围环境的电场强度背景监测条件详见表 5-4。

表 5-4　监测条件

天气	环境温度	相对湿度	监测高度
晴	30.7℃～32.5℃	41％～43％	离立足点 1.7m

本次电磁环境背景监测工作所选用的监测仪器为德国 NADAR 公司生产的 NBM550 型电磁辐射分析仪。

监测仪器的参数见表 5-5，监测结果列于表 5-6。

表 5-5　综合场强测量仪器参数

仪器型号	NBM550	出厂编号:B-0429
生产厂家	德国 NARDA	
探头类型	EF0391	出厂编号:A-0539
响应频率	100kHz～3GHz	
量程	0.1V/m～320V/m	
检定证书	上海市计量测试技术研究院校准证书	

表 5-6　周围环境电磁辐射背景监测结果

监测点位代号	电场强度 $E/(V/m)$	功率密度 $S/(\mu W/cm^2)$
△1	0.77	0.16
△2	0.63	0.10
△3	0.25	0.02
△4	0.22	0.01
△5	0.46	0.06
△6	0.50	0.07

注:$S = \dfrac{E^2}{377} \times 100$,式中,$S$ 为功率密度($\mu W/cm^2$);E 为电场强度(V/m)。

由表 5-6 监测结果可知,新一代天气雷达拟建址周围环境关心点地面上的电场强度最大值为 0.77V/m(功率密度 $0.16\mu W/cm^2$),均未见异常。

5.电磁辐射环境影响评价

(1)雷达技术参数

由建设单位提供的新一代天气雷技术参数如下:

工作频率	2700－2900MHz(拟定 2885MHz)
发射机峰值功率	750kW
发射机平均功率	1.4kW
天线馈口峰值功率	350kW
天线馈口平均功率	700W
天线直径	8.54m
天线增益	≥44dB
波束宽度	≤1.0°
第一旁瓣电平	≤－29dB
远端副瓣电平(10°以外)	≤－40dB
极化方式	线性水平
扫描方位角	0°～360°
扫描仰角	0.5°～19.5°

新一代天气雷达扫描方式为体扫,即按照预先设定的仰角配置做 360°方位锥面扫描,起始仰角 0.5°,在某个仰角完成扫描后抬高到下一仰角继续扫描,周而复始。雷达共有三种扫描方式,见表 5-7。

表 5-7　新一代天气雷三种扫描方式参数

扫描方式	仰角层数	扫描圈数	体扫周期/min
VCP11	14	16	5
VCP21	9	11	6
VCP31	5	8	10

（2）近场及远场电磁辐射区域划分

雷达天线微波电磁场的辐射区域，分为近场区和远场区。根据天线波束形成理论，以离辐射源 $2D^2/\lambda$ 的距离作为近、远场区的分界。

本项目雷达天线的直径为 8.54m，发射微波波长为 0.104m，所以对于该雷达的近、远场区分界距离为 701m，即以发射天线为中心 701 米范围内为近场区，以外为远场区。

（3）电磁环境影响预测模式

根据雷达系统的设备参数、天线与周围建筑物的相对高度和距离，对天线周围环境的电磁辐射水平进行估算。由于该雷达站使用频率处于微波段，因此，近场区、远场区可分别采用式（4-12）和式（4-13）计算。

（4）电磁辐射水平预测计算

①计算条件选择

由天线工作模式可见，VCP31 相对转速最慢，天线方位速率为 4.8°/s，起始仰角 0.5°，作为重点考虑的模式进行预测。雷达天线主瓣影响范围 $\theta=1°$，雷达天线馈口平均功率为 700W，天线增益为 44dB。

②占空比

对近场区扫描天线占空比用 η_1 表示，对远场区扫描天线占空比用 η_2 表示。

③近场区电磁辐射水平

根据本项目雷达参数，确定以雷达发射天线为中心 701 米范围内为近场区。近场区的占空比

$$\eta_1 = (L/d\varphi)\times(1/5)\times(6/10),$$
$$d = 701\text{m}，则 \eta_1 \approx 2.3\times10^{-4}。$$

式中，L 为扫描平面内天线尺寸；$d\varphi$ 为给定距离上天线扫描扇区的圆周。

根据近场区的电磁辐射水平计算公式，并代入相应参数，则

$$P_{d(6\text{min})\text{max}} = \eta_1 \cdot P_d \approx 1.14\mu\text{W/cm}^2$$

④远场区电磁辐射水平

雷达天线主瓣波束宽度为 1°，主瓣电平增益为 44dB。根据条件计算距离雷达天线 1000m（评价范围）处的接收点功率密度值。

在远场区电磁波形成 1°的锥形波束，由于 VCP31 模式始终进行仰角固定的扫描，故远场区占空比为

$$\eta_2 = (1°/360°)\times(1/5)\times(6/10) \approx 3.3\times10^{-4}$$

将上述参数分别代入远场区功率密度计算公式，则在 1000m 处任意 6 分钟内所照射到的平均功率密度为：

$$P_{d(6\text{min})} = \eta \cdot P_d \approx 0.046\mu\text{W/cm}^2$$

即在评价范围内任意 6 分钟内所照射到的平均功率密度在 $0.046\mu\text{W/cm}^2$ 至 $1.14\mu\text{W/cm}^2$ 之间。

（5）电磁环境影响预测结果分析

拟建的气象雷达站在目前及规划的环境条件下，无论在近场区或远场区，雷达主射方向任意一点在任意 6 分钟内的平均功率密度将低于本项目的评价标准 $8\mu\text{W/cm}^2$，符合 GB8702-88 和 HJ/T10.3-1996 的要求。

（6）保护高度要求

为保护气象雷达的气象探测环境，根据《气象探测环境和设施保护办法》第 11 条规定，

天气雷达站主要探测方向的遮挡仰角不得大于 $0.5°$,孤立遮挡方位角不得大于 $0.5°$;其他方向的遮挡仰角不得大于 $1°$,孤立遮挡方位角不得大于 $1°$,且总的遮挡方位角不得大于 $5°$。在周围建筑分布满足上述仰角要求前提下,气象雷达对不同建筑高度的电磁辐射水平也可能满足环境保护要求。

6.污染防治措施

根据《电磁辐射防护规定》(GB8702-88)要求,应加强对气象雷达探测基地的运行管理,以实现其运行过程中环境保护的规范化。在其电磁辐射符合国家标准的前提下,贯彻"可合理达到尽量低"的原则。

(1)管理措施:由气象雷达探测基地设立环保人员,全面负责基地的运行管理,制定完善的运行管理制度并组织实施。

(2)上岗人员素质:环保人员、雷达站维护人员上岗前应开展电磁辐射相关法规等方面知识的学习和培训。

(3)技术措施:雷达系统装有故障自检和参数检测装置,建设单位应加强设备的运行维护,必须定期检查雷达设备及附属设施的性能,及时发现隐患并采取补救措施,确保雷达站安全可靠运行。

(4)建设单位应在当地规划部门备案,依据气象雷达的电磁辐射环境保护及使用条件要求,由规划部门有效控制周围建筑物高度,确保气象雷达站周围的净空条件。

7.结　论

拟建的气象雷达站在目前及规划的环境条件下,无论在近场区或远场区,公众人员可达到的任意一点在任意 6 分钟内的平均功率密度将低于本项目的评价标准 $8\mu W/cm^2$,符合《电磁辐射防护规定》(GB8702-88)和《辐射环境保护管理导则　电磁辐射环境影响评价方法和标准》(HJ/T10.3-1996)的要求。

5.5.2　案例 2:数字卫星地球站建设项目

1.项目建设内容与工程分析

项目名称及性质:某数字卫星地球站,新建。

建设规模:项目总投资:5036 万元,占地面积:9650 平方米,建筑面积:6642 平方米,建设内容主要包括广播电视数字地球站、广播电视应急传输系统和广播电视监测系统。

卫星地球站功能主要有:发送电视台和人民广播电台节目;接收中央电视台和各省上星电视台节目;开展卫星数据传输业务;与中央电视台实现 VSAT 应急播出;具备利用现有卫星资源,开展电视会议的能力;具备数字卫星新闻采集(DSNG);具备监测国内外卫星节目和广播电视节目技术质量的功能。

本项目运行期电磁污染源见表 5-8。

表 5-8　电磁污染源

时期	污染因子	主要污染物	来源	特征
运行期	电磁辐射	电磁波	卫星地球站发射天线	连续排放

卫星地球站主要设备及参数:

(1)天馈分系统

卫星地球站全天 24 小时开机运行工作,收发天线有两副,直径分别为 9m 和 7.3m(其中

7.3m 天线为备用天线),天线朝向均为正南偏东 26°,仰角为 51.6°。9m 天线离地 0.5m 安装,主体高度为 6.7m;7.3m 天线安装于二楼平台上,主体高度为 5.2m。其主要参数详见表 5-9。

表 5-9　卫星地球站收发天线主要参数

性能	参数	9m 收发天线	7.3m 收发天线
电气性能	工作频段	发射:5.850～6.425GHz 接收:3.625～4.200GHz	发射:5.850～6.425GHz 接收:3.625～4.200GHz
	天线增益	发射:53.4+20lg(f/6)dBi 接收:50.35+20lg(f/4)dBi	发射:51.0+20lg(f/6)dBi 接收:47.8+20lg(f/4)dBi
	天线噪声温度	<35K	<35K
	方向图	第一旁瓣:<−14dB 宽角旁瓣:(90%峰值满足如下包络线) 29−25lgθdBi　1°<θ≤20° −3.5　dBi　20°<θ≤26.3 32-25lgθdBi　26.3°<θ≤48° −10　dBi　θ>48°	第一旁瓣:<−14dB 宽角旁瓣:(90%峰值满足如下包络线) 29−25lgθdBi　1°<θ≤20° −3.5　dBi　20°<θ≤26.3 32-25lgθdBi　26.3°<θ≤48° −10　dBi　θ>48°
	极化方式	双线极化	双线极化
机械性能	天线型式	修正型卡塞格伦天线	修正型卡塞格伦天线
	反射面精度	主反射面:≤0.5mm(r.m.s) 副反射面:≤0.25mm(r.m.s)	主反射面:≤0.5mm(r.m.s) 副反射面:≤0.23mm(r.m.s)
	转动范围	方位:0°～170°(分三档,重叠角15°) 俯仰:5°～90°(连续)	方位:0°～170°(分三档,重叠角15°) 俯仰:5°～90°(连续)
	天线驱动速度	0.02°/s	0.02°/s
	其他	立柱式,方位、仰角型天线座架	

注:7.3m 收发天线为备用天线,两副收发天线无同时使用的情况

(2)数字电视编码、调制分系统

数字卫星地球站编码、调制设备按 1:1 方式配置,并要求具有控制监测功能,配有计算机网管系统。

(3)卫星上行射频分系统

该分系统包括上变频器、全固态高功放以及相应的倒换开关。

全固态高功放标称功率为 200W,具有线性好、频带宽、耗电少、无高压、寿命长、体积小、噪声低等一系列优点。

2.环境保护目标

需要关注的环境保护目标主要包括评价范围以内居民住宅、医院、学校、幼儿园、机关等建筑物。

3.评价工作总体设计

根据《辐射环境保护管理导则　电磁辐射环境影响评价方法与标准》(HJ/T10.3-1996)中第 3.1.2 款规定:功率>200kW 的发射设备以发射开线为中心、半径为 1km 范围全面评价,如辐射场强最大处的地点超过 1km,则应在选定方向评价到最大场强处和低于标准限值处。

综合《电磁辐射防护规定》(GB8702-88)和《辐射环境保护管理导则　电磁辐射环境影响评价方法与标准》(HJ/T10.3-1996)标准,有关管理限值在微波频段内是以电磁辐射场的功率密度来表示的。本项目由省级环保部门负责审批,单个项目的影响管理限值为《电磁辐射防护规定》(GB8702-88)中功率密度限值的 1/5。

卫星地球站发射设备的电磁波上行频段为 5850MHz～6425MHz,结合以上标准及规定,确定

本次评价限值：环境总电场强度标准限值为 17V/m（换算成功率密度为 $80\mu W/cm^2$）；单个项目的环境电场强度限值为 7.6V/m（换算成功率密度为 $16\mu W/cm^2$）。

4.电磁辐射环境质量现状调查

卫星地球站周围环境的电场强度背景测量时的测量条件详见表 5-10。

表 5-10　测量条件

天气	环境温度	相对湿度	测量高度
晴	30.8℃～37.6℃	61%～74%	离地 1.7m

监测布点依据 HJ/T10.3-1996 规定，以发射天线为中心，以正南偏东 26°为主测量线，并兼顾其他方向。

由监测结果可知，卫星地球站周围地面上的电场强度均小于 0.60V/m（功率密度均小于 $0.10\mu W/cm^2$），说明本建设项目所在区域的电磁辐射水平未见异常。

5.电磁辐射环境影响评价

为了解卫星地球站运行期电磁辐射对周围环境的影响，主要采取类比监测的方法进行影响分析。

类比监测国内某已投运的卫星通信地球站，其发射设备的额定发射功率为 700W，上行工作波段为 5850～6425MHz，下行工作波段为 3625～4200MHz，天线增益为 56dB。该地球站的功能和各项参数与本项目类比，详见表 5-11。

表 5-11　参数类比

名称	本数字卫星地球站	某国内卫星通信地球站
工作频段	发射：5.850～6.425GHz 接收：3.625～4.200GHz	发射：5.850～6.425GHz 接收：3.625～4.200GHz
标称功率	200W	700W
天线增益	53.4dB	56dB
工作仰角	51.6°	39.79°

类比监测方法如下：

(1)监测时段

测量时段为 5：00～9：00，11：00～14：00，18：00～23：00，属电磁辐射的高峰期。

(2)监测仪器

H-2 型全向智能场强仪，主要技术指标为：

天线类型：全向式

频带宽度：5～10000MHz

量程：0.5～1000V/m

校准精度：≤±0.5dB

各向同性：≤±0.5dB

测量高度：探头离地 1.7m

(3)监测布点

在天线正前方 500m 范围内，取天线辐射主瓣的半功率角内的三条线作为主要测量路径，由于半功率角范围很小，实际测量时在半功率角范围内向顺时针和逆时针方向各扩展 30°，该三条测量线上选取距天线 30m、50m、100m、200m 和 500m 等不同距离定点测量。

为防止微波辐射对作业人员的伤害，对主机房内值班位置及生活区同时进行监测。

（4）地球站工作状态

在该地球站进行监测期间，该站处于正式运行阶段。发射天线主射方位角为 231.65°，俯仰角为 39.79°，增益为 56dB，发射功率为 6dBW，开通方向为 10 个，开通话路 960 路。

由类比监测结果可知，国内卫星地球站天线下波导管外的电场强度最大值为 4.4V/m（约合功率密度 $5.1\mu W/cm^2$），天线主射方向地面测量线和其他方向地面测量线的电场强度均低于仪器的探测下限（0.5V/m），说明该天线系统运行符合电磁辐射防护标准要求。室内高功放机柜前的电场强度最大值为 3.9V/m（约合功率密度 $4.0\mu W/cm^2$），其余位置均低于仪器的探测下限（0.5V/m），说明卫星地球站机房内设备如高功放机等的屏蔽状况较好。

由于本项目发射功率较类比地球站小，且仰角较高，根据类比监测结果可以预测，在卫星地球站发射设备正常运行的条件下，卫星地球站在运行期其周围环境的电场强度将低于环境电场强度限值（17V/m）（功率密度限值 $80\mu W/cm^2$），符合《电磁辐射防护规定》（GB8702-88）的有关规定。

6. 污染防治措施

根据《电磁辐射防护规定》（GB8702-88）要求，建设单位应加强对卫星地球站的运行管理，以实现其运行过程中环境保护的规范化，在其电磁辐射符合国家标准的前提下，贯彻"可合理达到尽量低"的原则。

（1）管理措施：由卫星地球站设立环保人员，全面负责卫星地球站的运行管理，制定完善的运行管理制度并组织实施。

（2）上岗人员素质：环保人员、地球站维护人员上岗前应进行电磁辐射基础、《电磁辐射防护规定》及有关法规等方面知识的学习和培训。

（3）技术措施：建设单位加强设备的运行维护，确保地球站安全可靠运行。

（4）定期进行电磁辐射环境监测，并报送当地环境保护部门。

7. 结　论

卫星地球站天线系统是主要的电磁辐射环境污染源。根据工程分析和类比监测数据分析，可以预测本项目建成运行后，该卫星地球站发射天线周围评价范围内的环境电场强度及功率密度低于《电磁辐射防护规定》（GB8702-88）的公众照射导出限值。

综合上述分析和评价，只要建设单位认真落实本报告所述的各项污染防治和控制措施，严格执行"三同时"制度，在项目建设期和运行期认真做好环境保护和污染防治工作，项目电磁辐射对周围环境的影响可降低至最低限度，从环境保护的角度来看，本项目的建设是可行的。

参考文献

[1]　A.麦罗拉.蜂窝移动通信工程设计[M].北京：人民邮电出版社，1997.

[2]　刘文魁.电磁辐射的污染及防护与治理[M].北京：科学出版社，2003.

[3]　GB8702-22.电磁辐射防护规定[S].

[4]　HJ/T10.3-1996.辐射环境保护管理导则　电磁辐射环境影响评价方法与标准[S].

[5]　苏华鸿等.蜂窝移动通信射频工程（第二版）[M].北京：人民邮电出版社，2007.

[6]　周朝栋.天线与电波[M].西安：西安电子科技大学出版社，1994.

[7]　丁鹭飞等.雷达原理[M].西安：西安电子科技大学出版社，2002.

[8]　YD5039-2009.通信工程建设环境保护技术暂行规定[S].

[9]　YD/T5182-2009.第三代移动通信基站设计暂行规定[S].

第 6 章　电力系统的电磁监测与评价

电能是最方便和最清洁的二次能源,是现代社会利用能源的主要方式。其生产和利用需要经过发电、输电、配电和用电四个环节。为了控制供电平衡,提高供电可靠性,全国范围内建立了连接发电厂到用户的输配电网,即电力系统。

但是电力的发展也带来了现代社会所特有的电磁污染。为防止电力系统产生的电磁场对人体健康产生影响、对通信和电子设备产生干扰,以及对易燃易爆设施的正常运行产生环境风险,需要从环境保护角度对电力系统产生的电磁场进行监测、评价和管理。

6.1　设备工作原理

电力系统的主体结构分电源、电网和负荷中心三个部分。电源指水力、火力等各类发电厂、站,它将一次能源转换成电能。电网由变电站、输电线路、配电线路构成,它将电能升压到一定电压等级后输送到负荷中心,再降压至一定等级后,经配电线路与用户相连。负荷中心即电能的消费场所,由各种电气设备把电能再转换成动力、热、光等不同形式的能量加以运用。若是直流输电,电网中还会涉及换流站,通过换流站将交流电转换成直流电或将直流电转换回交流电。

发电厂内的电气设备有发电机、升压变压器、开关设备、厂用电动机等;变电站内的电气设备则包括降压变压器、高低压开关设备等。加上架空线、电缆等输电线以及附属的各种电压电流测量仪器、保护设备和控制系统,组成了整个电力系统。电力系统具有高可靠性地控制系统,可提供高质量的电能,并且在发生事故或异常时,能迅速地进行保护切换和控制。

6.1.1　输电线路

输电是将发电站发出的电能通过高压输电线路输送到消费电能的地区(负荷中心),或进行相邻电网之间的电力互送,使其形成互联电网或统一电网,以保持发电和用电或两个电网之间的供需平衡。

现代社会中,由于长距离大容量的输电需要高电压,电力输送目前以较容易实现的交流方式为主。我国的交流输电线路按电压等级一般可分为高压(110kV～220kV)、超高压(330～750kV)和特高压(1000kV)以上三种,输电频率为 50Hz。

相对于交流输电,直流输电电压没有正负交替,无充电电流,且不存在稳定性、同期等问题,加之输电线建设成本低,所以可以用在长距离大容量输电、海底电缆、非同期系统等系统中。我国的直流输电线路按电压等级一般可分为超高压(±500kV)、特高压(±800kV)两种。另外,直流输电还可用于不同频率的两系统之间的联系。例如,日本佐久间、新信浓等地就建有 50/60Hz 转换站,在 50Hz 和 60Hz 系统连接处采用直流变换。

输电线路按电压等级和输电方式分类情况见表 6-1。

表 6-1　输电线路分类

电压等级		高压/kV	超高压/kV	特高压/kV
输电方式	交流	110 220	330 500 750	1000
	直流	—	±500	±800

输电线路按结构可分为架空线路和电缆线路两类。架空线路是将裸导线架设在杆塔上，电缆线路一般是将电缆敷设在地下（埋在土中或沟道、管道中）或水底。

1. 架空线路

如图 6-1 所示，架空线路一般由导线、杆塔、绝缘子、架空地线和基础设施等主要元件组成。

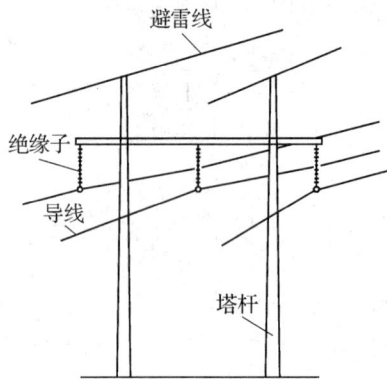

图 6-1　架空线路

（1）导线。导线是流过强大电流的通道，通常采用硬铝线、钢芯铝绞线、铝合金线等。图 6-2(a)为钢芯铝线（ACSR）截面。导体由数十根直径为 3～4mm 的单线绞合而成，电流流过铝导线，中心的钢线支撑导线重量。导线型号由导线的材料结构和截流的标称截面积两部分组成。例如，LGJ-300/50 表示标称截面为铝线 300mm² 、钢线 50mm² 的钢芯铝绞线。一相采用一根导线的单导体，多用于 154kV 以下。更高的电压级别多采用两根导线以上的分裂导线方式。图 6-2(b)就是一根四分裂导线，每根导线由支架支撑，相距 300～500mm。一相电流为各个导体分流，可以起到相当于增大导线直径的作用，比总截面相同的大导线，不容易产生电晕，送电能力还要高一些。分裂导线主要应用于 330kV 及以上电压的线路上。我国 330kV 线路采用双分裂导线。另外也有采用三分裂导线的，在大风时它比二分裂导线、六分裂导线产生的噪音低。

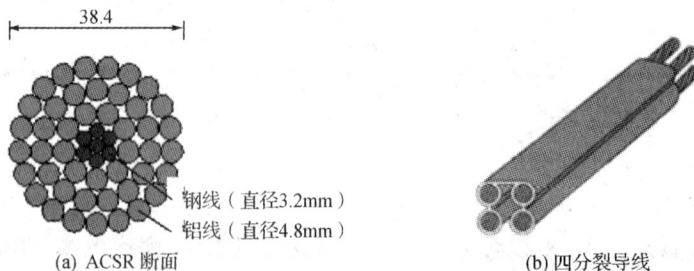

38.4

钢线（直径3.2mm）
铝线（直径4.8mm）
(a) ACSR 断面

(b) 四分裂导线

图 6-2　导线和分裂线

导线悬挂在铁塔的绝缘子串上。相邻两杆塔之间的水平直线距离称为档距，一般为数百米。相邻两档距之和的一半称为水平档距。相邻两档距间导线最低点之间的水平距离称

为垂直档距。导线相邻两个悬挂点之间的连线与导线各点的垂直距离称为弧垂或弛度(图 6-3)。最大弧垂可按下式粗略估算:

$$H = k \times D^2 \times 10^{-5} \tag{6-1}$$

式中,H 表示最大弧垂(m);D 为档距(m);k 取 $7 \sim 8$。

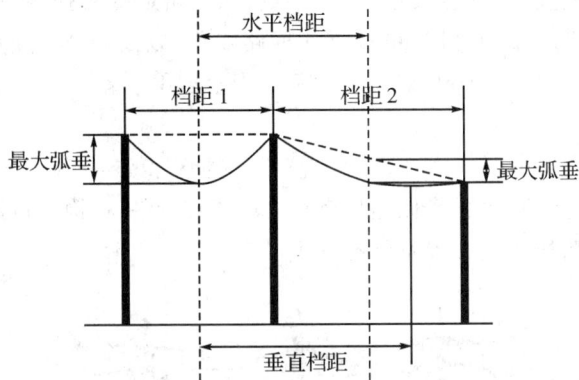

图 6-3 档距和弧垂

(2)杆塔。杆塔用来支持导线和架空地线,并使导线与导线之间、导线与杆塔之间、导线与架空地线之间保持一定的安全距离。杆塔最高点至地面的垂直距离称为杆塔高度。杆塔最下层横担至地面的垂直距离称为杆塔呼称高度,简称呼称高。导线悬挂点至地面的垂直距离称为导线悬挂点高度。两相导线之间的水平距离称为线间距离。两电杆根部或塔脚之间的水平距离称为根开。

按杆塔所承担的任务,可以分为以下几种形式:

①直线杆塔(图 6-4(a)),又称为中间杆塔,主要用来悬挂导线,约占总杆塔数的 80%。

②耐张杆塔(图 6-4(c)),又称为承力杆塔,主要用来承担线路正常及故障(如断线)情况下导线的拉力;同时又可使线路分段,便于施工和检修,限制故障范围。在耐张杆塔上,绝缘子串不像直线杆塔上那样与地面垂直,而是呈与导线相同的走向。杆塔两边同一相导线是通过跳线来接通的。

③终端杆塔,它是最靠近变电所的一座杆塔,用来承受最后一个耐张档距导线的单向拉力。如果没有终端杆塔,则拉力将由变电所建筑物承担,那样就会增加变电所的造价。

④转角杆塔(图 6-4(b)),它用于线路拐弯处,能承受侧向拉力。拐角较大时做成耐张塔的形式,拐角较小的也可做成直线塔的形式。

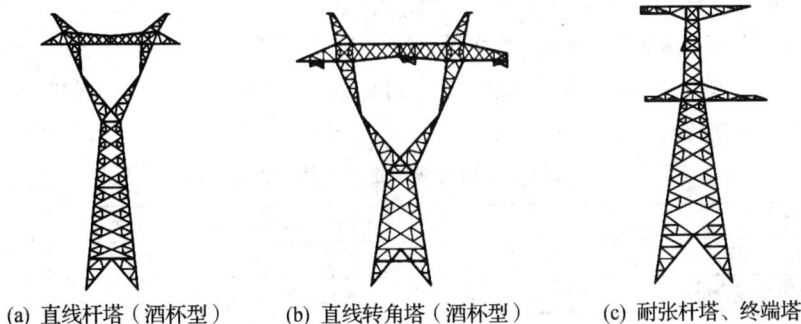

(a) 直线杆塔(酒杯型)　　(b) 直线转角塔(酒杯型)　　(c) 耐张杆塔、终端塔

图 6-4 杆塔型式

随着国民经济的不断发展和电网网架的扩大,输电线路走廊日趋紧张,因此,同塔多回输电线路的研究逐渐开展。国外多回路同塔架设线路主要使用在人口密度较高的国家。日本从 1985 年以后的电网建设中更多地使用了同塔多回路杆塔。常用的多回路杆塔是架设 2 回超高压和 2 回中低压线路,如上面架设 2 回 500kV 线路、下面架设 2 回 154kV 或 66kV 线路等。德国由于人口密度高、工业发达、输送容量大、线路走廊紧张,也使用多回路杆塔。德国不仅有 2 回 400kV 与 2 回 110kV 的同塔 4 回路线路,以及 400kV 同塔 4 回路线路,还有 2 回 400kV、2 回 220kV 和 2 回 110kV 的同塔 6 回路线路。此外,美国也使用过 3 回 345kV 同塔的多回路线路。

我国的同塔多回线路主要集中在沿海经济发达地区,以 500kV/200kV 同塔 4 回路线路(如沈大线、东广线)为主。国内的多回路杆塔有格构式钢管塔、格构式角钢塔和钢管杆三种。

国内外多回路线路导地线布置及外型如图 6-5。

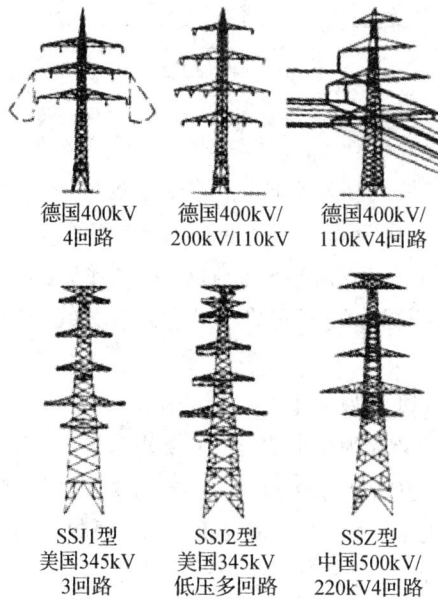

图 6-5   国内外多回路铁塔外型

(3)绝缘子。绝缘子用来支持和悬挂导线并使导线与杆塔绝缘。标准的一个绝缘子,在工频下承担的电压大约为 4~10kV,该电压加在绝缘罩和连接螺丝之间,耐压水平决定于绝缘子泄露距离及表面状态。因此,在工程设计中,应根据电压等级和空气污浊程度确定绝缘子串的个数,从而使每个绝缘子所承担的电压降低。

根据《110kV~750kV 架空输电线路设计规范》(GB50545-2010)和国家电网公司输变电工程典型设计,在海拔 1000m 以下地区,操作过电压及需击电过电压要求的悬垂绝缘子串的绝缘子最少片数应符合表 6-2 中要求。

表 6-2   输电线路绝缘子串片数

电压等级/kV	110	220	330	500	750
绝缘子片数/片	7	13	17	25	32
单片绝缘子的高度/mm	146	146	146	155	170

悬垂绝缘子一般采用瓷绝缘子或钢化玻璃绝缘子(简称玻璃绝缘子)。当输电线路经过

严重的污秽地区(如工业、化工区或接近沿海、盐场、盐碱地区等)时,绝缘子表面容易沉积一层污秽物质。在雾或细雨天气,绝缘子表面沉积的污秽物质受到潮湿,会使绝缘子的耐压值显著降低,因而往往引起污闪。通过调整爬电距离(调爬)、更换防污型绝缘子、采用合成绝缘子以及 RTV 涂料等措施,可加强绝缘。也可采用复合绝缘子(如硅橡胶复合绝缘子等)防止污闪的发生。

输电线路悬垂绝缘子串的安装中,可根据需要选择垂直安装的 I 串、倾斜安装的 V 型串、Y 型串以及多串并联安装等多种方式,不同的安装方式对绝缘子污闪特性会产生不同的影响。相比而言,V 串直线塔的塔重、走廊宽度、风偏开方量等均小于 I 串直线塔,且相同串长条件下绝缘优于 I 串,故在输电线路工程中广泛使用。

(4)架空地线。它架设杆塔顶部,保护电力线路免受雷击。光纤复合架空地线(OPGW)是一种新的技术,把为外部的钢芯铝线作为避雷线,内部的铝管通过光缆作为信息电缆来使用。

2.电力电缆

现代化大都市中已经很少能看到电线杆了,那么,高负荷的电能一定是由埋在地下的电缆供给了。高电压、大容量电力电缆作为电力通道日渐普及,在发电厂、变电站、工矿企业的动力引出线,横跨江河、铁路站场、城市地区的输电线路等都采用电力电缆输电。

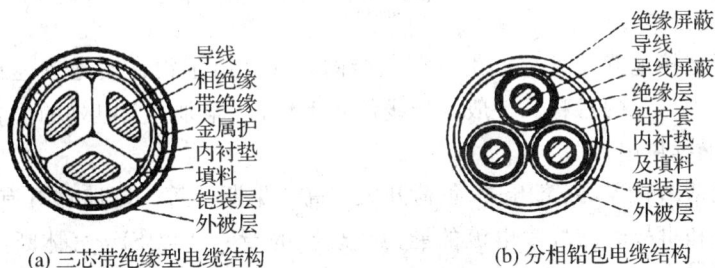

(a) 三芯带绝缘型电缆结构　　(b) 分相铅包电缆结构

图 6-6　电力电缆结构

与架空裸线相比,电力电缆不易外界气候干扰,既隐蔽又安全可靠,适合在各种场合敷设。但由于其结构与生产工艺复杂,因此成本较高(如图 6-6)。

6.1.2　变电站

变电站是电力系统中变换电压、接受和分配电能、控制电力流向和调整电压的电力设施。变电站中除了变换电压的变压器外,还有为保证安全供电和实际操作的断路器、隔离开关、避雷器、继电保护系统、调相装置等设备。

变电站配电装置按照电气设备安装地点的不同,分为户内和户外两种类型。户内式配电装置的全部电气设备均布置在室内,以前多用于 35kV 及以下的电压等级,现在已经逐步应用于高压甚至超高压电压等级;户外式配电装置的全部电气设备均布置在室外,母线与设备之间利用架在构架上的导线连接,它是 110kV 及以上电压等级常用的配电装置型式。

户外式配电装置又可分为户外敞开式和户外气体绝缘金属封闭配电装置(GIS)两种型式。敞开式配电装置占地面积较大,但投资较低,变电站需要发展时比较容易扩展;GIS 可大幅度压缩占地面积,且在重污秽、高海拔、强地震等环境条件特别恶劣以及场地狭窄的地区会有其优越性,但价格较高,可与敞开式配电装置进行经济技术比较。

1.变压器

变压器是应用电磁感应原理来进行能量转换的。两个相互绝缘的绕组,套在一个共同的铁芯上,通过磁场而耦合,但在电的方面没有直接联系,见图 6-7。两个线圈中,接到电源的一个称为一次绕组,接到负载的一个称为二次绕组。当一次绕组中通过交流电流时,铁芯中产生交变磁通,其频率和外施电压的频率一致。此交变磁通同时交链着一、二次绕组,根据电磁感应定律,交变磁通在一、二次绕组中感应出相同频率的电势,二次绕组有了电势便可向负载输出电能,实现了能量转换。利用一、二次绕组匝数的不同及不同的绕组连接法,可使一、二次绕组有不同的电压、电流和相数。

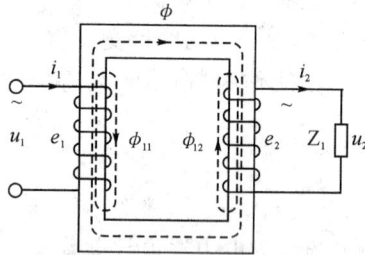

图 6-7　变压器工作原理

2.母线、开关设备

母线是用于连接电气设备和汇集分配电能的导线。由于铝材质地较轻且价格便宜,一般场合采用铝作为母线的材料。一般的母线都双重化,这样即使变电站的设备维修时,通过切换电路,也能继续供电。

开关装置包括断路器、隔离开关、负荷开关和高压熔断器等。断路器具有在短时间内自动切断负荷电流和事故时的故障电流的能力。现在的断路器以 SF_6 气体断路器为主,此外还有空气断路器、真空断路器等。

在输电线、断路器等设备停电检修以及和母线进行切换时,隔离开关将停役的电气设备与带电的电网隔离,保证有明显的断开点,确保安全。由于不能断开负荷电流和短路电流,需要与断路器配合使用,只有当断路器断开电流后才能进行操作。

另外,为了保护变压器等设备不受从线路穿入变电站的雷冲击波的损害,变电站还采用了避雷器。当电压超过一定限制时,避雷器能自动对地放电,降低电压,保护设备;放电后又迅速自动灭弧,保证系统正常运行。目前,避雷器多采用氧化锌元件。

3.调相设备

调相设备是靠无功功率的发生或消耗来进行电压调整的设备,同时也对减少送电线路上发生的损耗有作用。调相设备中有电力电容器、并联电抗器、同步调相机、使用半导体开关的静止型无功功率控制装置。

6.1.3　换流站

直流输电与交流输电电力系统组合时,需要通过交直流换流站(简称换流站)连接。换流站主要换流器用变压器、三相桥式换流器、直流电抗器、高次谐波滤波器、调相设备以及直流送电线路组成。

换流器的转换元件采用高电压、大电流的晶闸管。通过晶闸管元件的触发相位控制,线路两端的换流器能够把交流正向转换为直流,或将直流逆向转换为交流。此时,交流侧的电流相位相对其电压是滞后的,因此必须通过调相设备供给换流器无功功率。

6.2　电磁辐射特性

6.2.1　交流输电线路

我国电力系统的电源工作频率(简称工频)为 50Hz,属于极低频(ELF)范围,其波长为 6000m。当一个电磁系统的尺度与其工作波长相当时,该系统才能向空间有效发射电磁能量。但是输变电设施的尺寸远小于其工作波长,构不成有效的电磁能量发射,其周围的电场和磁场没有相互依存、相互转化的关系。因此,工频电场和工频磁场是可以分开讨论的。

6.2.2　工频电场

电气设备接通电源时,在其周围空间就形成了工频电场。电场的强度用沿一定方向单位距离内的电位差(即电压)来度量,电场强度的计量单位为伏每米或千伏每米(V/m 或 kV/m)。

高压输电线路导线的直径很小,因此临近导线处电场高度集中,线路导线与大地间的空间电场分布是不均匀的,仅以单根("单相")带电高压导线为例,在无建筑物、树木等影响的情况下,沿导线到地面高度的空间范围内,电位呈指数衰减分布。越接近地面,电场强度(E)越小。以 500kV 输电线路为例,地面最大电场强度一般不超过 10kV/m。就人体通常活动所处的地面高度而言,以正对导线下方的地面投影点为原点(O 点),沿垂直于线路方向,地面电场强度(E)同样随距离迅速衰减(如图 6-8 所示)。

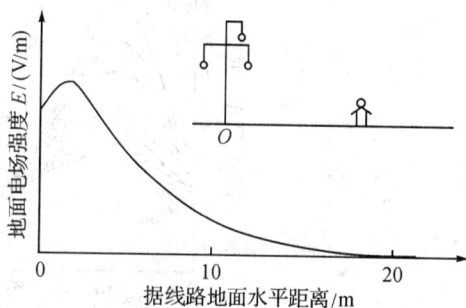

图 6-8　邻近高压输电线路的地面场强分布

当任一导体处于工频电场中时,其内会感生出交变的感应电动势。此感应电动势的大小仅与导体的形状及外施电场的强弱有关,而在很大范围内与导体的电阻率无关,也就是与导体本身的性质无关。这个感应电动势也会产生电场,并叠加在原有的电场之上,改变导体附近的电场分布。这时导体周围的场称为"畸变场"。建筑物、树木等都可以使空间电场畸变,并削弱其遮蔽空间或邻近范围内的电场。由于建筑物墙体的有效屏蔽作用,室内的电场强度一般很小,且与户外输电线路产生的电场几乎没有相关性。在变电站围墙外,除架空进出线下方以外,电场强度通常很小。

6.2.3　工频磁场

输变电工程的载流体(如带有负载的母线、导线,变压器、电抗器等)均在其周围产生磁场。架空线路可在地面产生电磁场;地下电缆则因对电场具有良好的屏蔽作用而不在地面上产生电场,但仍可在地面上产生磁场。

工频磁场的大小与载流体中负荷电流的大小成正比。能描述磁场基本特征的物理量为磁感应强度和磁场强度。对于工频磁场而言,一般采用磁感应强度进行描述。随着与输电线路距离的增加,工频磁场强度快速下降。实际上,与工频电场相比,工频磁场强度随距离的增加下降得更快。

与工频电场不同的是,只要不是磁性物质,工频磁场通常不会由于该物体的存在而发生畸变。

6.2.4 工频电磁场的影响因素

输电线路的不同导线结构、布置形式等方面会对工频电场场强产生影响。多回路输电线路同塔架设或平行架设时,输电线路周围的工频电场强度还与其相序排列有关。在环境中一般取 $h=1.5m$ 的垂直分量作为输电线路工频电场的评价量。下面以各电压等级的典型输电线路工频电场强度的理论计算分布曲线来说明其线路下方邻近空间的工频电场强度水平。

1. 工频电磁场与输电线路对地高度的关系

图 6-9 是 500kV 单回路三角排列输电线路不同导线对地高度下的工频电场强度分布曲线。图 6-10(a)是典型 220kV 同塔双回输电线路不同导线对地高度下的工频电场强度分布曲线。图 6-10(b)是典型 220kV 同塔双回输电线路不同导线对地高度下的工频磁感应强度分布曲线。由图可见,在输电线路下方,工频电场强度和磁感应强度均随线路对地高度增加而减小。

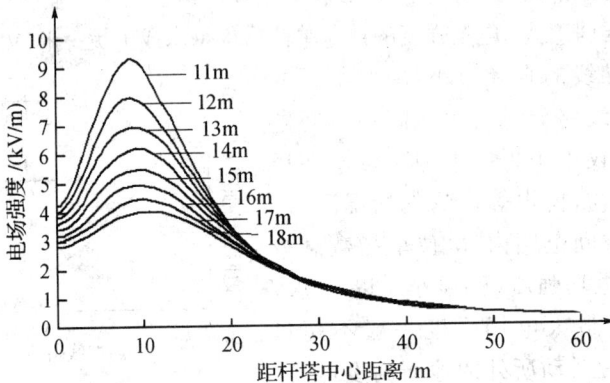

图 6-9 500kV 单回路三角排列线路工频电场强度

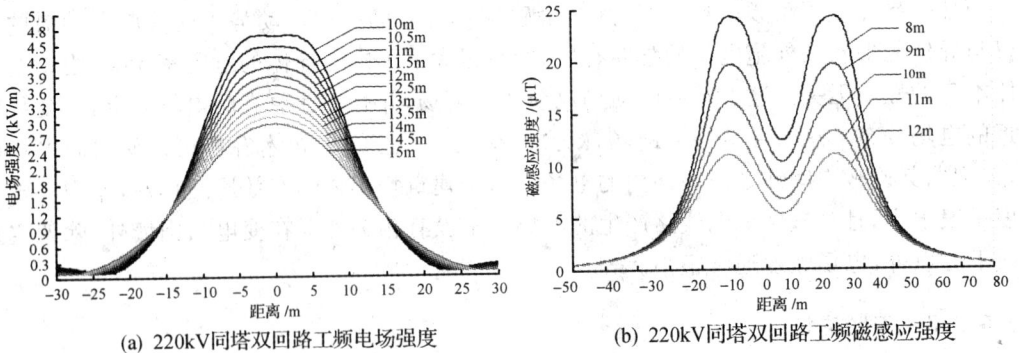

(a) 220kV同塔双回路工频电场强度　　(b) 220kV同塔双回路工频磁感应强度

图 6-10 导线对地高度不同时地面 1.5m 高处垂直电场强度的横向分布

2. 工频电磁场与输电线路导线布置方式的关系

图 6-11 给出了 500kV 输电线路单回路采用不同导线布置方式时地面上工频电场强度的横向分布图。当导线由水平排列改为三角形排列时,场强最大值以及高场强区的范围均有所减小。三相正三角布置时,地面工频电场强度最大值最小;但是正三角布置时地面工频

电场强度所覆盖的高场强区域大于倒三角排列时的情况,因此三相倒三角排列效果最好。

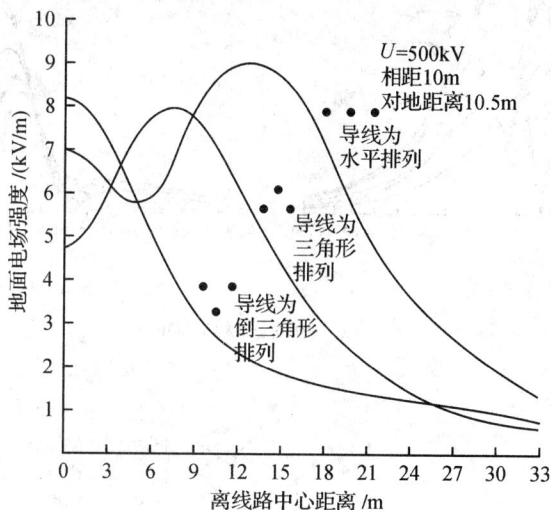

图 6-11　500kV 单回路各种布置方式场强分布

3. 工频电场强度与相间距离的关系

相间距离减小可使工频电场强度降低,但其效果不如加大导线对地高度明显。表 6-3 是 500kV 输电线路导线距离地面 10m 时,不同相间距离情况下离地 1m 处的最大场强计算值。

表 6-3　相距不同时的工频电场强度值

相间距离 /(m)	10	11	12	13	14
最大场强 /(kV/m)	10.47	10.78	11.04	11.25	11.45

4. 工频电磁场与同塔多回线路之间相序排列的关系

以同塔双回路架设的 500kV 三相输电线路为例,相序排列方式有 6 种,见表 6-4。方式 1 称为同相序排列,方式 6 称为逆向序排列。通过计算,线路下对地 1.5m 处的空间工频电场强度见图 6-12,工频磁感应强度水平分量见图 6-12(a),磁感应强度垂直分量见图 6-12 (b)。图中原点为铁塔中点,方式对应表 6-4 中的相序排列方式。由此可见,同相序排列的工频电场强度远大于逆相序排列。工频磁感应强度也是同相序排列最大,第 4 种和第 5 种方式最小。本例中,由于工频磁感应强度与限值相差很大,主要考虑工频电场强度,应取低值,因此应选择逆相序排列方式。如果当磁感应强度起主要作用时,可选择方式 4 或方式 5。

表 6-4　相序排列方式

方式 1	方式 2	方式 3	方式 4	方式 5	方式 6
①①	①①	①②	①②	①③	①③
②②	②③	②①	②③	②①	②②
③③	③②	③③	③①	③②	③①

5. 工频电场强度与输电线路分裂导线数的关系

分裂导线数对输电线路下空间电场强度的影响,是目前电力设计中容易忽视的因素。由于分裂导线增加了导线的等效直径,改变了线路之间的互感参数,因此会使线下工频电场强度明显增加。例如,220kV 线路同相排列的二分裂导线结构、同相序排列的单导线结构、逆相序排列的二分裂导线结构和逆相序排列的单导线结构 4 种情况下离地 1.5m 处的工频电场强度计算分布曲线见图 6-13。

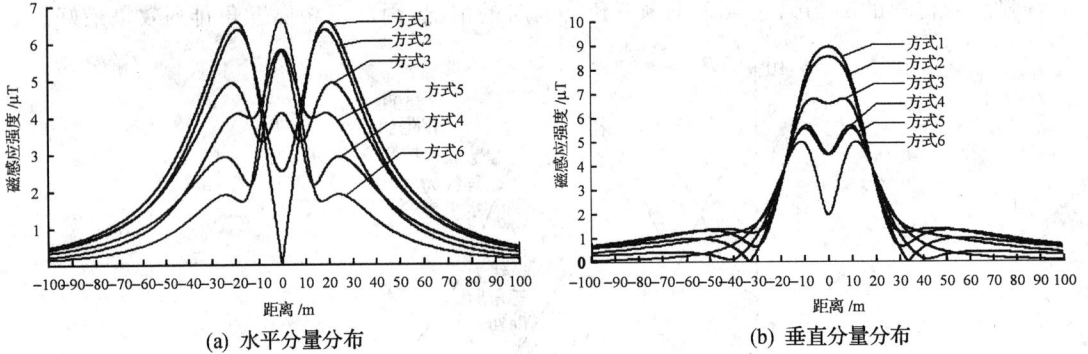

(a) 水平分量分布　　　　(b) 垂直分量分布

图 6-12　地面磁感应强度

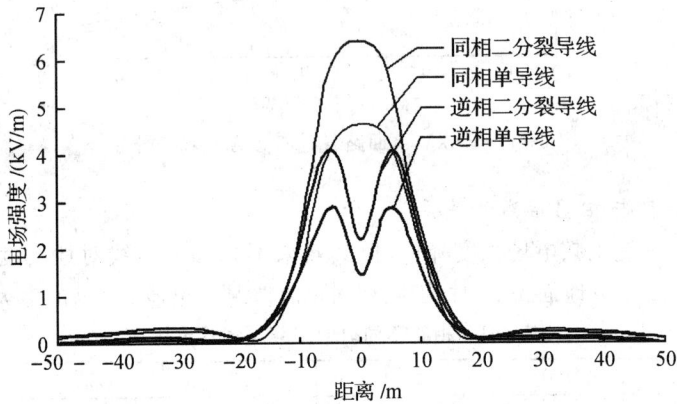

图 6-13　分裂导线对电场强度的影响

6.工频电场强度与分裂间距的关系

减少分裂间距可以降低电场强度,但效果没有相序优化明显。因此,在输电线路工程设计范围内,从降低地面电场强度的角度,应合理选择小的分裂间距。但是分裂间距也不能过小,否则会引起无线电干扰和可听噪声增大。

6.2.5　特高压直流输电线路

±800kV 特高压直流输电线路具有大容量、远距离输电的优势,可有效地节约土地资源,节省建设投资和运行费用,我国已陆续开始建设。特高压直流输电线路运行时的电磁环境参数主要包括合成电场、磁场和无线电干扰。

1.合成电场

直流输电线路正常工作时,允许有一定程度的电晕放电。导线电晕产生的离子(或电荷)向空间扩散,导线上的电荷和空间离子(或电荷)将在空间产生合成电场。标称电场与线路结构和电压有关,在直流输电线路结构确定的情况下,标称电场大小取决于线路电压,而离子流场和合成电场大小还取决于电晕放电程度。最大合成电场有可能为标称电场的 $3\sim3.5$ 倍。增加导线分裂数,对减小合成电场的效果非常明显。导线分裂数每增加 1,地面合成电场强度减小 $9\sim12nA/m^2$ (相对值变化量为 $6.6\%\sim11.6\%$)。合理选择导线分裂数和适当增大导线截面积,可以减小导线表面场强和电晕放电,进而减小合成电场。

人在直流输电线路下会受到离子电流和电场的作用。与交流输电线路不同,在正常运行的直流输电线路下,基本没有电场变化产生位移电流的现象。人在电场中的直接感受和暂态电击是制定直流输电线路电场限值需考虑的主要问题。研究表明:要得到同样的感受,流过人体的直流电流要比交流电流大 5 倍以上。为避免人在直流输电线路下对电场有明显感觉,在线下可能有人活动的地方,大部分情况下合成电场控制在不超过 30kV/m 较合适。将民房所在地面的合成电场控制在不超过 15kV/m,大多数情况下不会使人产生可感觉的暂态电击。

2. 磁感应强度

直流输电线路运行时,线路上的电流会在空间产生磁场,直流输电线路的磁场主要与线路结构和电流有关。±800kV 特高压直流输电线路的最大磁场与地磁水平相当,远小于 ICNIRP 建议的公众暴露限制(约为 1/900),磁场限值对特高压直流输电线路的设计不会起制约作用。

3. 无线电干扰

直流输电线路发生电晕放电时,可能会对无线电接收产生一定的影响。无线电干扰场强在低频段较高,随着频率增大,干扰场强衰减很快。当频率大于 10MHz,干扰强度已很小,可忽略不计。通常,输电线路电晕放电产生的无限干扰场强频率考虑到 30MHz 已足够。

无线电干扰主要源于正极性导线,随距离增加衰减很快。国际无线电干扰特别委员会(CISPR)18 号出版物指出:无线电干扰的横向分布图应在高出地面 2m 的某处确定,该处与边导线投影的距离不得超过 200m,超过这一距离,无线电干扰可以忽略不计。

另外,导线分裂数每增加 1,无线电干扰场强减小 3~4dB(μV/m)(相对值变化量为 6%~8.5%),效果非常明显。增加子导线截面,也能在一定程度上减小导线的无线电干扰。

6.3　监 测 方 法

根据 DL/T988-2005《高压交流架空送电线路、变电站工频电场和磁场测量方法》及《环境影响评价技术导则　输变电工程》(报批稿)的要求,测量正常运行高压架空送电线路工频电场和磁场时,测量地点应选在地势平坦、远离树木、没有其他电力线路、通信线路及广播线路的空地上。测量仪表架设在地面上 1~2m 的位置,一般情况下选 1.5m,也可根据需要在其他高度测量,测量报告中应清楚地标明。

6.3.1　工频电场的监测

前已述及,在有导电物体介入的情况下,电场在幅值、方向上会改变,或者两者都发生改变,从而形成畸变场。同时,由于物体的存在,电场在物体的表面上通常会产生很大的畸变。因此,测量工频电场时,测试人员应离测量仪表的探头足够远,一般情况下至少要 2.5m,避免在仪表处产生较大的电场畸变。

图 6-14 比较了测量人员与测量仪表的距离对测量结果的影响。横坐标表示测量人员与测量仪表探头的距离,纵坐标表示仪表读数的变化,图中示出的是仪表对地高度分别为 1.0m、1.4m、1.6m 时的测量结果。很明显,测量人员与测量仪表探头的距离大于 2.5m 后,读数变化趋于 0;而小于 2.5m 时,读数有很大的变化。当测量仪表安置在较低位置(如 1.4m 以下)时,测量人员靠得过近,会使仪表受人体屏蔽,测得电场值偏低;而当

测量仪表在较高位置(甚至由测量人员手持)时,则由于人体导致仪表所在空间电场的集中,往往使测试结果偏高。测量人员手持仪表进行测量是不对的,在极端情况下可能使测得的电场值成倍地偏高。

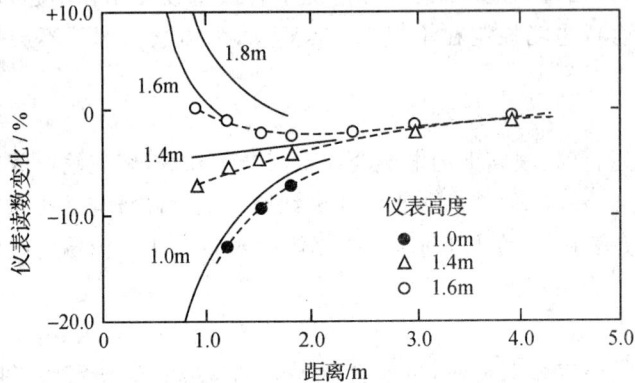

图 6-14　测量人员与仪表探头的距离对测量结果的影响

当仪表进入到电场中测量时,测量仪表的尺寸应使产生电场的边界面(带电或接地表面)上的电荷分布没有明显畸变;测量探头放入区域的电场应均匀或近似均匀。因此,在监测送电线路工频电场时,应选择在导线档距中央弧垂最低位置的横截面方向上。单回送电线路应以弧垂最低位置中相导线对地投影点为起点,同塔多回送电线路应以弧垂最低位置档距对应两铁塔中央连线对地投影点为起点,测量点应均匀分布在边相导线两侧的横截面方向上。对于以铁塔对称排列的送电线路,测量点只需在铁塔一侧的横截面方向上布置。送电线路下工频电场一般测至距离边导线对地投影外 50m 处即可。送电线路最大电场强度一般出现在边相外。除此之外,在线下其他感兴趣的位置进行测量,要详细记录测量点以及周围的环境情况。

场强仪和邻近固定物体的距离应该不小于 1m,使固定物体对测量值的影响限制到可以接受的水平之内。因此,在民房内部、阳台及楼顶平台上测量时,应在距离墙壁和其他固定物体 1.5m 外的区域进行,并测出最大值,作为评价依据。如不能满足上述距离要求,则取房屋空间平面中心作为测量点,但测量点与周围固定物体(如墙壁)间的距离至少 1m;或在阳台、楼顶平台中央位置进行测量。

变电站内工频电场的测量应选择在变电站巡视走道、控制楼以及其他电场敏感位置。测量探头距离设备外壳边界 2.5m,测量高压设备附近场强的最大值。变电站围墙外的工频电场测量应在无进出线或远离进出线的围墙外,在距离围墙 5m 的地方布置,测量工频电场强度的最大值。变电站围墙外工频电场一般测至 500m 处即可。

6.3.2　工频磁场的监测

相对于电场而言,通常引起磁场畸变或测量误差的可能性要小一些,电介质和弱、非磁性导体的临近效应可以忽略,测量探头可以用一个小的电介质手柄支撑,并可由测量人员手持。

工频磁场的监测方法与工频电场相同。但工频磁场是由导线中流过的电流产生的,随着输电线路负荷的变化而变化,所以即使在同一天进行测量,所得输电线路周围的磁场强度也不一样。

6.3.3　直流输电线路地面合成电场的监测

地面合成电场的大小和分布易受风的影响。较高的湿度不仅影响电场还可能对测量仪器的精度产生影响。因此,测量应在风速不大于 2m/s,相对湿度为 30%～80% 的条件下进行,并记录测量时的环境温度、相对湿度、海拔高度和风速。

测量时可采用以下任何一种方式安放测量探头,应注意测量与校准时探头的安放必须一致:

(1)将探头直接放置在地面,且探头外壳良好接地。两相邻探头之间的距离不小于 0.5m。

(2)在不高于地面 300mm 的位置放置面积大于 $1m^2$ 的正方形金属平板,金属板中间有直径略大于探头外径的圆孔,将探头放置在金属板圆孔内,使探头上表面与金属板上表面同高度。探头外壳和金属板良好接地。

测量合成电场时,在线路档距中央导线最低位置下方地面,沿垂直线路方向布置测量点。相邻测量点之间距离的选择应考虑地面合成电场变化趋势。在地面合成电场正负最大值位置附近,相邻测量点之间的距离可取 1～2m;在其他位置,可取 3～10m。若仅需获得地面合成电场的最大值,可仅在极导线下方附近合成电场较大的区域布置场强仪探头。

6.3.4　工频电场和磁场的监测仪器

工频电场和磁场的测量必须使用专用的探头或工频电场和磁场测量仪器。工频电场测量仪器和工频磁场测量仪器可以是单独的探头,也可以是将两者合成的仪器。但无论是哪种型式的仪器,必须经计量部门检定,且在检定有效期内。

1.工频电场监测仪器

工频电场测量仪器由传感器(探头)和检测器(包括信号处理回路及表头)两部分组成。探头的几何尺寸应比较小,不能因其介入而使被测电场中各电极表面的电荷分布有明显的改变。

探头一般采用悬浮体型探头,它是利用上、下两极板之间的电容和取样电阻形成的回路,测量极板之间的电压,通过校准获得电压和场强的对应关系。如第 3 章 3.3 节所述,目前所使用的工频电场测量仪器有独立式、参照式和光电式三种。

目前环境工频电场监测中使用较多的有意大利 PMM 公司的 8053A 型电磁测量仪、德国 Narda 公司的 EFA-300 电磁场分析仪和美国 Holaday Industries,Inc. 公司的 HI-3604 型工频场强仪。使用 8053A 型电磁测量仪和 EFA-300 电磁场分析仪进行工频场测量时,应特别注意测量时频率设置;使用 HI-3604 型工频场强仪进行工频场测量时,应注意探测线圈的方向。

2.工频磁场监测仪器

如第 3 章 3.3 节所述,测量工频磁场强度的仪器较少,主要有磁感应效应仪表和磁光效应仪表两种。磁感应效应仪表利用法拉第电磁感应定律来测量工频磁场,磁光效应仪利用磁场对光和光磁的相互作用而产生的磁光效应来测量工频磁场。

3.直流输电线路地面合成电场监测仪器

直流输电线路地面合成电场采用直流场强仪测量。直流场强仪包括测量探头和数据显示器或数据自动采集装置,能同时测量出合成电场的大小和极性。

目前国内使用的直流场强仪测量探头主要为旋转伏特计,其高度一般不大于 100mm。

6.4　电磁环境影响评价方法

输变电工程的环境影响评价原则是客观、公开、公正。重点考虑规划或者建设项目实施后对电磁环境可能造成的影响,为决策提供科学依据。

输变电工程的环境影响评价以相关调查资料、类比测量以及理论计算为主,对项目的电磁环境影响作出分析。

6.4.1　输变电工程环境影响评价的主要国家标准及技术规范

我国目前环保主管部门核准的输变电工程电场、磁场评价标准是国家环境保护总局批准的《500kV超高压送变电工程电磁辐射环境影响评价技术规范》(HJ/T24-1998)。2006年,在世界卫生组织明确要求各成员国采纳国际标准,并将其转化为各国强制性标准的背景下,我国环境保护部已将《电磁辐射防护规定》修订列入工作计划,拟将该标准名称改为《电磁环境公众曝露控制限值》,在该标准中将结合我国特高压交、直流输电项目建设,完善输变电项目电场、磁场限值。相信在政府、企业、公众的共同努力下,在世界卫生组织的导向下,采纳国际标准,并以此为基础制定、实施我国国家标准,将使我国输变电工程电场、磁场环境评价工作得到进一步完善与提高。

6.4.2　评价范围、方法及标准

1. 评价范围

以送电线路走廊两侧30m带状区域、变电所址为中心的半径500m范围内区域为工频电场、磁场的评价范围。

以送电线路走廊两侧2000m带状区域、变电所围墙外2000m或距最近带电构架投影2000m内区域为无线电干扰评价范围。

2. 评价方法

(1)电磁辐射现状调查。调查现有送电线路、变电所电压等级、电流、设备容量、架线型式、走向等,并实际测量电磁辐射(包括电场、磁场和无线电干扰)现状水平和分布情况。

(2)模拟类比测量。利用与拟建项目建设规模、电压等级、容量、架线型式及使用条件等较为接近的已运行送电线路、变电所等进行电磁辐射强度和分布的实际测量,用于对项目建成后电磁环境定量影响的类比。

送电线路与变电所的工频电场强度、磁场强度基本按监测方法进行测量。所不同的是,在变电站的测量中应选择在高压进线处一侧,以围墙为起点进行测量。另外,还需要在送电线路、变电所测试路径上以 2^n m 处测量无线电干扰电平,其中 n 为正整数。

(3)理论计算。根据项目送电线路的架线型式、架设高度、线距和导线结构等参数计算送电线路形成的工频电场强度值、磁感应强度值和无线电干扰值。

3. 评价标准

在距高压送电线路边相导线投影20m距离处、测试频率为0.5MHz的晴天条件下的无线电干扰限值应不大于 $55dB(\mu V/m)$。

关于超高压送变电设施的工频电场、磁场强度限值目前尚无国家标准。为便于评价,《500kV

超高压送变电工程电磁辐射环境影响评价技术规范》(HJ/T24-1998)推荐暂以 4kV/m 作为居民区工频电场评价标准,以 0.1mT 作为公众全天辐射的工频磁感应强度的评价标准。

6.5　案例分析

6.5.1　项目建设内容与工程分析

1. 项目构成及规模

某 500kV 输变电工程项目建设规模见表 6-5。

表 6-5　某 500kV 输变电工程项目规模

项目名称			某 500kV 输变电工程	
变电站	—		500kV 输变电工程 1	500kV 输变电工程 2
	建设规模	现有	/	2×750MVA 变压器,500kV 出线 2 回,220kV 出线 12 回,每组主变低压侧配置 2×60Mvar 的低压电抗器+1×60Mvar 低压电容器。
		规划	4×1000MVA 主变压器,500kV 出线 6 回,220kV 出线 14 回,每组主变装设 4 组无功补偿设备。	4×750MVA 主变压器,500kV 出线 8 回,220kV 出线 16 回,每组主变低压侧配置 2×60Mvar 低压电抗器+1×60Mvar 低压电容器。
		本期	2×1000MVA 主变压器,500kV 出线 4 回,220kV 出线 8 回,每组主变低压侧配置 2×60Mvar 低压电容器+1×60Mvar 低压电抗器。	扩建 500kV 出线间隔 2 个
输电线路			双回送电线路	π 接入线路	改造线路
	建设规模		新建 500kV 交流架空输电线路约 2×39.5km	新建 500kV 交流架空输电线路约 2×8.5+0.6km	改建 500kV 交流架空输电线路约 2×3.4+4.0km
	架线形式		全线同塔双回路架设,杆塔 99 基。	全线除开断处至分支塔为单回架设,其余均为同塔双回路架设,杆塔 24 基。	全线除开断处至分支塔为单回架设,其余均为同塔双回路架设,杆塔 18 基。
	导地线	导线	4×LGJ-630/45 钢芯铝绞线	导线:同塔双回段导线采用 4×ASCR-720/50 钢芯铝绞线,开断处至分支塔导线采用 4×LGJ-400/35 钢芯铝绞线。	导线全部选用 4×LGJ-400/35 钢芯铝绞线
		地线	地线:1 根,OPGW 光缆	地线:2 根,OPGW 光缆	/

2. 工程分析

（1）工艺流程及产污分析

本工程为电力输送工程,即将高压电流通过输电线路的导线送入下一级变电所(开关站)。本项目的工艺流程与产污过程如图 6-15 所示。

（2）污染因子分析

本项目对电磁环境的影响主要是输电线路运行产生的工频电场和工频磁场对环境产生的影响;输电线路产生的无线电干扰对环境产生的影响;变电所产生的工频电磁、工频磁场、无线电干扰。

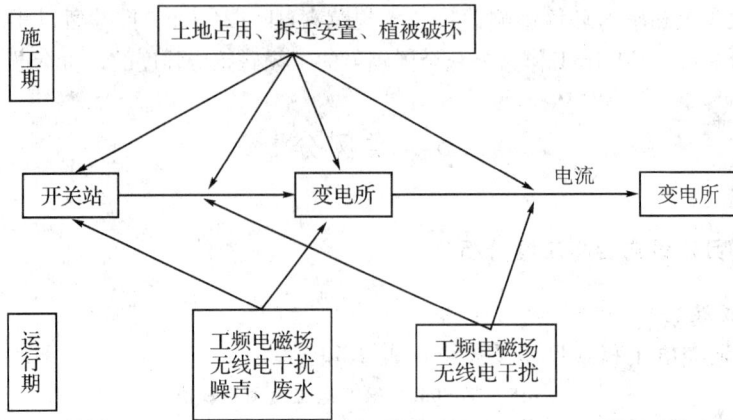

图 6-15　本工程工艺流程与主要产污点

（3）工频电场、工频磁场和无线电干扰

500kV 变电所内的工频电场、工频磁场主要产生于配电装置的母线下及电气设备附近。在交流变电所内各种带电电气设备包括电力变压器、高压电抗器、断路器、电流互感器、电压互感器、避雷器等以及设备连接导线的周围空间形成了一个比较复杂的高电场，继而产生一定的电磁场，对周围环境产生一定的电磁影响。开关站内无主变压器，主要设备为断路器、引线及隔离开关，电流、电压互感器等设备；变电所（开关站）内各种电气设备、导线、金具、绝缘子串都是无线电干扰源，它们通过进出线顺着导线方向以及通过空间垂直导线方向朝着变电所外传播干扰。所内各种电气设备亦可能产生局部电晕放电，产生无线电干扰。

6.5.2　电磁环境现状和保护目标

1. 电磁环境现状

本工程中新建变电站址所在地，其各测点工频电场强度均不超过 13.1×10^{-3} kV/m，工频磁感应强度最大值为 0.1579×10^{-3} mT，均满足居民区评价标准要求，无线电干扰现状监测值 $29.6 \sim 35.0$ dB(μV/m)，也符合标准要求。已建变电站其工频电场强度、工频磁感应强度及无线电干扰强度均较大，变电站工频电场强度最大值出现在北侧围墙外，为 1.229kV/m，工频磁感应强度最大值出现在东侧南部围墙外，为 1.604×10^{-3} mT，均满足居民区评价标准要求；无线电干扰最大值出现在东侧围墙外，为 43.2dB(μV/m)，也可满足国家相关标准要求。变电站附近的敏感点处电磁环境均满足相关标准要求。

本工程输电线路沿线工频电磁场及无线电干扰现状监测结果表明，500kV 双回送电线路、π 接入输变线路由于为新建线路，线路沿线居民点处工频电场、工频磁感应强度值及无线电干扰值均较小，工频电场强度范围为 $0.1 \times 10^{-3} \sim 10.5 \times 10^{-3}$ kV/m，工频磁感应强度范围 $0.0162 \times 10^{-3} \sim 0.145 \times 10^{-3}$ mT，无线电干扰强度范围 $31.5 \sim 45.6$ dB(μV/m)；改造线路沿线的居民点由于受到现有在运行线路的影响，其工频电场、工频磁感应强度值及无线电干扰强度相对较高，其中工频电场强度范围为 $22.5 \times 10^{-3} \sim 34.4 \times 10^{-3}$ kV/m，工频磁感应强度范围 $0.0349 \times 10^{-3} \sim 0.2807 \times 10^{-3}$ mT，无线电干扰强度范围 $32.5 \sim 35.2$ dB(μV/m)，但所有现状监测值均低于相关标准限值。

2. 环境保护目标

本工程站址及线路路径不跨越风景名胜区、自然保护区、生态脆弱区，评价范围内也没有需重点保护的其他敏感目标,工程电磁环境保护对象主要为变电站周围及输电线路评价范围内的居民点、学校和医院。

6.5.3　电磁环境影响评价范围、工作深度、标准等

1.评价指导思想

主要评价输电线路级变电所(开关站)运行时产生的工频电场和磁场、无线电干扰对周围环境可能产生的影响。在了解工程所在区域的电磁环境现状,确定环境保护目标,科学预测分析电磁环境影响的基础上,提出经济合理的污染防治对策,确保工程运行期电磁环境影响满足国家和地方的环保要求。

2.评价范围的确定

根据《500kV 超高压送变电工程电磁辐射环境影响评价技术规范》(HJ/T24-1998)及其他有关环评技术规范,确定评价范围如下:

(1)变电站

工频电场、工频磁场评价范围:变电站站址为中心半径 500m 的区域。

无线电干扰评价范围:变电站围墙外 2000m 的区域。

噪声评价范围:变电站围墙外 200m 的区域。

(2)输电线路

工频电场、工频磁场评价范围:输电线路两侧边线外 30m 带状区域。

无线电干扰评价范围:输电线路两侧边线外 2000m 带状区域。

噪声评价范围:输电线路两侧边线外 30m 带状区域。

3.评价标准的确定

(1)电磁环境标准

根据《500kV 超高压送变电工程电磁辐射环境影响评价技术规范》(HJ/T24-1998)的推荐值,以 4kV/m 作为居民区工频电场强度评价标准,工频磁感应强度以 0.1mT 为评价标准。

无线电干扰执行《高压交流架空送电线无线电干扰限值》(GB15707-1995)中规定的限值,其中输电线路在距边相导线投影 20m 距离处、测试频率为 0.5MHz 的好天气条件下的无线电干扰不大于 55dB(μV/m),变电站也参照该标准执行。

6.5.4　电磁环境影响预测评价

1.变电站电磁环境影响分析

(1)预测思路

变电所(开关站)的工频电场、工频磁场、无线电干扰等电磁环境影响预测,没有可供使用的推荐预测计算模型,为此,对变电所(开关站)而言,其电磁环境的预测,主要依赖于类比的方法。

(2)类比对象的选择原则

为做好变电所(开关站)的工频电场、工频磁场、无线电干扰等电磁环境的影响预测,需要认真的选择类比监测对象,这样才使得类比的对象与本工程的建设项目具有可比性。类比对象的选择原则如下:

a.电压等级相同。

b.建设规模、设备类型、运行负荷相同或类似。

c.占地面积与平面布置相同或类似。

d.周围环境、气候条件、地形相同或类似。

(3)类比预测

鉴于变电站工频电磁场强度分布的复杂性,较难进行理论计算,因此采用类比分析的方法对变电站投运后工频电场、工频磁场及无线电干扰分布情况进行分析。

①类比监测对象

如某新建变电站安装 2 组 1000MVA 主变。500kV 配电装置及 220kV 配电装置均采用 GIS 设备。在已建成运行的 500kV 变电站中,尚无与变电站主变规模(2×1000MVA)、布置方式(紧凑型:500kV 配电装置、220kV 配电装置为 GIS 设备)等均相类似的变电站。调查表明,位于北京市的某 500kV 变电站相对具有较好的可类比性。

②变电站电磁环境影响预测结果

工频电场、工频磁感应强度:通过对类比对象—北京某 500kV 变电站(2 组 1200MVA 主变)的电磁环境监测,围墙处的工频电场强度和工频磁感应强度均小于居民区评价标准要求,且随距离的增大呈现衰减的趋势。据此可以推测,该变电站 2 组 1000MVA 主变建成运行后,围墙外的工频电场强度和工频磁感应强度均能满足居民区评价标准要求。

该变电站外最近处的民房距离变电站(无进出线)围墙约 60m。根据类比监测结果,变电站围墙处的工频电场强度约 $0.064 \sim 1.236$ kV/m,工频磁感应强度约 $0.122 \times 10^{-3} \sim 0.271 \times 10^{-3}$ mT,均小于居民区评价标准。同时,根据对围墙外电磁环境衰减监测,工频电场强度和工频磁感应强度均随距离的增加衰减明显,据此可以推测,该变电站本期工程产生的电磁场对附近民房处的电磁环境可满足标准要求。

无线电干扰:根据无线电干扰类比监测结果,该变电站建成运行后,距围墙外 20m 处产生的无线电干扰场强(0.5MHz)可小于 55dB(μV/m),可满足评价标准的要求。同时,调查表明,该变电站周边 2km 范围内无通信电台、机场、导航站等相关的无线电设施,因此变电站建设满足相关规程规范的要求。

2.输电线路电磁环境影响预测

(1)预测方法

采用理论计算的方法进行预测。理论计算采用《500kV 超高压送变电工程电磁辐射环境影响评价技术规范》(HJ/T24-1998)及其附录推荐的计算模式。

(2)预测结果

①工频电场影响

如某 500kV 双回送电线路:双回路导线同相序排列时,在临近居民区最低线高 14m 的情况下,距边线外约 10m 距离地面 1.5m 处工频电场强度小于 4kV/m,在最低线高 23m 的情况下,边线外 5m 处工频电场强度也小于 4kV/m;双回路导线逆相序排列时,在临近居民区最低线高 14m 的情况下,距边线外约 8m 距离地面 1.5m 处工频电场强度小于 4kV/m,在最低线高 17m 的情况下,边线外 5m 工频电场强度小于 4kV/m。

某 π 接入线路同塔双回路段:双回路导线同相序排列时,在临近居民区最低线高 14m 的情况下,距边线外约 10m 距离地面 1.5m 处工频电场强度小于 4kV/m,在最低线高 23m 的情况下,边线外 5m 处工频电场强度小于 4kV/m;双回路导线逆相序排列时,在居民区最低线高 14m 的情况下,距边线外约 8m 距离地面 1.5m 处工频电场强度小于 4kV/m,在最低线高 17m 的情况下,边线外 5m 处工频电场强度小于 4kV/m。

某 500kV 改造线路同塔双回路段:在临近居民区最低线高 14m 的情况下,距边线外约 9m 距离地面 1.5m 处工频电场强度小于 4kV/m;在最低线高 18m 的情况下,边线外处 5m 工频电场强度小于 4kV/m。

可见,上述工程线路建成投运后,采取工程拆迁措施及抬高架线高度措施后,各居民点最近民房处地面未畸变场强(工频电场强度)值均能满足推荐限值要求。

②工频磁感应强度影响

理论计算结果表明,上述工程输电线路在地面产生的工频磁感应强度较低,在非居民区最低线高 11m 的情况下,其最大值为 44.48×10^{-3} mT,在居民区最低线高 14m 的情况下,其最大值为 43.62×10^{-3} mT,均能满足《500kV 超高压输变电工程电磁辐射环境影响评价技术规范》(HJ/T24-1998)推荐的 0.1mT 限值要求。

③无线电干扰影响

理论计算结果表明,在好天气条件下,上述工程线路在边导线投影 20m 距离处,频率为 0.5MHz 的无线电干扰值均能满足 55dB(μV/m)标准限值。同时随横向距离的增大逐渐衰减,至 100m 处对环境的影响已很小。

6.5.5　电磁污染防治措施

变电站建设时,主变设备、配电装置的设计方案和施工质量均会影响该站建成运行后的工频电磁场强水平。同时,随着变电站运行时间的加长,高压设备、配件等也会逐步老化、损坏和受到环境的污染,会使周围电磁场水平有所增加。变电站工程主要可从以下几方面采取电磁污染防护措施。

(1)方案设计

为最大限度地降低变电站电磁环境影响,并减少占用宝贵的土地资源,变电站设计中尽量采用国内领先的 GIS 设备方案,虽然增加了工程投资,但可降低变电站电磁环境的影响,同时也节约了土地。

(2)站区平面布置和进出线方案

变电站进出线方向选择尽量避开居民密集区,主变尽量布置在站区中间,站区围墙侧种植绿化。变电站附近高压危险区域设置相应警告牌。

(3)控制绝缘子表面放电

使用设计合理的绝缘子,尽量使用能改善绝缘子表面或沿绝缘子串电压分布的保护装置。

(4)减小因接触不良而产生的火花放电

在安装高压设备时,保证所有的固定螺栓都可靠拧紧,导电元件尽可能接地,或连接导线电位。

(5)路径选择

建设单位及工程设计单位应在项目的规划、设计阶段,充分听取沿线地区各级政府建设、规划、林业、环保等部门及当地居民的意见,并取得必需的路径协议。根据沿线地方建设及规划部门的意见,路径选择时尽可能避开当地规划区,对地方城市及乡镇规划的影响可减小到最低程度。

(6)压缩线路走廊

输电线路采用同塔多回架设方案,比多条单回路平行架设方案占用的走廊宽度大为减少。输电线路与沿线已建线路、规划铁路平行走线,可归并线路走廊,减少对地方发展影响。

(7)导线对地高度

500kV 输电线路不应跨越长期住人房屋,对处于边导线垂直投影线外侧水平间距 5m 内的居住房屋全部进行工程拆迁,以保证线下居民的安全。

对距边导线 5m 外的民房,房屋所在位置离地 1.5m 处最大未畸变电场强度不得超过 4kV/m,如超过,工程设计按抬高架线高度的措施来满足环保要求。

根据《110kV~750kV 架空输电线路设计规范》(GB50545-2010),对 500kV 输电线路工程在非居民区段最低线高应控制在 11m 以上。

(8)其他措施

线路交叉跨越公路、通航河流或其他输电线路时,分别按有关设计规范、规定的要求,在交叉跨越段留有充裕的净高,控制地面最大场强,使线路运行时产生的电场强度对交叉跨越的对象基本无影响。

根据 GB50545-2010 等有关设计规范,严格执行输电线路对通信线路、无线电台站等的防护要求和限值规定,保持一定的防护间距。

在对线路路径优化过程中,对重要的地下电缆和通信明线进行调查,并尽量回避。线路架空地线采用良导体的钢芯铝绞线,减小感应电动势和对地电压,改善对通讯线的屏蔽效应,减小对通信线路的干扰影响。

优化输电线路的导线特性,如提高光洁度,适当加大导线直径等,从而减小电晕强度和无线电杂音对环境的影响。

6.5.6 结 论

综上所述,本 500 千伏输变电工程建设符合国家产业政策,也满足地区城镇发展规划及电网规划要求,线路路径选择合理,工程在建设期和运行期采取有效的电磁污染防治措施后,可以满足国家相关电磁环境保护标准要求,从电磁环境环保角度来看,该项目的建设是可行的。

参考文献

[1] [日]大久保仁编著,提赵旭译.电力系统工程学[M].北京:科学出版社,2001.

[2] 韦钢,张永健,陆剑锋,丁会凯.电力工程概论(第二版)[M].北京:中国电力出版社,2007.

[3] 《输变电设施的电场、磁场及其环境影响》编写组.输变电设施的电场、磁场及其环境影响[M].北京:中国电力出版社,2007.

[4] 邬雄,万保权.输变电工程的电磁环境[M].北京:中国电力出版社,2009.

[5] 刘文魁,庞东.电磁辐射的污染及防护与治理[M].北京:科学出版社,2003.

[6] 刘振亚.特高压直流输电工程电磁环境[M].北京:中国电力出版社,2009.

第7章　工业、科研、医疗射频设备电磁监测与评价

工业、科研、医疗射频设备(ISM 设备)被广泛用于工业、科学和医疗等领域。工业感应加热设备、家用感应厨具、射频弧焊设备、塑料焊接设备和微波医疗设备等在发挥其功用的时候,也是一个电磁辐射污染源。这些设备运行时向空间发射电磁波,可能影响周围电气设备的正常运行及无线电广播、通信以及导航等业务。其影响的范围和程度可通过专用仪器设备进行测量。本节主要介绍针对工业、科研、医疗射频设备的电磁监测与评价方法。

7.1　工业、科研、医疗射频设备

工业、科研、医疗设备(简称工科医设备,ISM)是指除无线电通信和信息技术设备(ITE)外,为工业、科学、医疗、家用或类似目的的生产和(或)使用射频能量的设备或器具。

世界各国均保留了一些无线频段,以用于工业、科学研究和微波医疗方面的应用。应用这些频段无需许可证,只需要遵守一定的发射功率(一般低于 1W),并且不要对其他频段造成干扰即可。

世界卫生组织(WHO)将电磁辐射粗略地分为静频(0Hz)、极低频(0~300Hz)、中频(300Hz~10MHz)和射频(10MHz~300GHz)4 种类型,其中射频包括了我们过去所说的超高频(30MHz~300MHz)和微波(300MHz~300GHz)及部分高频频段(0.1MHz~30MHz)。

工科医设备的分组与分类、使用频率等见第 3.2.4 节。下面列出第 1 组和第 2 组设备的总目。

7.1.1　第 1 组设备

总目:

　　实验室设备　医疗设备　科研设备

细目:

信号发生器具	称量计
测量接收机	化学分析仪
频率计	电子显微镜
流量计	开关电源(指非装入另一设备内的)
频谱分析仪	

7.1.2　第 2 组设备

总目:

微波照明设备	医用器具
工业感应加热设备	弧焊设备
家用感应炊具	放电加工（EDM）设备
介质加热设备	可控硅控制器
工业微波加热设备	点焊机
家用微波炉	教育和培训用演示模型

细目：

金属融化设备	饼干烘焙设备
木材加热设备	食品解冻设备
部件加热设备	纸张干燥设备
钎焊和铜焊设备	纺织品处理设备
管子焊接设备	UV胶固化设备
木材胶粘设备	材料预热设备
塑料焊接设备	短波治疗设备
塑料预热设备	微波治疗设备
食品加工设备	高压特斯拉变换器演示模型、皮带发电机等

7.2　电磁骚扰特性和限值

《工业、科学和医疗（ISM）射频设备电磁骚扰特性限值和测量方法》（GB4824-2004/CIS-PR11:2003）中给出了工科医射频设备电磁骚扰特性和限值，详见第7.3.3节。

为了保护特定区域内的高灵敏度业务，在可能发生有害干扰的情况下，国家有关部门可能要求采取附加抑制措施或指定隔离区。因此，建议在这些业务频段中避免基波或高电平谐波信号的辐射出现。这些业务频段列在本章附录A中，供参考。

7.3　监测方法

考虑到工科医电磁设备的应用领域，测量方法可以参照国标GB4824-2004所规定的内容执行。

7.3.1　测量的一般要求

A类设备由制造商决定在试验场或在现场测量。B类设备应在试验场测量。本节规定的要求适用于试验场和（或）现场测量。

1. 电磁环境噪声（以下简称环境噪声）

进行型式试验的试验场应能将受试设备的发射从环境噪声中区分出来。

这种环境适用性可通过在受试设备不工作的情况下测量环境噪声电平来确定，要保证环境噪声电平比规定的限值至少低6dB，以便于测量。

如果环境电平加上受试设备的发射后，仍不超过规定的限值，就没有必要使环境电平减小到规定限值的 6dB 以下,在这种情况下可认为受试设备已满足规定的限值。

在测量电源端子骚扰电压时,当地的无线电发射可能使某些频率上的环境噪声电平增加,此时可在人工电源网络和电源之间插入一个适当的射频滤波器,或者在屏蔽室内测量。构成射频滤波器的元件应封闭在一个金属屏蔽盒内,其外壳直接与测量系统的参考地连接。接入射频滤波器后,在测量频率上,人工电源网络的阻抗仍应满足规定的要求。

在测量电磁辐射骚扰时,如果环境电平比限值低 6dB 的要求无法满足,则可将天线放置在更接近受试设备的距离上。

2.测量设备

(1)测量仪器

具有准峰值检波器的测量接收机和平均值检波器的测量接收机都应符合 CISPR16-1 的规定。两种检波器可同时装入一台接收机内,以便交替使用准峰值检波器和平均值检波器进行测量。

测量接收机应具有这样的特性:当被测骚扰的频率变化时,不会影响测量结果。只要能证明被测的骚扰数值相同,也可使用具有其他检波特性的测量仪器。请注意在受试设备运行期间其工作频率会有明显变化的情况下,使用全景接收机或频谱分析仪更为方便。

为避免测量仪器可能错误地产生不符合限值的指示,测量接收机不应在接近工科医指配频段边缘频率上调谐,即测量仪器调谐频率上的 6dB 带宽的频点,不应和指配频段的某个边缘相衔接。在测量大功率工科医设备时,应保证测量接收机具有足够的屏蔽特性和假信号响应抑制特性。对 1GHz 以上频段的测量,应使用 CISPR16-1 规定特性的频谱分析仪。本章附录 B 规定了使用频谱分析仪的注意事项。

(2)人工电源网络

测量电源端子骚扰电压时,应使用 $50\Omega/50\mu H$ 的 V 型人工电源网络,详见 CISPR16-1。人工电源网络在电源的测量点两端要提供一个射频范围内的规定阻抗,并将受试设备与电源线上的环境噪声隔离开。

(3)电压探头

在不能使用人工电源网络时,应使用图 7-1 所示的电压探头。探头主要由一个隔直流电容器和一个电阻器组成,使线路和地之间的总阻抗至少为 1500Ω。探头分别接在每根电源线和选择参考地(金属板或金属管)之间。电容器或可能用作保护测量接收机抵御危险电流的任何其他装置,对测量结果的影响,应小于 1dB,否则应进行校准。

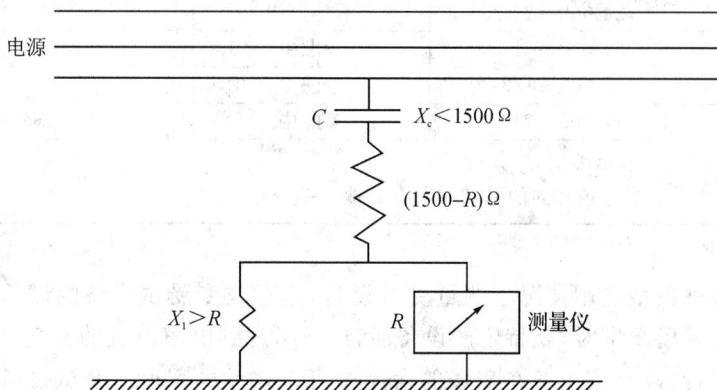

图 7-1　电源骚扰电压的测量电路

（4）天线

低于 30MHz 频段，使用 CISPR16-1 规定的环形天线。天线应支承在一个垂直平面内，并能环绕垂直轴线旋转，环的最低点应高出地面 1m。

在 30MHz～1GHz 频段，使用 CISPR16-1 规定的天线，并在水平及垂直极化方向上进行测量，天线的最低点距地面不应小于 0.2m。

在试验场测量，天线中心应在 1m～4m 高度变化，以便在每一个测量频率点获得最大指示值。在现场测量，天线中心应固定在地面以上 2.0m±0.2m 的高度，只要测量结果与平衡偶极子天线测量结果之间的差值在 ±2dB 以内，也可使用其他型式天线。

在 1GHz 以上测量，应使用 CISPR16-1 规定的天线。

（5）模拟手

为了模拟使用者手的感应，当手持式设备进行电源端子骚扰电压测量时，需要用模拟手。

模拟手由一个 RC 单元及与其 M 端连接的金属箔组成。如图 7-2 其一端接金属箔，另一端接测量系统的参考地（见 CIS-PR16-1）。模拟手的 RC 单元可以安装在人工电源网络的箱体内。

3. 频率测量

对于基频采用表 7-1 指配频段中某一频率的设备，应该采用固有测量误差不大于该频段中心频率允许偏差十分之一的测量设备检查其工作频率，并且在设备所有负载范围内从正常使用时的最小功率直到最大功率测量该频率。

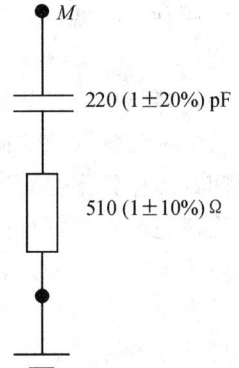

M

220 (1±20%) pF

510 (1±10%) Ω

图 7-2 模拟手的 RC 单元

表 7-1 工科医设备使用的基波频率[a]

中心频率/MHz	频率范围/MHz	最大辐射限值[b]	对 ITU 无线电规则的指配频率表作出的脚注编号
6.780	6.765～6.795	考虑中	S5.138
13.560	13.553～ 3.567	不受限制	S5.150
27.120	26.957～27.283	不受限制	S5.150
40.680	40.66～40.70	不受限制	S5.150
2 450	2400～2500	不受限制	S5.150
5 800	5725～5875	不受限制	S5.150
24 125	24 000～24 250	不受限制	S5.150
61 250	61 000～61 500	考虑中	S5.150
122 500	122 000～123 000	考虑中	S5.138
245 000	244 000～246 000	考虑中	S5.138

注：a. 表中采用 ITU 无线电规则第 63 号决议
　　b. "不受限制"适用于指配频段内的基波和所有其他频率分量。

（1）受试设备的布置

应在符合各种典型应用情况下测量受试设备，通过改变受试设备的试验布置来获得骚扰电平最大值。现场测量时，就特定的设备而言，要考虑到电缆位置的改变和在该设备内不同部件的独立运行，以及该设备在现场的房屋内可以移动的程度。受试设备的布置状况应准确地记录在试验报告中。

①互连电缆

互连电缆的型号和长度应该和单个设备技术要求中的规定一致。如果电缆长度可以改变，则在进行场强测量时应选择能产生最大辐射的长度。如果试验中要采用屏蔽电缆或特种电缆，则应在使用说明书中明确规定。

除由制造厂提供的信号线外，对于 1 组便携式试验和测量设备，或拟用于实验室并由持证人员操作的设备，在进行射频发射测量时，不需要接信号线。如信号发生器，逻辑分析仪及频谱分析仪。

进行电源端子骚扰电压测量时，电缆的超长部分应在接近其中点处将它捆成 0.3m～0.4m 长度的线束。如果不能这样做，则应在试验报告中详细说明电缆多余长度的布置情况。

在有多个同类型接口的地方，如果增加电缆数量并不会明显影响测量结果，则只要用一根电缆接到该类接口之一即可。

任何一组测量结果都应附有电缆和设备位置的完整说明，以使这种测量结果能够重现。如果有使用条件，则应作出规定，编入使用说明书中以作备用。假如某一设备能分别执行若干个功能，则该设备在执行每一功能时，都应进行试验。对于由若干不同类型设备组成的系统，每类设备中至少有一个应包括在评价中。

系统如包含若干个相同的设备，则只要评价其中一个设备。若最初评价符合要求，就不需要再作进一步的评价。在评价与其他设备相连构成系统的设备时，可以用别的设备或模拟器来代表整个系统进行评价。

②试验场供电电网的连接

在试验场测量时应尽可能使用 V 形网络，并应使其最接近受试设备的表面与受试设备的边界之间的最短距离不小于 0.8m。制造厂提供的电源软线，其长度应为 1m。如果超过 1m，超长部分的电缆应来回折叠成不超过 0.4m 长的线束。试验场应提供额定电压的电源。制造厂在安装使用说明书中对电源电缆作出规定时，则在受试设备和 V 形网络之间应该用 1m 长的规定型号的电缆连接。

为了安全目的需要接地时，接地线应接在 V 形网络的参考接地点上。当制造厂没有另外提供或规定连接时，接地线长度应为 1m，并与受试设备电源线平行敷设，其间距不大于 0.1m。由制造厂规定或提供用作安全接地并连在同一端子上的其他（例如为 EMC 目的）接地线，也应接到 V 形网络的参考接地点。

如果受试系统由几个单元组成，且每个单元都具有自身电源线，V 形网络的连接点按下列规则确定：

（ⅰ）端接标准电源插头（符合 GB1002）的每根电源电缆都应分别测量。

（ⅱ）需连接到系统中另一单元取得供电电源且制造厂未作规定的电源电缆或端子都应分别测量。

（ⅲ）由制造厂规定须从系统中某一单元取得供电电源的电源电缆或端子都应接至该单元，而该单元的电源电缆或端子要接至 V 形网络。

（ⅳ）规定特殊连接的场合，在评价受试设备时应使用实现连接所必需的硬件。

（2）受试设备的负载条件

受试设备的负载条件应符合以下要求，对于下面未包括的设备，要在能产生最大骚扰的状态下运行，并按照设备使用说明书中规定的正常操作程序。

①医疗设备

（ⅰ）使用频率为 0.15MHz～300MHz 的治疗设备：所有的测量均应在设备使用说明书中规定的运行条件下进行，给设备施加负载所用的输出电路随所用电极的性质而定。

对于电容型设备，应使用模拟负载进行测量，其总体布置如图 7-3 所示。模拟负载应是电阻性的，并应能吸收受试设备的额定最大输出功率。模拟负载的两个端子应设在负载相对的两头，各自连到一个直径为 170mm±10mm 的圆形金属板上。

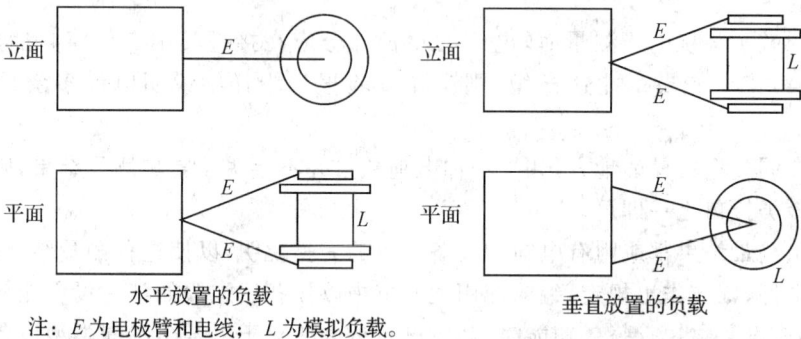

注：E 为电极臂和电线；L 为模拟负载。

图 7-3　电容式医疗设备及模拟负载的布置

应对设备提供的每根电缆和容性电极进行测量，容性电极平行地设置在模拟负载圆形金属板两端，调节电极与金属板之间的间隙，使模拟负载中产生适当的功耗，并在模拟负载处于水平和垂直两种状态（见图 7-3）下进行测量。在测量电磁辐射骚扰时，每种情况下受试设备连同输出电缆、容性电极和模拟负载都应沿着它的垂直轴线转动，以便能测出其最大值。

对于电感型设备，应使用随受试设备提供给患者治疗用的电缆和线圈进行测量。试验负载应该是一个由绝缘材料制成的垂直管形容器，其直径为 10cm，容器内充以 50cm 高的溶液，溶液的配比是 1000mL 蒸馏水中含食盐 9g。容器应放在线圈内，并使容器的轴线和线圈的轴线重合，线圈的中心和液体负载的中心也重合。同时，应该在最大功率和二分之一最大功率两种工况下进行测量，如果输出电路可以调谐，则应以受试设备基波频率调谐到谐振状态。全部测试工作应该在受试设备使用说明书中规定的运行条件下进行。

（ⅱ）使用频率高于 300MHz 的超高频和微波治疗设备：首先需要将受试设备的输出电路接在一个负载电阻上进行测量。负载电阻的阻值要和接通负载用的电缆特性阻抗值相同。然后根据受试设备使用说明书的规定，对设备所提供的每个高频电极在各种可能的位置和方向上并在没有吸收介质的情况下进行测量。

（ⅲ）超声波治疗设备：应将换能器和发生器连接后进行测量，换能器应浸在充满蒸馏水、直径约为 10cm 的非金属容器内。同时，应在最大输出功率和二分之一最大输出功率两种工况下进行测量。如果输出电路可以调谐，则应先后在谐振和失谐状态下测量，测量中要考虑受试设备使用说明书中的技术规范。必要时设备的最大输出功率应按照 IEC61689 出版物规定的方法或由其衍生的方法进行测量。

②工业设备

对工业设备试验时，可以使用实际运行时的负载，也可以使用一个等效装置作为负载。

在需要提供水、煤气、空气等辅助设施的场合，应通过不短于 3m 的绝缘管子将这些设施与受试设备连接起来。在使用实际负载进行试验时,其电极和电缆等都应按其正常使用状态设置。应在最大输出功率和二分之一最大输出功率两种工况下进行测量。对于正常工作时输出功率接近于零或极小的受试设备,也应在这些状态下测量。

③科学设备、实验室设备和测量设备

这些设备都应在正常使用条件下进行测量。

④微波炊具

试验时,所有常规部件如支架等应安装就位。在由制造厂提供的受试电器承载面中央,以初始温度为 20℃±5℃ 的 1 升自来水作为负载,盛水容器由非导电材料如玻璃或塑料制成。例如,可使用 IEC60705 第 8 章规定的容器。

对高于 1GHz 的峰值测量,以受试设备(EUT)的方位每变化 30° 来进行测量(起始位置垂直于前门)。在这 12 个位置上,最大保持时间应为 20s,然后,在出现最大骚扰的位置上,最大保持时间为 2min,将测量结果与相应的限值作比较。

对高于 1GHz 的加权测量,要在峰值测量中出现最大骚扰的位置上进行测量,并且测量结果应是至少 5 次扫描中的最大值保持所得的结果。

在所有情况下,炉具的启动阶段(几秒钟)忽略不计。

⑤1GHz～18GHz 频段的其他设备

测试时,在一个非导电容器内盛以一定量的自来水作为模拟负载。容器的尺寸、形状、放在受试设备中的位置和水量,应按照被检验的特性所要求产生的最大功率传输、频率变化或谐波辐射等因素而改变。

⑥单区或多区感应炊具

每一个烹饪区中都带有一个搪瓷钢容器来运行,其中盛有其最大容量 80% 的自来水。容器应置于平板上有滚铣痕迹的地方。烹饪区应依次单独地运行。能量控制器调节在最大输入功率的设置上。容器的底部应是凹形的,并且在环境温度为 20℃±5℃ 时其底部偏离平面的凹度不超过其直径的 0.6%。每一个烹饪区的中心都应放置可使用的最小标准容器。应优先考虑制造厂说明书中的容器尺寸。

标准烹饪容器接触表面的尺寸为:110mm、145mm、180mm、210mm 或 300mm。

容器的材料:已经为铁磁容器制定了感应烹饪方法,为此,应使用搪瓷钢容器来进行测量。市场上有些容器是用有铁磁成分的合金材料制造的,这些容器可能影响容器位移传感电路。

⑦弧焊设备

测量时,弧焊设备用模拟的约定负载工作。弧焊设备的负载条件和测量布置见 IEC60974-10 中的规定。

7.3.2　试验场测量的特殊规定(9kHz～1GHz)

在试验场测量时应使用一个接地平面。受试设备与接地平面之间的关系要相当于实际使用状况,落地式受试设备放在接地平面上或用一块薄绝缘板隔开。便携式或其他非落地式受试设备应放在高出接地平面 0.8m 的非金属台上。辐射测量和端子骚扰电压测量要使用接地平面。对较大的商用微波炉必须确保测量结果不受近场效应的影响,GB/T16607 可作为参考指南。

1.电源端子骚扰电压的测量

电源端子骚扰电压的测量可按下列规定进行:

(1)在辐射试验场上测量时,受试设备应具有和辐射测量时相同的线路接线配置。

(2)受试设备应处在比其边界周围至少扩展0.5m、且最小尺寸为2m×2m的金属接地平面的上方。

(3)在屏蔽室内测量时,可用地面或屏蔽室的任意一壁作为接地平面。

当试验场具有金属接地平面时应选用(1)。对于(2)、(3)两种情况下,非落地式受试设备应放在离接地平面0.4m高处。落地式受试设备应放在接地平面上,接触点应与接地平面绝缘但在其他方面应与正常使用时一致。所有受试设备离开其他金属表面的距离应大于0.8m。

V形网络的参考接地端应使用尽量短的导线接至接地平面上。电源电缆和信号电缆相对于接地平面的走线情况应与实际使用情况等效,并应十分小心地布置电缆,以免造成假响应效应。当受试设备装有专门的接地端子时,应该用尽量短的导线接地。无接地端子时,设备应在正常连接方式下进行试验,即从电源上取得接地。

正常工作时无接地的手持式设备应用模拟手进行附加测量。模拟手只适用于把手、手柄和生产厂指定采用的部位。

覆盖油漆的金属件被认为是裸露的金属件,应直接与 RC 单元的 M 端连接。当受试设备罩壳全部为金属时,不需要金属箔,RC 单元的 M 端直接接到设备壳体上。当设备的罩壳为绝缘材料时,金属箔围绕手柄包裹。当设备的罩壳部分为金属、部分为绝缘材料,且手柄为绝缘材料时,金属箔应围绕手柄包裹。

2.辐射试验场(9kHz~1GHz)

用于 ISM 设备的辐射试验场应是一个地势平坦,无架空线,附近无反射结构物,且足够大的场地。使天线、受试设备和反射结构物之间有足够的距离。

满足上述要求的辐射试验场应是一个椭圆场地。其长轴等于两倍的焦距,其短轴等于$\sqrt{3}$倍的焦距。受试设备和测量天线分别处在两个焦点上。这样,从试验场周界上任一物体反射过来的任何反射波的路径长度将是两焦点间直射波路径长度的两倍。该辐射试验场见图 7-4。

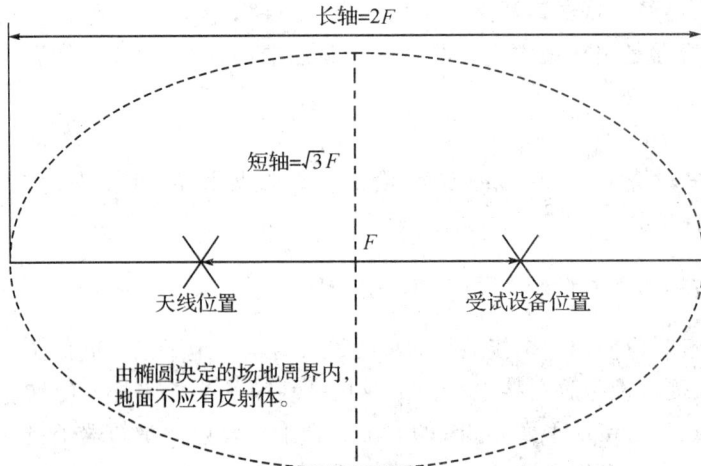

长轴=2F

短轴=$\sqrt{3}F$

F

天线位置　　　　　　　　受试设备位置

由椭圆决定的场地周界内,
地面不应有反射体。

注:F 为焦距

图 7-4　辐射试验场

对于 10m 试验场,应在自然的地平面上增设一个金属的接地平面,其一端应比受试设备的边界至少扩展出 1m,其另一端应比测量天线及其支架边界至少扩展出 1m(见图 7-5)。接地平面应无间隙或对 1GHz 来说平面上不允许有尺寸超过 0.11(约 30mm)的孔。

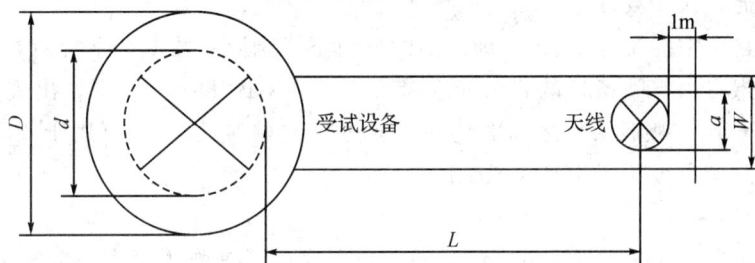

注:图中 $D=(d+2)$m,d 是最大受试设备尺寸;$W=(a+2)$m;a 是最大天线的尺寸;$L=10$m。

图 7-5　金属接地平面的最小尺寸

(1)辐射试验场的校准与确认(9kHz~1GHz)

见 CISPR16-1 关于试验场的有效性。

(2)受试设备的布置(9kHz~1GHz)

如果可能,应将受试设备放在转台上,受试设备和测量天线的距离应为测量天线与受试设备转一周时的最近部位的水平距离。

(3)辐射测量(9kHz~1GHz)

天线和受试设备(EUT)之间的距离应符合第 3.2.4 节的规定。若因为环境噪声电平或其他原因而不能在规定的距离上进行场强测量,则可在更近的距离上测量。这时应在试验报告中记录该距离及测量情况。为了确定合格与否,应采用每 10 倍距离按 20dB 的反比因子将测量数据归一化到规定的距离上,在 3m 距离测量大试品要注意频率接近 30MHz 时近场效应的影响。

对于放置在转台上的受试设备,测量天线处在水平和垂直极化两种状态下,转台都应在所有角度上旋转。应在每个测量频率上记录其辐射骚扰的最高电平。

对于不放置在转台上的受试设备,在水平和垂直极化两种状态下,测量天线应放置在各个不同的方位角上。要注意应在最大辐射方向进行测量,并在每个测量频率上记录其辐射骚扰的最高电平。

3.替代辐射试验场(30MHz~1GHz)

可以在不具有第 3.2.4 节所述物理特性的试验场进行辐射测量,只要获得数据表明这个替代试验场将产生有效的测量结果。如果按照 CISPR16-1:1999 中 5.6.6.1 所进行的场地水平衰减和垂直衰减的测量结果,是在 CISPR16-1:1999 中表 G1、表 G2 或表 G3 的场地衰减理论值的 ±4dB 以内,则在 30MHz~1GHz 频率范围内,可以接受这个替代辐射试验场进行辐射测量。

替代辐射试验场经校准确认后,在 30MHz~1GHz 频段内的测量距离,可允许依据第 3.2.4 节另外规定。

7.3.3　辐射测量(1GHz~18GHz)

1.试验布置

受试设备应放一个高度适当、并提供额定电压电源的转台上。

2.接收天线

应采用能分别测量辐射场的水平和垂直分量的小口径定向天线进行测量,天线中心离地高度和受试设备的近似辐射中心离地高度相同。接收天线和受试设备(EUT)间的距离为3m。

3.试验场的确认及校准

测量应在自由空间条件下进行,即地面的反射不影响测量数据。测量距离为3m。适宜的试验场的理想自由空间条件的容限尚在考虑中。在 GB/T6113.2 未作出规定之前,只要在受试设备(EUT)和接收天线之间的地面上放置吸波材料,已确认可用于 30MHz~1GHz 场强测量的试验场也可用于 1GHz 以上的场强测量。

4.测量程序

GB/T6113.2 规定的 1GHz 以上的一般测量程序可考虑作为指南。应将天线分别处在水平和垂直极化两种状态下进行测量,并使受试设备随转台旋转。应确保在切断受试设备电源时,背景噪声电平应比相应的限值至少低 10dB,否则读数可能会受到环境的很大影响。

1GHz 以上的峰值测量值(限值见表 7-2 或表 7-3),应是频谱分析仪采用最大值保持方式的测量结果。1GHz 以上的加权测量值(限值见表 7-4),应是频谱分析仪采用最大值保持方式的测量结果,并且频谱分析仪应工作在对数方式(显示的值为 dB)。

表 7-2   工作频率在 400MHz 以上,产生连续骚扰的 2 组 B 类工科医设备的电磁辐射骚扰 A 值限值

频率/GHz	场强/dB(μV/m),测量距离 3m
1~2.4	70
2.5~5.725	70
5.875~18	70

注:1.为了保护无线电业务,国家有关部门可能要求满足更低的限值。

2.峰值测量采用 1MHz 分辨率带宽和不小于 1MHz 的视频信号带宽。

表 7-3   工作频率在 400MHz 以上,产生波动连续骚扰的 2 组 B 类工科医设备的电磁辐射骚扰峰值限值

频率/GHz	场强/dB(μV/m),测量距离 3m
1~2.3	92
2.3~2.4	110
2.5~5.725	92
5.875~11.7	92
11.7~12.7	73
12.7~18	92

注:1.为了保护无线电业务,国家有关部门可能要求满足更低的限值。

2.峰值测量采用 1MHz 分辨率带宽和不小于 1MHz 的视频信号带宽。

3.本表限值已考虑到波动骚扰源,如磁控管驱动的微波炉。

表 7-4   工作频率在 400MHz 以上,2 组 B 类工科医设备的电磁辐射骚扰加权限值

频率/GHz	场强/dB(μV/m),测量距离 3m
1~2.4	60
2.5~5.725	60
5.875~18	60

注:1.为了保护无线电业务,国家有关部门可能要求满足更低的限值。

2.加权测量采用 1MHz 分辨率带宽和 10Hz 的视频信号带宽。

3.为了检验本表限值,只需环绕 2 个中心频率进行测量:一个在 1005MHz~2395MHz 频段的最大发射,另一个于 2505MHz~17995MHz(在 5720MHz~5880MHz 频率除外)的最大峰值发射。在这两个中心频率之内用频谱分析仪以 10MHz 间距进行测量。

7.3.4 现场测量

不在辐射试验场测量的设备,可将设备在用户辖区内安装后进行测量,应在安装设备的建筑物的外墙外,以 7.2 小节规定的测量距离进行测量。

应在实际可能的情况下选取尽量多的测量点,至少应在正交的四个方向上测量,还应在任何可能对无线电系统产生有害影响的方向上进行测量。

7.3.5 存在无线电发射信号时辐射骚扰的测量

对于工作频率稳定,在准峰值检波接收机上测得的读数变化不大于 0.5dB 的受试设备,其辐射骚扰电场强度可相当准确地按下式求得:

$$E_g^{1.1} = E_t^{1.1} - E_s^{1.1}$$

式中,E_g 为被测辐射骚扰值,单位为微伏每米($\mu V/m$);E_t 为测得的电场强度值,单位为微伏每米($\mu V/m$);E_s 为无线电发射信号电场强度,单位为微伏每米($\mu V/m$)。

已证明,当无用信号 E_s 来自调幅或调频的声音和电视发射,而且其总幅度不高于被测辐射骚扰 E_R 的两倍时,上式是有效的。

除在不可能避免无线电发射机骚扰效应的场合外,要尽量限制使用本公式。如果被测辐射骚扰的频率是不稳定的,则应使用全景接收机或频谱分析仪,这时本公式不适用。

7.4 案例分析

7.4.1 评价实例

1.感应加热设备

GP200-C3 感应加热设备是一种先进的直接加热设备,可广泛用于各种金属的热处理,对各种形状复杂的钢和铸铁零件(中小模数齿轮、机床导轨、链轮、轮轴等)进行表面淬火,其主要技术参数见表 7-5。

表 7-5 GP200-C3 感应加热设备情况以及技术参数

设备名称	设备型号	输出功率	振荡频率	设备体积/mm³
感应加热设备	GP200-C3 型	约 150kW	200～250kHz	2800×1400×2000

根据 GP200-C3 感应加热设备的技术参数表,本设备的发射频段为 200kHz～250kHz,输出功率为 150kW。感应加热设备工作时是通过电能转换成磁能,再转换成热能实现的。其基本工艺流程如图 7-6 所示。

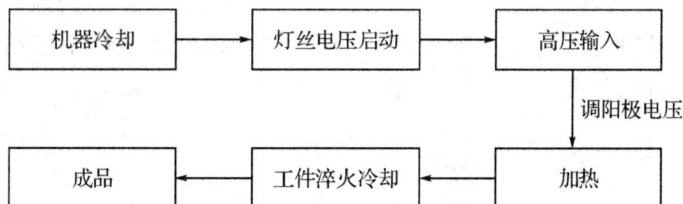

图 7-6 GP200-C3 感应加热设备基本工艺流程

由 GP200-C3 感应加热设备的工作原理可知,电磁波随机器的开、关而产生和消失。GP200-C3 感应加热设备只有在开机并处于工作状态时(待机和加热状态)才会发出电磁波。GP200-C3 感应加热设备的主要部件有振荡器柜和电源柜,该振荡器柜在设计、制造时已采取了较好屏蔽措施,即金属机箱,并且设备运行时无法打开机箱门窗。感应加热设备运行时主要向周围环境发射频段范围为 200kHz～250kHz 的电磁波,由电磁波的传输特性可知,天线发射的电磁波强度将随距离的增加而大大减小。因此,项目污染因子为 GP200-C3 感应加热设备加热状态时产生的频率范围 200kHz～250kHz 的电磁波。

由于感应加热设备在正常运行工况下分别存在待机时和加热时两种情况,而且其中加热时间不会超过 10 秒钟,期间产生的电磁波为脉冲电磁波,因此根据《电磁辐射防护规定》(GB8702-88)及《电磁辐射环境影响评价方法和标准》(HJ/T10.3-1996)的规定,应分别评价待机时和加热时两种情况下的电磁辐射环境影响。

图 7-7　感应加热设备现场

2. 直流电弧炉

直流电弧炉炼钢是靠电极(一般为石墨)和炉料(废钢)间放电产生的电弧,使电能在弧光中转变为热能,并借助热辐射和电弧的直接作用加热并熔化金属和炉渣,冶炼出各种成分的钢和合金的一种炼钢方法。

直流电弧炉的设备主要由电源设备、控制设备以及大电流线路、炉体及其弧形架机构、炉盖及其提升与旋转机构、电极升降机构、炉底导电电极系统、液压系统和冷却水及压缩空气系统等几部分组成,其设备构成如图 7-8 所示。

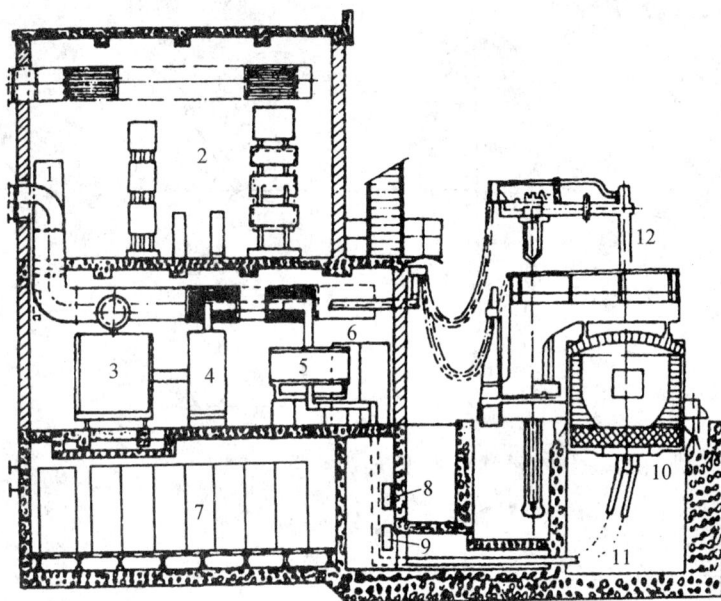

1—高压开关；2—滤波器；3—主变压器；4—整流电源；5—电抗器；6—控制器；7—炉用低压开关柜；
8——号风机；9—二号风机；10—底电极；11—二次导体；12—石墨电极

图 7-8　直流电弧炉设备构成

国内现有 100t 直流电弧炉的情况，其炉壳直径一般在 6.5m 左右，采用一根（或 2-3 根）石墨电极作为启电弧的负极，出钢量 120t，单台直流电弧炉配置的变压器容量在 40～50MVA，一次电压 35kV，二次电压（供给直流电弧炉电极的电压）0.4～0.8kV。

在直流电弧炉启弧至熄弧时段内，炉底电极和石墨电极间有几十千安至上百千安的直流电通过，在其附近形成似稳磁场，可能对周围环境造成电磁辐射影响。由于供给直流电弧炉电极的电压较低（低于 1kV），故其产生的似稳电场的强度很小，其影响可不予考虑。电弧可产生杂乱的无线电波向外辐射，产生无线电干扰，但由于直流电弧炉所在车间为全钢结构，外覆瓦楞钢板，电弧产生的无线电干扰能被良好地屏蔽，故车间外的无线电干扰现场测量值较小。

表 7-6　典型直流电弧炉设备参数

电弧炉名称	进口	国产
出钢量	100t	80t
石墨电极	1～3 根	1 根
供电电压	0.4～0.8kV	0.8kV
供电电流	几十 kA	40kA 左右

直流电弧炉无线电干扰类比测量仪器采用 RR2B 干扰场强仪。

直流电弧炉产生的似稳磁场预测采用理论计算方法，直流电弧炉电流回路可以近似为一载流圆线圈，如图 7-9 所示。

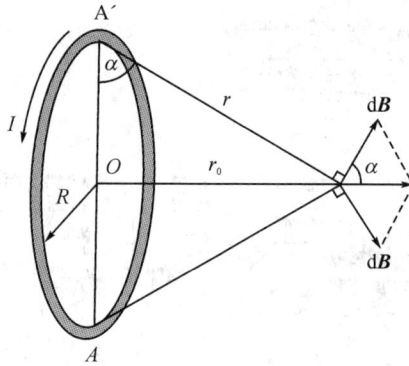

图 7-9　计算载流圆线圈轴线上磁场分布

计算载流圆线圈轴线上的磁感应强度 B 为：

$$B = \oint \mathrm{d}B\cos\alpha \tag{7-1}$$

根据毕奥—萨伐尔定律，

$$\mathrm{d}B = \frac{\mu_0}{4\pi} \frac{I\,\mathrm{d}l}{r^2}\sin\theta \tag{7-2}$$

对于轴上的某点 P，$\theta = \frac{\pi}{2}$，$\sin\theta = 1$。令 r_0 为点 P 到圆心的距离，则

$$r_0 = r\sin\alpha, \cos\alpha = \frac{R}{\sqrt{R^2 + r_0^2}}, \quad \sin\alpha = \frac{r_0}{\sqrt{R^2 + r_0^2}}, \quad \oint \mathrm{d}l = 2\pi R,$$

$$B = \oint \mathrm{d}B\cos\alpha = \frac{\mu_0}{4\pi}\frac{I}{r_0^2}\sin^2\alpha\cos\alpha\oint \mathrm{d}l = \frac{\mu_0}{2}\frac{R^2 I}{(R^2 + r_0^2)^{3/2}} \tag{7-3}$$

$$H = \frac{B}{\mu_0} = \frac{R^2 I}{2(R^2 + r_0^2)^{3/2}} \tag{7-4}$$

由式(7-4)计算离电弧炉一定距离处的似稳磁场的强度。直流电弧炉设备事故的发生原因主要由短路或雷电产生，它将导致线路的过电流或过电压。在电弧炉内设置了一套完备的防止系统过载的自动保护系统及良好的接地，当高压输变电系统的电压或电流超出正常运行的范围，上述自动保护系统将在几十毫秒时间内使电闸刀跳闸，实现事故线路断电。

3. 核磁共振仪

（1）工作原理

磁共振成像（Magnetic Resonance Imaging，MRI）是在核磁共振波谱学的基础上建立起来的。磁共振成像指处于某个静磁场中的物质的原子核系统受到相应频率的电磁波作用时，在它们的磁能级之间发生的共振跃迁现象。即人体内的氢质子在一定静磁场和射频场的作用下，所产生的氢质子核磁共振信号，经过数字处理，重建以磁共振信号强度为基础的图像。磁共振影像系统就是利用上述原理进行医学诊断的仪器。

（2）设备组成

该设备的主要组成部分为产生静磁场的部件和产生射频的部件。辅助设备有机架、检查床，计算机控制系统等。

（3）操作流程

扫描前明确检查重点和范围后，确定扫描方式，调节射频频率、脉冲宽度、使用线圈、扫描层厚、扫描间隔、脉冲序列等，开机扫描，图像记录。

(4)污染因子

磁共振产生静磁场的部件一般采用超导磁体,磁场强度稳定。由于磁共振仪设备采取了自屏蔽措施,因此周围环境的静磁场强度衰减较快。核磁共振仪运行时发出的射频将向周围环境产生电磁辐射。所以,该设备的污染因子为静磁场和射频电磁波。

核磁共振仪系统静磁场的磁感应强度一般不大于 1.5T(15000 高斯)。该设备造成的电磁辐射环境影响是随机器的开、关而产生和消除。据文献报道,短时期内,在高达 2T(20000 高斯)的静磁场中照射不会对人员产生有损健康的效应。因此本项目核磁共振影像系统不大于 1.5T 的静磁场对人员不产生明显的损害。但是静磁场会干扰其他仪器的正常工作,例如心脏起搏器、生物刺激仪和神经刺激器要求小于 1~5 高斯的工作环境,因此,磁共振影像系统机房的设计必须将 5 高斯等磁感应强度线限制在室内范围。

磁共振影像系统的射频频率一般在 30~150MHz,属于超高频范围(30~300MHz)。建设单位应委托有资质的辐射屏蔽设计单位进行屏蔽设计。通常用几毫米厚的铜板对机房进行六面整体"封闭",以屏蔽射频电磁波。利用金属材料对高频电磁波进行屏蔽是一种有效的手段,从理论上计算,标准材料(铜、铝、钢)的薄片,其厚度为 0.05mm 即有大于 100dB 的衰减作用。整体封闭技术的实施,应特别注意裂隙及门缝处的漏泄。电磁监测点位的布设主要考虑电磁辐射有可能泄漏处及人员经常活动的场所。

4. 高频淬火炉

当感应器中通入一定频率的交变电流时,周围即产生交变磁场。交变磁场的电磁感应作用使工件内产生封闭的感应电流——涡流。感应电流在工件截面上的分布很不均匀,工件表层电流密度很高,向内逐渐减少,产生集肤效应。工件表层高密度电流的电能转变为热能,使表层的温度升高,即实现表面加热。高频淬火原理如图 7-10 所示。

根据工件要求的加热层深度不同,首先选择合适的设备功率和能输出适宜频率的交变电流的电源设备,将工件放进通有一定频率电流的感应器中,工件表层高密度电流的电能转化为热能,在加热层温度超过钢的临界点温度后迅速冷却,即可实现表面淬火。

本设备通过一个大功率的电子管振荡器,把 50Hz 的工频电流转换为 200~250kHz 的高频电流,这个高频电流在淬火感应圈里形成强大的场强,使周围环境电磁辐射综合场强与磁感应强度增高。

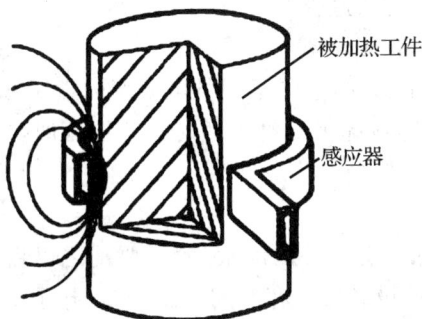

被加热工件
感应器

图 7-10　高频淬火炉

5. 磁粉探伤机

将待测物体置于强磁场中或通以大电流使之磁化,若物体表面或表面附近有缺陷(裂纹、折叠、夹杂物等)存在,由于它们是非铁磁性的,对磁力线通过的阻力很大,磁力线在这些缺陷附近会产生漏磁。当将导磁性良好的磁粉（通常为磁性氧化铁粉）施加在物体上时，缺陷附近的漏磁场就会吸住磁粉，堆集形成可见的磁粉痕迹，从而把缺陷显示出来。磁粉探伤机的工作原理见图 7-11。

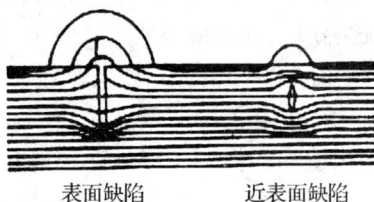

表面缺陷　　　　近表面缺陷

图 7-11　磁粉探伤机

将工件置于强磁场中或通以大电流使之磁化，如果工件的磁性是均匀一致的，磁化后的磁力线是平行的、不应该变化的，相反地，如果工件中存在某种缺陷，缺陷部位会产生一些弱的磁极，当磁粉喷洒在工件表面时，就能显示出缺陷来。对剩磁有影响的一些工件，经磁粉探伤后还需要退磁和清洗。

磁粉探伤机是通过大电流使之磁化，从而显示出工件缺陷来，强电流通过时，在其附近形成工频磁场，可能会影响周围环境。由于使用的磁粉探伤机在 0～380V 电压下工作，所以该设备产生的工频（50Hz）电场影响可以忽略不计。

7.5　防护措施

ISM 设备种类很多，其防护措施也各有差异。即使同一类型的设备，也可以采用不同的防护措施，概括起来有以下几种防护措施。

1. 远距离操作

在理想条件下，其电场强度与场源的距离的立方成反比，磁场强度与场源的距离的平方成反比。因为近场情况比较复杂，上述关系是不存在的。但从实际测试结果来看，辐射场强随距离的加大而迅速衰减。如果条件允许的话，实行远距离操作或者开机后适当离 ISM 设备远些，就能减少受电磁波辐射的危害。

2. 对 ISM 设备采用屏蔽措施

这是目前一种比较普遍的做法，它是运用低电阻率的金属材料（或非金属的导电材料），将产生有害的电磁感应部位屏蔽起来。对于暂时无法屏蔽时，也可以在辐射较强的区域用铜丝或铜板加以阻挡。

3. 接地

为了减少辐射的场强，除了有良好的屏蔽外，还要辅之以良好的高频接地，才能提高屏蔽效能，减少辐射。目前 ISM 设备接地存在问题比较多，除了上面提到的问题外，有的 ISM 设备屏蔽体虽有高频接地，但接地电阻太大，有的接地电阻高达 20Ω。这样，置于近场区中的屏蔽体上不但有电磁感应产生涡流，而且存在大量感应电荷，引起严重的二次辐射现象。屏蔽体接地的目的就是把积聚起来的感应电荷泄入大地，从而降低该点的电场强度。

4. 滤波

由 ISM 设备电源馈线传导电流的实际测试结果可知，某些 ISM 设备电源馈线的传导电流量级很大。通过电源线向外辐射电磁波造成空间场强的增加,还有可能对电视和通信造成干扰。为了减少这一有害的辐射,需要加高频滤波器滤波进行抑制。

　　5.个人防护

　　可考虑穿着用镀金属的导电布或微波、高频两用防护布料制作的屏蔽服并戴防护眼镜。使用时,需将屏蔽服的接地端用拖线接地,以确保屏蔽效果。

7.6　附录 A:高灵敏业务频段

频率/MHz	分配/应用
13.36～13.41	射电天文
25.5～25.67	射电天文
29.3～29.55	卫星下行线路
37.5～38.25	射电天文
73～74.6	射电天文
137～138	卫星下行线路
145.8～146	卫星下行线路
149.9～150.05	无线电导航卫星下行线路
240～285	卫星下行线路
322～328.6	射电天文
400.05～400.15	标准频率和时间信号
400.15～402	卫星下行线路
402～406	402.5MHz 卫星上行线路
406.1～410	射电天文
435～438	卫星下行线路
608～614	射电天文
1215～1240	卫星下行线路
1260～1270	卫星上行线路
1350～1400	中性氢谱线的观察(射电天文)
1400～1427	射电天文
1435～1530	航空飞行测试遥测技术
1530～1559	卫星下行线路
1559～1610	卫星下行线路
1610.6～1613.8	"氢氧基"谱线的观察(射电天文)
1660～1710	(1660～1668.4)MHz:射电天文 (1668.4～1670)MHz:射电天文和无线电探空仪 (1670～1710)MHz:卫星下行系统和无线电探空仪
1718.8～1722.2	射电天文
2200～2300	卫星下行线路
2310～2390	航空飞行测试遥测技术
2655～2900	(2655～2690)MHz:射电天文和卫星下行线路 (2690～2700)MHz:射电天文
3260～3267	光谱线观察(射电天文)
3332～3339	光谱线观察(射电天文)
3345.8～3358	光谱线观察(射电天文)

续表

频率/MHz	分配/应用
3400~3410	卫星下行线路
3600~4200	卫星下行线路
4500~5250	(4500~4800)MHz:卫星下行线路 (4800~5000)MHz:射电天文 (5000~5250)MHz:航空无线电导航
4500~5250	卫星下行线路
7250~7750	卫星下行线路
8025~8500	卫星下行线路
10450~10500	卫星下行线路
10600~12700	(10.6~10.7)GHz:射电天文 (10.7~12.2)GHz:卫星下行线路 (12.2~12.7)GHz:直接广播卫星
14470~14500	光谱线观察(射电天文)
15350~15400	射电天文
17700~21400	卫星下行线路
21400~22000	广播卫星(1区和2区)
22010~23120	(22.01~22.5)GHz:射电天文 (22.5~23.0)GHz:广播卫星(1区) (22.81~22.8)GHz:也是射电天文 (23.0~23.07)GHz:固定的/卫星间的/可移动的(用于填充频带之间的间隙) (23.07~23.12)GHz:射电天文
23600~24000	射电天文
31200~31800	射电天文
36430~36500	射电天文
38600~4000	射电天文
400GHz以上	100GHz以上许多频段被指定用于射电天文,卫星下行线路等。

7.7　附录 B:使用频谱分析仪的注意事项

大多数频谱分析仪没有射频预选特性,输入信号直接进入宽带混频器,并外差成合适的中频信号。微波频谱分析仪都带有射频跟踪预选器,能自动跟踪接收机的扫描频率,这些分析仪在很大程度上克服了试图用一般仪器来测量谐波和假响应发射幅度时在其输入电路上会产生谐波和假响应的缺点。

在有强信号情况下测量弱骚扰信号时,为了保护频谱分析仪的输入电路免受损坏,应在输入电路中,加上一个针对该强信号频率至少有 30dB 衰减的滤波器。对于不同的测量频率而言,可能就要有很多这样的滤波器。

很多微波频谱分析仪是用其本机振荡器的各次谐波来覆盖其各个调谐频段。如果没有射频预选器,这样的分析仪就会显示出假信号和谐波信号,这就很难确定所显示的信号是实际被测频率的信号还是仪器内部产生的假信号。

很多炉灶、透热医疗设备和微波工科医设备直接采用从交流电网整流后不经过滤波的电源。因而其发射波可能同时被进行幅度调制和频率调制。这种附加的调幅波和调频波是由炉灶内使用的搅动装置的运动而引起的。

这些发射波的谱线分量接近于 1Hz(由该炉灶的搅动装置调制产生)和 50Hz 或 60Hz (由电网频率调制产生)。考虑到其载波频率一般很不稳定,无法区分这些谱线分量,实际上选择分析仪的带宽大于谱线分量的频率间隔,以显示真实频谱的包络(但通常和频谱包络的宽度关系很小)。

当分析仪的带宽达到足以包含几个邻近谱线的宽度时,指示出的峰值便随着带宽的增加而增加,直到分析仪的带宽达到和信号频谱的宽度可以比拟的程度。所以在测量加热器和医疗装置等设备的典型发射时,为了比较不同分析仪所显示的幅度,必须在测量所用的带宽上取得一致。

如前所述,许多炉灶的辐射,其调制频率可低至 1Hz,可以观察到的频谱包络线是不规则的,除非扫描频率低于调制的最低频率分量,否则每次扫描显示的波形都在变化。

为了研究辐射特性,完成一次扫描所需的合适时间可能至少要 10s。对于这样低的扫描速率,除非使用适当的存储装置否则是无法用眼睛观察的。可采用存储型阴极射线示波器、照相机或图像记录装置等作为存储装置。有人试图用移去或停止炉灶里搅动装置的方法来提高有用场扫描频率,然而,这种方法并不令人满意,因为发现辐射幅度、频率和频谱形状是随着搅动装置的位置而变化的。

凡用准峰值检波器(符合 30MHz～1GHz 频段内各项性能要求的)接在分析仪上不能记录到的瞬态干扰峰值,则该频谱分析仪上也不应记录到这些瞬态干扰峰值。

参考文献

[1]　GB4824-2004.工业、科学和医疗(ISM)射频设备电磁骚扰特性限值和测量方法[S].

[2]　龚增.工业、科学、医疗射频设备分技术委员会无线电干扰国际标准化工作的最新动态[J].标准与应用,2003(3):20—22.

[3]　王豨.射频辐射对人体健康的影响及其防护[J].上海劳动保护技术,1998(4):21—23.

[4]　王庆斌等.电磁干扰与电磁兼容技术[M].北京:机械工业出版社,1999.

[5]　郑斯琦等.基于ISM操作性测试方法[J].计算机工程,2010,36(3):72—75.

[6]　王海青.电磁辐射环境分析与测量[J].环境技术,2001(2):13—19.

[7]　杜奔新.电磁辐射对人体的危害[J].安全,2007(8):60—63.

第8章　交通运输系统的电磁监测与评价

电气化铁路、磁悬浮列车在营运过程中,会带来不同程度的电磁环境影响。本章在对这2类交通运输系统的工作原理、电磁环境影响特性进行分析基础上,阐述了其电磁监测与评价方法。

8.1　设备工作原理

8.1.1　电气化铁路

和传统的蒸汽机车或内燃机车牵引列车运行的铁路不同,电气化铁路的牵引动力是电力机车,机车本身不带能源,所需能源由电力牵引供电系统提供。因此,电气化铁路主要由电力机车和牵引供电系统组成。牵引供电系统主要是指牵引变电所和接触网两大部分。电力机车、牵引变电所和接触网为电气化铁路的"三大元件"。变电所设在铁路附近,它对外围高压输电线送来的电能,送到铁路上空的接触网上。接触网是向电力机车直接输送电能的设备。牵引供电制式按接触网的电流制有直流制和交流制两种。

1.电力机车

电力机车从接触网上获取电能,接触网供给电力机车的电流有直流和交流两种。由于电流制不同,所用的电力机车也不一样,基本上可以分为直-直流电力机车、交-直流电力机车、交-直-交流电力机车三类。

直-直流电力机车采用直流制供电,牵引变电所内设有整流装置,它将三相交流电变成直流电后,再送到接触网上。因此,电力机车可直接从接触网上取得直流电供给直流串励牵引电动机使用,简化了机车上的设备。直流制的缺点是接触网的电压低,接触导线要求很粗,要消耗大量的有色金属,加大了建设投资。

交-直流电力机车采用交流制供电,目前世界上大多数国家都采用工频(50Hz)交流制,或25Hz低频交流制,把交流电变为直流电的任务在机车上完成。在这种供电制下,牵引变电所将三相交流电改变成25kV工业频率单相交流电后送到接触网上。但是在电力机车上采用的仍然是直流串励电动机(这种电动机最大优点是调速简单,只要改变电动机的端电压,就能很方便地在较大范围内实现对机车的调速。但是这种电机由于带有整流子,使制造和维修都很复杂,体积也较大)。由于接触网电压比直流制时提高了很多,接触导线的直径可以相对减小,减少了有色金属的消耗和建设投资。因此,工频交流制得到了广泛采用,我国及世界上绝大多数电力机车也是交-直流电力机车。

交-直-交流电力机车采用交流无整流子牵引电动机(即三相异步电动机),这种电动机在制造、性能、功能、体积、重量、成本、维护及可靠性等方面远比整流子电机优越得多。它之所以迟迟不能在电力机车上应用,主要原因是调速比较困难。这种机车具有优良的牵引能力,很有发展前途。德国制造的 E120 型电力机车就是这种机车。

2. 牵引供电系统

我国电气化铁路采用工频单相交流制。向电气化铁路供电的牵引供电系统由分布在铁路沿线的牵引变电所及沿铁路架设的接触网组成。牵引变电所、馈电线、接触网、受电弓(集电靴)、电力机车、钢轨与大地、回流线组成一个牵引闭合电路。

牵引变电所的功能是将三相的 110kV 高压交流电变换为两个单相 27.5kV 的交流电,然后向铁路上、下行两个方向的接触网(额定电压为 25kV)供电。轻轨、地铁等城市轨道交通一般采用直流供电。城市轨道交通中的变电所有三种类型:主变电所、牵引降压混合变电所、降压变电所。根据各城市电网的不同特点,可以设置主变电所,也可以不设。设置主变电所时,主变电所由 110kV 电网供电;不设置主变电所时,一般是牵引降压混合变电所由沿线城市电网引进 35kV(10kV)电源。世界各国城市轨道交通的供电电压大都在 DC600～1500V 之间。IEC(国际电工委员会)拟订的电压标准为:600V、750V 和 1500V 三种。我国标准规定为 DC750V 和 DC1500V 两种。

接触网是沿铁路线上空架设的向电力机车供电的特殊形式的输电线路,担负着把从牵引变电所获得的电能直接输送给电力机车使用的重要任务。接触网分为架空式接触网和第三轨(接触轨)式接触网。第三轨式接触网仅用于地铁与封闭的城市铁路和轻轨,电力机车通过集电靴向第三轨取电。架空式接触网除此还可用于铁路干线、城市地面电力牵引线路。电力机车利用车顶的受电弓从接触网获得电能,牵引列车运行。因此,接触线与受电弓之间的可靠接触,是保证电力机车良好取电的重要条件。接触线的高度、拉出值、导线坡度、定位器坡度、线岔、锚段关节、吊线等技术参数不符合要求,接触网的弹性不均匀,接触线上有硬点,在受电弓滑行范围内有低于接触导线的障碍物等都会影响受电弓取电。受电弓压力不正常,受电弓安装位置偏离轮距中心线,滑板不平滑或有缺陷、滑板和导角之间不能顺利过渡也会影响正常取电。受电弓滑板材质应与接触线材质配合,以便使接触线的磨耗与滑板的磨耗互相适应。一般铜接触线区段用碳滑板或铜基粉末冶金滑板,钢铝接触线区段用钢滑板。

3. 无线电通信系统

电气化铁路还会配套建设无线通信系统,无线通信系统在全线设立基站和无线移动交换机,车站和区间分别设置射频中继器、架设漏缆。无线射频信号利用光缆传输、车站再生中继放大及漏缆辐射,在站厅、停车场及车辆段则分别用室内和室外天线辐射。根据运行组织、业务管理需要,其工作区域及工作性质不同,无线通信系统分为 6 个无线通信作业系统:

(1)列车无线调度系统供列车调度员、司机、车站值班员、停车场(车辆段)信号楼值班员之间及车站值班员与站台值班员之间通信联络,满足列车运行需要。

(2)公共治安无线系统供公安调度员与车站公安值班员及公安外勤人员之间通信联络。维护日常和灾害时的车站秩序,确保乘客旅行安全。

(3)事故及防灾应急无线系统。供防灾调度员、车站防灾员、现场指挥人员及有关人员间通信联络,进行事故抢修及防灾救灾。

(4)停车场调车、检修无线系统。供停车场运转值班员、调车员、检修员间通信联络,进行列车调车与车辆站修和临修。

(5)车辆段调车、检修无线系统。供车辆段运转值班员、调车员、检修员间通信联络,进行车辆调车、车辆月修和定修。

(6)维修及施工无线系统。供机、工、电维修人员相互间通话联络,进行线路、设备维修及施工抢修。

8.1.2 磁悬浮列车

磁悬浮列车没有车轮、车轴、传动装置和滑触线，它是悬浮行驶的。一般铁路交通都离不开车轮和钢轨，而磁悬浮列车采用的却是相互不发生接触的电磁支撑、导向和驱动系统。磁悬浮的构想是由德国工程师赫尔曼·肯佩尔于 1922 年首先提出。磁悬浮列车包含有两项基本技术，一项是使列车悬浮起来的电磁系统，另一项是用于牵引的直线电动机。直线电动机的原理早在 18 世纪末就已经出现，形象地说，是把圆形旋转电机剖开并展成直线型的电机结构。它依靠铺在线路上的长定子线圈极性交错变化的电磁场，根据同极相斥异极相吸的原理进行牵引。在肯佩尔的主持下，经过较长的研究，德国于 1971 年造出了世界上第一台功能磁悬浮列车。磁悬浮列车按悬浮方式又分为常导型及超导型两种，常导型磁悬浮列车由车上常导电流产生电磁吸引力，吸引轨道下方的导磁体，使列车浮起。常导型技术比较简单，由于产生的电磁吸引力相对较小，列车悬浮高度只有 8 到 10 毫米，这种车以德国的 TR 型磁悬浮列车为代表。超导型磁悬浮列车由车上强大的超导电流产生极强的电磁场，可使列车悬浮高达 100 毫米。超导技术相当复杂，并需屏蔽发散的强磁场。这种车以日本山梨线的 MLX 型车为代表。

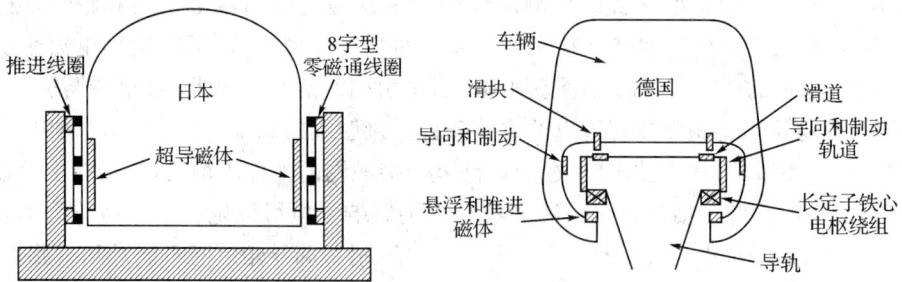

图 8-1 不同磁悬浮列车结构

磁悬浮列车主要由悬浮系统、推进系统和导向系统三大部分组成，见图 8-2。尽管可以使用与磁力无关的推进系统，但在目前的绝大部分设计中，这三部分的功能均由磁力来完成。下面分别对这三部分所采用的技术进行介绍。

图 8-2 磁悬浮列车主要部件

　　悬浮系统：目前悬浮系统的设计，可以分为两个方向，分别是德国所采用的常导型和日本所采用的超导型。从悬浮技术上讲就是电磁悬浮系统（EMS）和电力悬浮系统（EDS）。图8-3 给出了两种系统的结构差别。

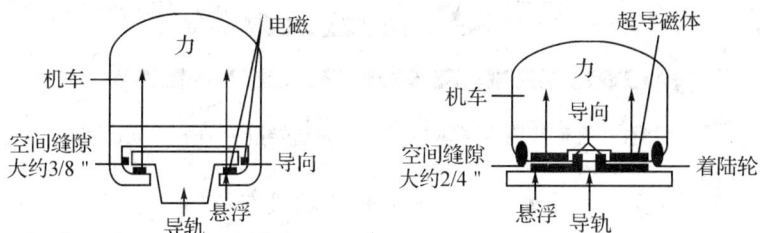

图 8-3　电磁悬浮系统（EMS）和电力悬浮系统（EDS）结构

　　电磁悬浮系统（EMS）是一种吸力悬浮系统，是结合在机车上的电磁铁和导轨上的铁磁轨道相互吸引产生悬浮。常导磁悬浮列车工作时，首先调整车辆下部的悬浮和导向电磁铁的电磁吸力，与地面轨道两侧的绕组发生磁铁反作用将列车浮起。在车辆下部的导向电磁铁与轨道磁铁的反作用下，使车轮与轨道保持一定的侧向距离，实现轮轨在水平方向和垂直方向的无接触支撑和无接触导向。车辆与行车轨道之间的悬浮间隙为 10 毫米，是通过一套高精度电子调整系统得以保证的。此外由于悬浮和导向实际上与列车运行速度无关，所以即使在停车状态下列车仍然可以进入悬浮状态。

　　电力悬浮系统（EDS）将磁铁使用在运动的机车上以在导轨上产生电流。由于机车和导轨的缝隙减少时电磁斥力会增大，从而产生的电磁斥力提供了稳定的机车的支撑和导向。然而机车必须安装类似车轮一样的装置对机车在"起飞"和"着陆"时进行有效支撑，这是因为 EDS 在机车速度低于大约 40 公里/小时无法保证悬浮。

　　超导磁悬浮列车的最主要特征就是其超导元件在相当低的温度下所具有的完全导电性和完全抗磁性。超导磁铁是由超导材料制成的超导线圈构成，它不仅电流阻力为零，而且可以传导普通导线根本无法比拟的强大电流，这种特性使其能够制成体积小功率强大的电磁铁。

　　推进系统：磁悬浮列车的驱动运用同步直线电动机的原理。车辆下部支撑电磁铁线圈的作用就像是同步直线电动机的励磁线圈，地面轨道内侧的三相移动磁场驱动绕组起到电枢的作用，它就像同步直线电动机的长定子绕组。从电动机的工作原理可以知道，当作为定子的电枢线圈有电时，由于电磁感应而推动电机的转子转动。同样，当沿线布置的变电所向轨道内侧的驱动绕组提供三相调频调幅电力时，由于电磁感应作用承载系统连同列车一起就像电机的"转子"一样被推动做直线运动。从而在悬浮状态下，列车可以完全实现非接触的牵引和制动。

　　通俗地讲，在位于轨道两侧的线圈里流动的交流电，能将线圈变为电磁体。由于它与列车上的超导电磁体的相互作用，就使列车开动起来。如图 8-4 所示，列车前进是因为列车头部的电磁体（N 极）被安装在靠前一点的轨道上的电磁体（S 极）所吸引，并且同时又被安装在轨道上稍后一点的电磁体（N 极）所排斥。当列车前进时，在线圈里流动的电流流向就反转过来了。其结果就是原来那个 S 极线圈，现在变为 N 极线圈了，反之亦然。这样，列车由于电磁极性的转换而得以持续向前奔驰。根据车速，通过电能转换器调整在线圈里流动的交流电的频率和电压。

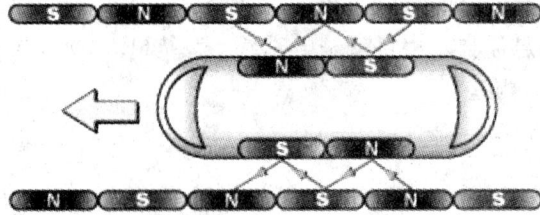

图 8-4 轨道线圈电磁体与列车上的超导电磁体的相互作用

导向系统：导向系统是一种侧向力来保证悬浮的机车能够沿着导轨的方向运动。必要的推力与悬浮力相类似，也可以分为引力和斥力。在机车底板上的同一块电磁铁可以同时为导向系统和悬浮系统提供动力，也可以采用独立的导向系统电磁铁。

当然，磁悬浮列车也需要配套建设牵引供电系统和无限通信系统，其工作原理、组成与电气化铁路是基本相同的。

8.2　电磁辐射特性

8.2.1　低频电磁场

电气化铁路、磁悬浮列车配套建设的牵引供电系统是低频电磁场影响的来源之一，其电磁辐射特性与输变电工程是一样的。根据《电磁辐射防护规定》，在牵引供电系统中，仅有 110kV 牵引变电所(轻轨、地铁为 110kV 主变电站)的工频电磁场影响需要评价，其余配电、输电设施由于电压等级较低，可免于评价。另外，磁悬浮列车运行过程中，直流电磁铁产生的静磁场($0Hz$)，列车内外静磁场的磁感应强度一般在 $50-100\mu T$，并随着与电磁铁的距离增加而减弱；直线电机的长定子绕组线圈运行过程中会产生的交流磁场(电压较低，可不考虑该处的电场)，其频率一般在 $5Hz\sim5kHz$。

8.2.2　无线电干扰

电气化铁路的干扰源主要分为固定干扰源和流动干扰源。固定干扰源包括牵引供电系统线路放电和牵引变电所设备，流动干扰源为受电弓与导线的接触点。

在固定干扰源中，牵引变电所设备是主要的干扰源，而线路放电属于线路故障，发现后经过处理，是可以排除的。在流动干扰源中，受电弓在接触网的导线上滑动离线过程中会产生火花放电，其产生的无线电干扰频率是电气化铁路电磁干扰的根源。

8.2.3　射频辐射影响

电气化铁路、磁悬浮列车的射频辐射影响来自于电气化铁路的无线电通信系统，一般电气化铁路通信频率范围为 $876\sim960MHz$，而磁悬浮列车无线电通信主要使用 $37.5\sim39.5kMHz$ 的频率范围。他们的环境影响特性与其他通信设施的电磁辐射影响是一致的。

8.3　监测方法

下面重点阐述城市轨道交通、电气化铁路电磁辐射环境监测和评价方法。关于磁浮轨道交通建设项目电磁环境影响测量和评价方法,目前我国尚无比较规范的技术标准。磁浮轨道交通项目电磁环境影响评价方法主要依据《辐射环境保护管理导则　电磁辐射环境影响评价方法与标准》(HJ/T10.3-1996),下面会结合磁浮轨道交通项目电磁环境影响特点和磁浮交通某线工程(ZJ 段)电磁环境影响评价实践,参照《环境影响评价技术导则　城市轨道交通》(HJ453-2008)和《环境影响评价技术导则　输变电工程(报批稿)》有关技术要求,介绍磁浮轨道交通项目电磁环境影响监测和评价方法。

8.3.1　电磁环境现状监测

1. 监测内容及因子

(1)城市轨道交通、电气化铁路

拟建 110kV(含)以上变电站边界、评价范围内电磁环境保护目标的工频电场、工频磁场,相应的测量量为工频电场强度、工频磁感应强度。

交通工程沿线评价范围内开放式天线接收电视的电磁环境保护目标电视信号场强和背景无线电噪声场强。

(2)磁浮轨道交通系统

拟建 110kV 主变电站边界、评价范围内电磁环境保护目标的工频电场、工频磁场,相应的测量量为工频电场强度、工频磁感应强度。

交通工程沿线评价范围内开放式天线接收电视的电磁环境保护目标电视信号场强和背景无线电噪声场强。

直流电磁铁产生的静磁场(0Hz,列车运行)。

直线电机的长定子绕组线圈及其供电电缆产生的交流磁场(5Hz~5kHz,列车运行)。

无线电通信系统电磁波综合电场。

2. 监测范围

(1)城市轨道交通、电气化铁路

监测范围与评价范围一致。应对距地上线路外轨中心线两侧 50m,距 110kV(含)以上变电站边界外 50m 内的敏感目标电磁环境进行监测。对电视收视影响的监测,如工程沿线人口密度大,有线电视入网率低,监测范围可适当扩大。

(2)磁浮轨道交通系统

110kV 主变电站及电视信号场强和背景无线电噪声场强监测范围同城市交道交通、电气化铁路电磁环境监测范围。

静磁场(0Hz)和交流磁场(5Hz~5kHz):距线路外轨中心线两侧 50m。

无线电通信系统电磁波综合电场:监测范围依据《辐射环境保护管理导则　电磁辐射环境影响评价方法与准则》(HJ/T10.3-1996)。

3. 测量频次

确定的测量点位应测量一次。

4.测量方法

工频场的监测方法可参照《环境影响评价技术导则　输变电工程》(报批稿)、《高压交流架空送电线路、变电站工频电场和磁场测量方法》(DL/T988)等的相关规定进行测量。

电视信号场强的监测方法应按照《电视、调频广播场强测量方法》(GB/T14109)的有关规定进行。

5.测量仪器

(1)工频场的测量仪器

工频电场和磁场的测量必须使用专用的探头或工频电场和磁场测量仪器。工频电场测量仪器和工频磁场测量仪器可以是单独的探头,也可以是将两者合成的仪器。但无论哪种型式的仪器,必须经计量部门检定,且在检定有效期内。

(2)电视信号场强测量仪器

根据《电视、调频广播场强测量方法》(GB/T14109),测量所用场强仪应定期计量,并在每次使用时按操作规程进行校正,其主要性能应满足下列要求:

①频率范围

米波段:30～300MHz;

分米波段:300～960MHz。

②场强量程

米波段(低频道电视、调频):10～120dB(μV/m);

米波段(高频道电视):20～120dB(μV/m);

分米波段:±30～120dB(μV/m)。

③测量精度

米波段:±2dB(μV/m);

分米波段:±3dB(μV/m)。

④镜像抑制

大于35dB。

⑤标准带宽

80～200kHz,宜有数档可供选择使用。

⑥检波方式

应有峰值及平均值二档可供选择使用。

所用接收天线和联接馈线应是与场强仪配套供应的附件。接收天线、联接馈线与场强仪之间应有良好的阻抗匹配,如需另行配用其他接收天线时,对其形式不限,但它必须与所用联接馈线一起进行预校正,得出各个频率的天线校正因数后方可与场强仪配合使用。

对仪器所配对记录仪的型式不作规定,如使用墨迹纸带记录仪时应事先校正,选用合适的量程和走纸速度,并在记录纸上标明量程刻度和记录时间刻度;如使用取样记录仪时,应选用合适的取样速度,并在打印输出时标明取样的起始和终止时间。

用电视接收机和调频收音机分别监看电视或监听调频广播节目的接收效果。用录像机和录音机记录电视和调频广播节目接收效果,供分析研究。

(3)电磁波综合电场

无线电通信系统电磁波综合电场测量仪器应符合《辐射环境保护管理导则　电磁辐射监测仪器和方法》(HJ/T10.2-1996)要求。

6.测量点位布设

(1)工频场测量点位布设

可在拟建 110kV(含)以上变电站四周边界外 5m 处均匀布点进行测量,测量仪表应架设在地面上 1～2m 的位置,一般情况下选 1.5m,也可根据需要在其他高度测量。测量报告应清楚地标明。

敏感目标工频电磁环境监测,测量点位应选在地势平坦、远离树木、没有其他电力线路、通信线路及广播线路的空地上。

敏感目标室内场强测量:应在距离墙壁和其他固定物体 1.5m 外的区域内测量所在房间的工频电场和磁场,并测出最大值,作为评价依据。如不能满足上述与墙面距离的要求,则取房屋空间平面中间作为测量点,但测量点与周围固定物体(如墙壁)间的距离至少 1m。

敏感目标阳台上场强测量:当阳台的几何尺寸满足室内场强测量点布置要求时,阳台上的场强测量方法与室内场强测量方法相同;若阳台的几何尺寸不满足室内场强测量点布置要求,则应在阳台中央位置测量。

敏感目标楼顶平台上场强测量:应在距离周围墙壁和其他固定物体(如护栏)1.5m 外的区域内测量工频电场和磁场,并得出测量最大值。若楼顶平台的几何尺寸不满足这个条件,则应在平台中央位置进行测量。

(2)电视信号场强测量点位布设

《电视、调频广播场强测量方法》(GB/T14109)对电视信号场强测量点位要求如下:

①测量场地要求

固定测量站:周围场地应空旷平坦,半径 400m 范围内无建筑物、大批树林等障碍物,要求没有反射杂波到达测量点;应离主要交通运输公路、高压输电线、变电所、工厂等较远,保证没有来自上述设施的明显干扰(或背景噪声电平应较欲测信号电平低 20dB 以上);应能提供全天候收测。

移动测量:当测量发射天线馈电系统的效果时,测量点周围应比较空旷平坦,在前方200m 内,两侧及后方 100m 内无建筑物、树林及高压线等。如果上述要求不能满足时,应说明测量点的环境条件。当测量特定环境下的讯号场强时,只要求详细说明测量点的环境状况、接收天线具体位置以及传播途径上的特点。

②接收天线的规定

除特殊测量外,接收天线的极化必须与发射天线保持一致。

测量场强时接收天线的标准架设高度为离地面 10m,若移动测量时有困难,也可以改为4m,但需加高度校正,校正因子据实测结果求得。若因测量点环境限制或者测量内容的特殊要求,场强仪接收天线的架设高度为非标准值时,须说明接收天线离地高度和当地的海拔高度。

测量时应转动接收天线的指向,使场强读数达最大时为准。

7.注意事项

(1)工频场测量注意事项

进行工频电场测量时,应特别注意环境湿度及仪器探头支架的绝缘性对测量结果的影响。测量工作应在无雨、无雾、无雪的好天气条件下进行,环境相对湿度不宜超过 80%。测量探头支撑应选用绝缘性能好的塑料杆。

测量人员应离测量仪表的探头足够远,一般情况下至少要 2.5m,避免在仪表处产生较大的电场畸变影响测量结果。在特定的时间、地点和气象条件下,若仪表读数是稳定的,测量读数为稳定时的仪表读数;若仪表读数是波动的,应每1min读一个数,取5min的平均值为测量读数。

测量点位附近如有其他影响测量结果的源强存在时,应说明其相对监测点位的空间位置,并分析其对测量结果的影响。

(2)电视信号场强和背景无线电噪声场强测量注意事项

测量电视图像讯号场强时选用调幅工作状况应读取峰值。场强仪调谐到电视图像载波频率,测量用带宽不小于120kHz。测量电视伴音讯号或调频广播讯号时,选用调频工作状况并应读取平均值场强,测量用带宽不小于120kHz;若带宽不够时,以读取声音中断间隙时的读数为准。测量背景噪声时,可采用准峰值检波方式在各电视频道有用信号频带附近选一频点进行测量。

8.3.2　变电站类比监测

1.类比变电站选择

类比变电站的建设规模、电压等级、容量、总平面布置、架线型式、架线高度、环境条件及运行工况应与拟建变电站相似。

2.类比测量频次、仪器、注意事项

类比测量频次、仪器、注意事项同现状监测。

3.类比测量布点

应在类比变电站围墙(或站界)四周均匀布点进行测量,高压侧或距带电构架较近的围墙外侧适当增加测量点位,并在测量值较高点位(避开进出线20m以上)选择一条测量路径,垂直于围墙方向并以距离围墙1m处为起点进行衰减断面监测,测点间距在距围墙20m内为2m、距围墙20m外为5m,依次测至评价范围边界止。测量离地面1.5m高度处的工频电场强度、工频磁感应强度。

对于类比变电站涉及的电磁环境敏感目标,为定量说明其对敏感目标的影响程度,也可对相关敏感目标进行定点测量。测量点位布设同现状监测。

8.3.3　磁浮轨道交通系统类比监测

1.主变电站的类比监测同"8.3.2变电站类比监测"。

2.列车内、车站工频(50Hz)电磁场类比监测:在不同的车速下,加速或减速,车厢座位之间,测量距地1.5m处的工频电场强度、工频磁感应强度。

3.直流电磁铁产生的静磁场(0Hz,列车运行):测量列车内运行时车内不同高度处(车内地面、座位处、站立头部处)静磁场强度和导向轨附近不同距离处直流磁场。

4.直线电机的长定子绕组线圈及其供电电缆产生的交流磁场(5Hz～5kHz,列车运行)。测量不同车速时列车内和导向轨附近不同距离处离地1m高处的低频磁场频率分布情况和该相应频段磁感应强度峰值。

5.无线电通信系统电磁波综合电场强度类比监测:在磁浮列车驾驶室车门上方0.5m处、轨道梁外距天线水平距离10m、20m、30m处测量无线电通信系统电磁波综合电场场强。

8.4　评价方法

8.4.1　城市轨道交通、电气化铁路项目电磁环境影响评价

城市轨道交通、电气化铁路项目电磁环境影响应依照《环境影响评价技术导则　城市轨道交通》(HJ453-2008)进行评价。

电磁环境影响评价内容包括 110kV(含)以上主变电站及其评价范围内电磁环境保护目标的工频电磁环境评价;当评价范围内的电视用户为开放式接收时,应对列车运行产生的无线电干扰电磁环境影响(又称电磁噪声)进行评价。

1.评价范围

距地上线路外轨中心线两侧 50m,距 110kV(含)以上变电站边界外 50m。必要时,可根据工程及环境敏感目标的实际情况适当扩大。

2.电磁环境现状调查、监测及评价

(1)现状调查内容

调查评价范围内的电磁辐射源,包括 110kV(含)以上输变电设备、电气化铁道等。

调查评价范围内电磁环境保护目标的电视接收方式、有线电视入网率等情况,对于开放式电视接收的还应调查该地区电视发射台频道节目等。

调查评价范围内电磁环境保护目标及其与工程的位置关系、适用标准等。应列表给出评价范围内的环境保护目标,详细说明保护目标的相关特征及其与拟建工程的横、纵向相对位置关系。必要时,应说明环境保护目标与现状道路的位置关系。对于规划的保护目标还应说明与拟建工程的建设时序关系。明确各电磁环境保护目标的名称、类型、建筑数量、受影响的户数及其对应的线路区段、里程、位置、距离等。给出工程沿线电磁环境保护目标分布图。

(2)现状监测内容

测量 110kV(含)以上变电站边界及其评价范围内电磁环境保护目标的工频电场、工频磁感应强度。

测量沿线评价范围内电磁环境保护目标的开放式电视接收场强。

(3)现状测量方法

参照 DL/T988 的相关规定进行测量,并给出电磁环境现状监测点分布图。

(4)测量量与评价量

工频电磁环境测量量:工频电场强度、工频磁感应强度;评价量同测量量。

电视接收场强测量量:信号场强。

评价量同测量量。

(5)现状评价

根据现状监测结果,按照 HJ/T24-1998 的相关规定,对 110kV(含)以上变电站边界及其敏感点的工频电磁环境进行评价。

根据国家广播电视总局规定的电视接收评价指标对该地区开放式电视接收现状进行评价。

3.电磁环境影响评价

(1)预测内容与方法

110kV(含)以上变电站工频电磁环境与地上线路无线电干扰电磁环境影响预测均采用

类比测量(分析)方法,可参照 DL/T988－2005 的相关规定进行测量。

进行类比测量时,应选取与拟建工程相似的系统制式、车辆工况、授电方式、变电设备、电压等级以及环境等工程类比条件。引用类比资料时,应说明引用数据的来源,且必须是公开发表的数据。

(2)预测量与评价量

工频电磁环境:预测量与评价量同现状测量。

电视接收预测量:电视信号场强;评价量:电视接收信噪比。

(3)环境影响评价

根据预测结果,按照 HJ/T24－1998 推荐的工频电场 4kV/m 限值、工频磁感应强度 0.1mT 限值对 110kV(含)以上变电站边界及其敏感点的电磁环境影响进行评价。

根据国际无线电咨询委员会推荐的以电视画面质量指标为依据导出的电牵引列车无线电噪声对电视接收干扰影响的评价指标 35dB 信噪比,对沿线敏感点开放式电视接收受列车运行产生的无线电干扰影响进行评价。

根据电磁环境评价结果,提出电磁防护措施,并给出电磁影响防护距离。

4.电磁环境影响评价结论

电磁环境影响评价结论应包括电磁环境现状评价、电磁环境影响预测评价以及电磁防护措施等结论。

电磁环境现状评价结论应明确评价范围内电磁环境保护目标及其电磁环境现状。

电磁环境影响预测评价结论应明确电磁环境影响程度、范围、受影响的人数、分布等。

根据评价结果给出电磁影响防护措施、防护距离要求。

8.4.2　磁浮轨道交通项目电磁环境影响评价

1.现状评价

110kV 主变电站和电视接收现状评价方法同城市轨道交通现状评价方法。

2.预测评价

根据类比监测结果,按照《电磁辐射防护规定》等相关标准进行评价。

外部直流输电线路静磁场对磁浮轨道交通项目电磁环境影响可采用理论计算的方法进行预测,理论计算模式可参见高等学校教材《电磁学》(赵凯华、陈熙谋编,高等教育出版社,1985 年 6 月)。外部交流输电线路工频电磁场对磁浮轨道交通项目电磁环境影响可采用理论计算的方法进行预测,预测方法参见《环境影响评价技术导则　输变电工程》(报批稿)。

8.5　案例分析:磁浮交通某线工程(ZJ 段)

8.5.1　工程概况

1.线路走向

规划磁浮交通某线线路正线长 199.434km,其中 ZJ 段线路起自 JH 交界 C1K57＋050,终点 HZD 站 C1K160＋602.94,全长 103.553km。ZJ 段规划设 JX 站和 HZ 站 2 个车站,1 个 HZ 维修基地。

2.与电磁环境影响有关的主要工程内容

(1)牵引供电系统

供电系统采用集中供电模式,110/20kV 两级电压制式。从周围电力电网引入 110kV 电源,通过主变电站降压至 20kV,输出的 20kV 的电能向沿线的牵引变电站、车站变电站及轨旁变电站供电。

本项目需建设 7 座主变电站,其中 ZJ 段 3 座均为新建,分别为 JX 站、DJB 站、HZ 维修基地站。这些主变电站均与牵引变电站设在一起。即需新建 JX 主变－牵引变电站、DJB 主变－牵引变电站、HZ 维修基地主变－牵引变电站。各变电站情况见表 8-1,位置情况见图 8-5。

表 8-1　ZJ 段主变牵引电站情况

名称		类型	容量/(MVA)	电压/(kV)	电源
JX	JX 站	主变－牵引	3×20	110	NH 变、YY 变各一回,电缆
	DJB	主变－牵引	3×20	110	BT 变,架空线
HZ	维修基地	主变－牵引	3×20	110	XS 变两回,电缆

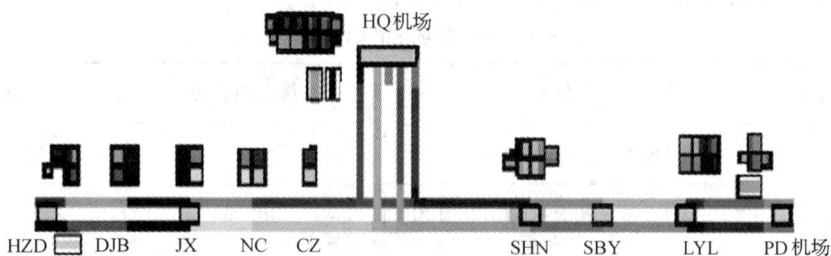

图 8-5　ZJ 段主变牵引变

注:①图中灰色矩形框表示车站。各种颜色的方框表示功率模块,方框的大小表示高、中、低功率模块。粗线条表示轨道,不同颜色的轨道表示不同的牵引分区。

②功率模块与其供电的轨道分区的颜色一致。若一个方框中只有一种颜色,表示该模块只能给该颜色的分区供电;若有两种颜色,则表示该牵引模块可以为这两种颜色所代表的分区供电。

(2)运行控制系统

本项目运行控制系统在上海既有线的运行控制系统的基础上进行分区扩展,主要由中央控制子系统、分区控制子系统、车载控制子系统和通信子系统等四部分组成。各子系统情况见表 8-2。

表 8-2　运行控制系统组成情况

子系统	位置	组成
中央控制子系统	控制中心	列车自动运行控制、操作终端、诊断终端、中央无线控制单元、管理计算机、外部网络接口
分区控制子系统	主变、牵引变、车站、无线基站	分区运行控制系统、分区无线的固定数据传输、通信网络
车载控制子系统	列车	车载安全计算机/传输计算机
通信子系统	各通信设备间	运行控制核心通信网、分区安全防护通信网、车地无线通信网

通信子系统实现其他子系统间的数据传输,采用有线和无线结合的方式实现。其中车

地之间的通信采用无线方式。根据可研报告,需要设置 420 个发射频率为 37.1～38.5GHz 的无线通信基站(包括 SH 段)。

(3)外部电力线路改造

某磁悬浮 ZJ 段途经 JX 市、HZ 市,沿磁悬浮交通线现状有较多的电力线路,为保证磁悬浮轨道交通建设和安全运营,需要对各电压等级的电力线路进行迁改,根据工程可研报告,对电力线路迁改具体情况见表 8-3,其中 500kV 线路情况见表 8-4。

表 8-3 需要迁改的电力线路情况

地区	JX 路段					HZ 路段			
线路电压/kV	35	110	220	500	500	35	110	220	500
数量/回	13	3	13	9[a]	1	1	1	2	0
相对关系	跨越	跨越	跨越	跨越	平行临近	跨越	跨越	跨越	—
与轨顶距离要求/m	8.8m	10.8m	10.8m	16m	塔高＋3m[b]	8.8m	10.8m	10.8m	—

注:a. 计入了 C1K55＋800 附近的 3 回 500kV 线路;

b. 平行临近线路,指杆塔外缘与最近轨道中心的水平距离。

表 8-4 需穿越的 500kV 输电线路

线路名称	桩号	现状离地高度	备注
5902 线	C1K56＋700～C1K57＋100	16.7m(18℃)	交流单回
5912 线	C1K56＋700～C1K57＋100	16.8m(18℃)	交流单回
直流 GN 线	C1K56＋700～C1K57＋100	19.2m(18℃)	直流单回
5417 线	C1K98＋150～C1K98＋300	22.1m(18℃)	交流单回
5418 线	C1K98＋150～C1K98＋300	24.2m(18℃)	交流单回
5415 线	C1K98＋150～C1K98＋300	20.6m(18℃)	交流同塔双回
5416 线	C1K98＋150～C1K98＋300	20.6m(18℃)	
5433 线	C1K130＋300～C1K130＋400	22.5m(24℃)	交流单回
5411 线	C1K136＋600～C1K136＋720	24.6m(15℃)	交流单回

8.5.2 工程主要电磁污染源分析

磁悬浮列车系统包括列车、轨道、驱动、供电及运行控制等五个部分,其可能对环境造成电磁辐射影响主要来自三个方面:(1)列车运行;(2)牵引供电系统;(3)运行控制系统。

1. 列车运行

本项目磁悬浮列车主要采用德国技术,其工作原理见图 8-6。

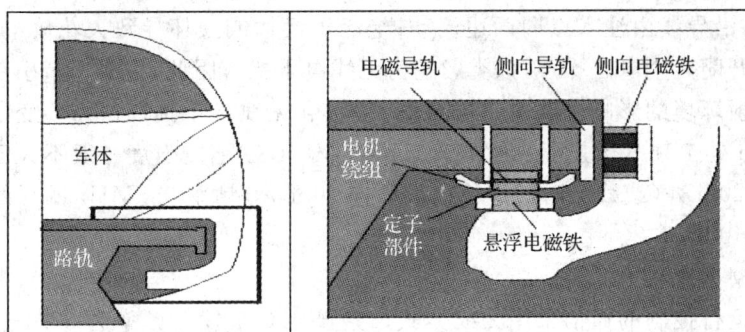

图 8-6 磁悬浮列车工作原理

当固定在车体上的悬浮电磁铁通电时,产生悬浮磁场,该磁场与固定在路轨上的电磁导轨(用铁磁材料制造)间,因电磁感应产生吸引力,由下向上抬升车体,车体与路轨间的空隙的距离,可通过调节悬浮磁铁电流大小来控制。同样通过侧向电磁铁(在车体上)与侧向导轨(在路轨上),可在侧向保持车体与路轨间的安全距离。

列车"悬浮"后,就由驱动系统来牵引。驱动系统动力源来自牵引变电站的功率牵引模块,功率牵引模块输出三相频率、幅度和相位都可以控制的交流电,向同步直线电机的长定子绕组线圈供电,实现对列车的牵引、变速和制动。

因此,列车运行产生的电磁辐射主要为:

(1)直流电磁铁产生的静磁场(0Hz)。列车内外静磁场的磁感应强度一般在 50~100μT,并随着与电磁铁的距离增加而减弱;

(2)直线电机的长定子绕组线圈及其供电电缆产生的交流磁场(电压较低,可不考虑该处的电场)。其频率一般在 5Hz~50kHz,列车内离地板 1.5m 处的磁感应强度一般在 10μT 以下。

(3)列车、轨道各带电设备产生的无线电干扰。其频率一般在 30MHz 以下,对铁道中心线外 20m 处 1.0MHz 的无线电干扰场强贡献值一般不大于 45dB(μV/m)。

2. 牵引供电系统

本项目需新建 JX 主变—牵引变电站(电缆进线)、DJB 主变—牵引变电站(架空线进线)、HZ 维修基地主变—牵引变电站(电缆进线),其基本工艺流程如图 8-7 所示。由于牵引站的电压等级高压侧仅为 20kV,其对周围环境影响有限;由于 110kV 电缆埋地敷设,电磁场能得以良好屏蔽。因此,这里仅考虑各主变—牵引变及 DJB 站架空进线对周围环境的电磁辐射影响。

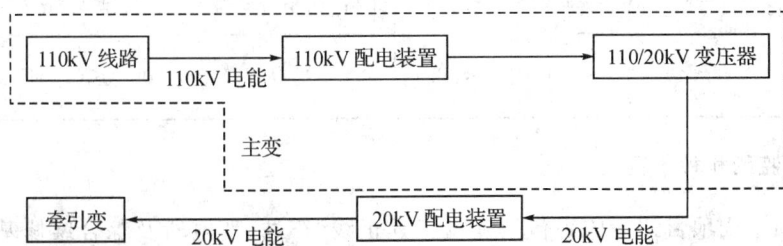

图 8-7 牵引供电系统基本工艺流程

在电能输送或电压转换过程中,高压输电线、主变压器和和高压配电设备与周围环境存在电位差,形成工频(50Hz)电场;输变电设备还有很强的电流通过,在其附近形成工频磁场,可能会影响周围环境。高压输变电设备导体表面对周围空气中的电晕放电,形成脉冲电流注入导线,并沿导线由注入点向两边流动;绝缘子污秽或损坏导致火花放电,以及变电所内电闸(开关)开闭产生电磁噪声,该类影响为无线电干扰。因此,主变—牵引变电站及其进出线对电磁辐射环境的影响主要是工频电场、磁场和无线电干扰。110kV 变电所及架空线附近离地 1.5m 处工频电场强度一般不大于 1.0kV/m,磁感应强度一般不大于 10μT;变电所对其围墙外 20m 处(或线路对其边导线投影外 20m 处)频率 0.5MHz 的无线电干扰贡献值一般不大于 40dBμ。

3.运行控制系统

车地之间运行控制的通信采用无线方式。共设 420 个发射频率为 37.1~38.5GHz 的无线通信基站(包括 SH 段),其单个基站的发射功率为 0.1W,各类天线情况见表 8-5。根据《电磁辐射防护规定》(GB8702-88),在 3~300GHz 频率范围,等效辐射功率小于 100W 的辐射体,可以免于管理。经计算,运行控制系统单个基站等效辐射功率为 63W,属于"免于管理"范畴。考虑基站数量较大,本次评价考虑预测无线通信基站对周围环境的电磁环境影响。其工作时,在主辐射方向距其 5m 处的功率密度在 0.2W/m² 以下。

表 8-5 天线参数

天线类型	增益	垂直半功率角	水平半功率角
直线段轨旁天线	28dBi	5°	5°
拐弯段轨旁天线	22dBi	5°	20°
车载天线	20dBi	5°	30°

4.外部电磁环境对本项目的影响因素

本项目 ZJ 段涉及从若干条 35~500kV 电压输电线路下穿越,输电线路现状高度不能符合安全要求,需要迁改,具体情况见表 8-3。由于输电线路下存在较高的工频电磁场,迁改后磁悬浮列车仍然可能会受到其影响。这些输电线路对本项目的电磁辐射污染因子与主变—牵引变电站及其线路一样,主要是工频电场、磁场和无线电干扰。各电压等级线路典型场强情况见表 8-6。

表 8-6 各电压等级线路下典型场强情况

线路电压/kV	110	220	500	备注
电场强度/(kV/m)	1	2.5	6.5	按迁改后高度,500kV 线高 16m,220kV 及 110kV 线高 10.8m,场强为线下离地 1.5m 处最大值
磁感应强度/(μT)	6	8	9	
无线电干扰/dB(μV/m)	<40	<50	<52	边导线投影外 20m 处,0.5MHz 的值

8.5.3 监测和评价范围

磁浮交通某线项目评价内容包括建设工程正线、车站、变电所及综合维修基地等,其电磁环境监测和评价内容包括:

(1)静磁场:沿线两侧 30m(铁路走廊中心线两侧 80m)。

(2)工频(50Hz)电场、磁场:变电站周边 100m,110kV 架空线两侧 30m。

(3)5Hz~5kHz 磁场:运行时的列车车厢内。

(4)无线电干扰:铁路走廊中心线两侧 320m。

(5)37.1～38.5GHz 电磁波:沿线两侧 30m(铁路走廊中心线两侧 80m)。

8.5.4　评价标准

根据工程产生的各类电磁波频率特性,执行相应的评价标准,见表 8-7。

表 8-7　电磁波建议执行标准

序号	类别	建议执行标准	依据
1	静磁场	10mT	《对时变电场、磁场和电磁场暴露限值的指导书(300GHz 以下)》
2	工频电场	4kV/m	《500kV 超高压送变电工程电磁辐射环境影响评价技术规范》(HJ/T24-1998)
	工频磁场	0.1mT	
3	5～5kHz 磁场	各频段限值的 1/4	《对时变电场、磁场和电磁场暴露限值的指导书(300GHz 以下)》
4	无线电干扰	0.5MHz 46dB(μV/m)	《高压交流架空送电线无线电干扰限值》(GB15707-1995)
5	37.1～38.5GHz 电场	1W/m²	《辐射环境保护管理导则　电磁辐射环境影响评价方法和标准》(HJ/T10.3-1996)

8.5.5　电磁环境保护目标

工程沿线各侧轨道往外 30m 范围内为静磁场、37.1～38.5GHz 电磁波的环境影响敏感点。

由于 5～5kHz 磁场源强较低,其影响范围仅限于运行的列车车厢内,故运行时的列车车厢内作为 5～5kHz 磁场的环境影响敏感点。

工频(50Hz)电场、磁场主要由牵引供电系统的主变—牵引变电站及其进线引起,由于目前各变电站线路路径尚未确定,无法列出具体工频电场、磁场的环境保护敏感点。同时,考虑这些变电所及线路的建设需要委托地方电力局实施,届时仍需要进行单独评价,故本次评价不再单列工频电场、磁场敏感点。

无线电干扰属于电磁兼容范畴,建设单位已经委托有资质的单位编制电磁兼容分析报告,因此,环评仅作边界处无线电干扰电平的达标分析,不再单列敏感点。

8.5.6　电磁环境现状调查及评价

1. 静磁场

工程线路路径静磁场测量结果见表 8-8。

由表 8-8 可见,本项目沿线一般农村地区的静磁场在 50～53.7μT 之间,主要来自地磁的贡献,与地磁场(中国 40～60μT)水平相当;在 500kV GN 线(直流输电)下静磁场相对较高,为 63.4μT,与一般农村地区平均值相比,增加 20%。各监测位置静磁场远低于 10mT 的评价标准,现状质量良好。

表 8-8　静磁场现状水平测量结果

编号	点位描述	桩号	磁感应强度/μT		
			垂直	水平	合成
1	500kV 5912 线下	C1K56＋700～C1K57＋100	37.2	39.2	54
2	直流 500kV GN 线下	C1K56＋700～C1K57＋100	43.9	45.8	63.4
3	QJW	C1K57＋550～C1K57＋800	36.1	37.4	52.0
4	HYB	C1K67＋100～C1K67＋200	36.1	37.2	51.8
5	MQB	C1K90＋150～C1K91＋120	35.2	37.2	51.2
6	500kV 5418 线边导线下	C1K98＋150～C1K98＋300	33.3	37.3	50.0
7	JX 服务区	C1K98＋600～C1K98＋800	37.4	38.6	53.7
8	TDXX	C1K106＋150～C1K106＋300	34.8	39.1	52.3
9	ZCQ	C1K119＋100～C1K120＋300	34.9	36.9	50.8
10	RJQM	C1K124＋800～C1K125＋000	35.1	37.6	51.4
11	MYC	C1K145＋520～C1K145＋620	33.0	38.7	50.9
12	HTC	C1K153＋620～CK156＋100	36.2	38.3	52.7
13	LKC	C1K157＋900～C1K159＋050	35.7	37.7	51.9
14	XFC	C1K159＋500～C1K159＋900	35.6	38.0	52.1

2. 工频(50Hz)电场、磁场

工频电磁场主要包括两部分,一是本工程受到外部高压线路的影响,二是本工程主变—牵引变电站对周围环境的影响。因此现状测量主要为外部高压线路下及主变—牵引变电站拟建址。监测结果见表 8-9。

表 8-9　部分工频电磁场现状水平监测结果

编号	点位描述	桩号	电场强度 $E/(V/m)$	磁感应强度 $B/(\mu T)$
1	GN500kV 直流电线下	C1K56＋700～C1K57＋100	17.2	0.246
2	5912 线南侧边导线下	C1K56＋700～C1K57＋100	6298	12.46
3	5912 线南侧边导线往南 5m	C1K56＋700～C1K57＋100	5685	9.678
4	5912 线回路中心线下	C1K56＋700～C1K57＋100	3326	13.33
5	5912 线北侧边导线下	C1K56＋700～C1K57＋100	6267	11.93
6	5912 线北侧边导线往外 5m	C1K56＋700～C1K57＋100	5648	8.916
7	5912 线北侧边导线往外 10m	C1K56＋700～C1K57＋100	3255	5.909
8	5912 线北侧边导线往外 15m	C1K56＋700～C1K57＋100	1892	3.407
9	5912 线北侧边导线往外 20m	C1K56＋700～C1K57＋100	1087	2.588
10	5912 线北侧边导线往外 25m	C1K56＋700～C1K57＋100	597	1.967
11	5912 线北侧边导线往外 30m	C1K56＋700～C1K57＋100	315.5	1.534
12	5912 线北侧边导线往外 35m	C1K56＋700～C1K57＋100	181.4	1.155
13	5912 线北侧边导线往外 40m	C1K56＋700～C1K57＋100	101.6	0.888
14	5912 线北侧边导线往外 45m	C1K56＋700～C1K57＋100	60.3	1.709
15	5912 线北侧边导线往外 50m	C1K56＋700～C1K57＋100	45.2	0.541
16	5912 线北侧边导线往外 55m	C1K56＋700～C1K57＋100	38.3	0.480
17	5912 线北侧边导线往外 60m	C1K56＋700～C1K57＋100	24.4	0.412
18	HZ 主变—牵引变拟建址中间	C1K156＋800～C1K157＋300	1.5	0.057

　　现场监测结果表明,在 500kV 直流输电线下,其工频电场、磁感应强度监测结果均相对很小,也就是说直流输电线路基本不会对周围环境产生工频电磁场。

　　在 500kV 交流输电线下,单回路时工频电场强度最大值出现在边导线投影点附近,为 6.298kV/m。各侧边导线外随着与导线投影点的距离增加,工频电场强度逐渐减小;双回路时,工频电场强度最大值出现在边导线投影点外 5m,为 3.473kV/m。5m 以外,随着与导线投影点的距离增加,工频电场强度逐渐减小。无论是单回路还是双回路,工频磁感强度最大值都出现在线路中心线下,为 13.33μT。500kV 交流输电线下工频电场强度局部区域超过对居民区不大于 4kV/m 的评价标准要求,而工频磁感应强度均符合对居民区的评价标准要求。

　　在周围无高压输电线路的农村一般地区(包括各主变一牵引变拟建址),工频电场强度在 0.02kV/m 以下,磁感应强度在 0.01μT 以下,工频电磁场环境质量良好。

　　3.5Hz~5kHz 磁场

　　各监测结果见图 8-8。

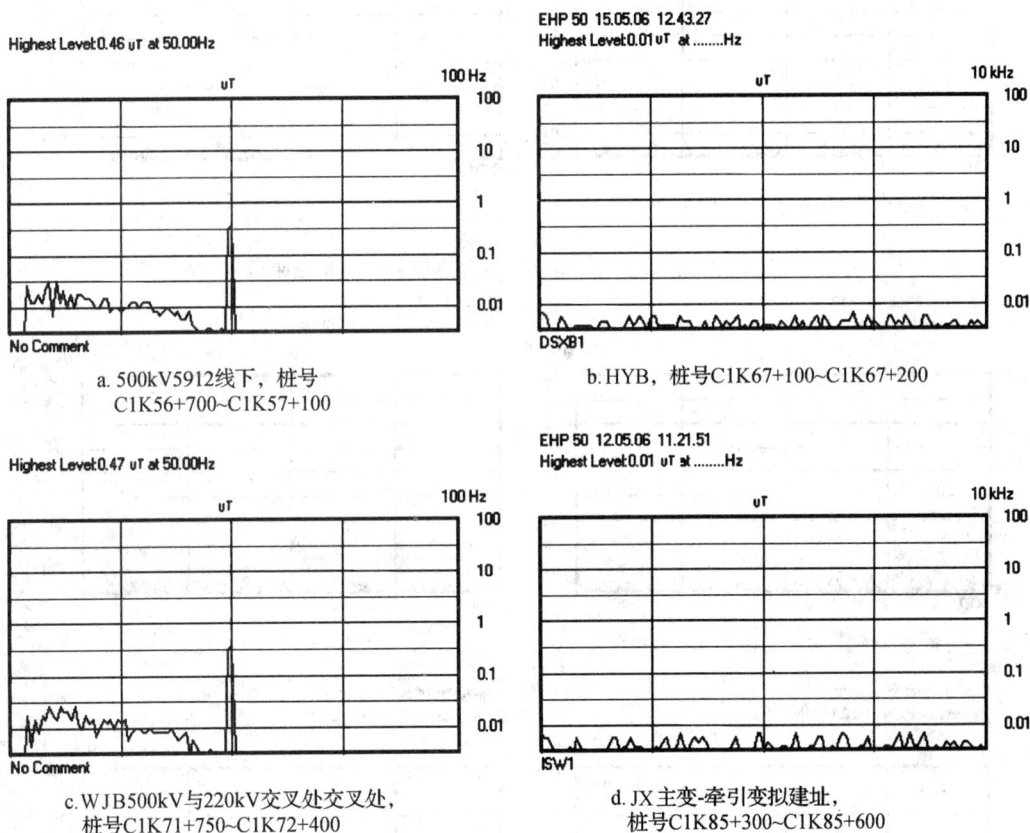

a. 500kV5912线下,桩号 C1K56+700~C1K57+100

b. HYB,桩号C1K67+100~C1K67+200

c.WJB500kV与220kV交叉处交叉处, 桩号C1K71+750~C1K72+400

d.JX主变-牵引变拟建址, 桩号C1K85+300~C1K85+600

图 8-8　线路沿线 5~5kHz 工频磁感应强度测量结果(a)

　　由图 8-8 可知,在高压电线路下,5~5kHz 频率范围内磁感应强度最大值在 50Hz 频率处;在 5~5kHz 频段,磁感应强度均小于 0.03μT;在 50~5kHz 频段,磁感应强度均小于 0.01μT。在磁浮线路周围一般农村地区,5~5kHz 的磁感应强度均小于 0.01μT。以上监测结果均低于评价标准限值,可见,5~5kHz 磁场环境质量良好。

EHP 50 12.05.06 10.28.34
Highest Level:0.01 uT at ....Hz

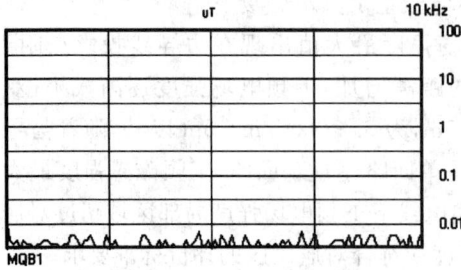

e. MQB，桩号C1K90+150~C1K91+120

EHP 50 15.05.06 13.55.31
Highest Level:0.01 uT at ....Hz

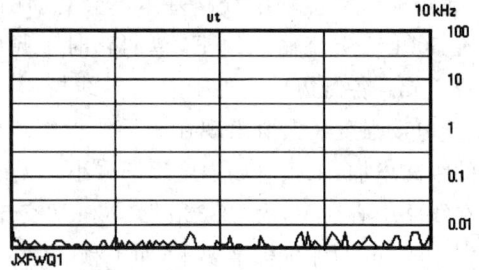

f. JX，桩号C1K98+600~C1K98+800

EHP 50 11.05.06 09.29.01
Highest Level:0.01 uT at ....Hz

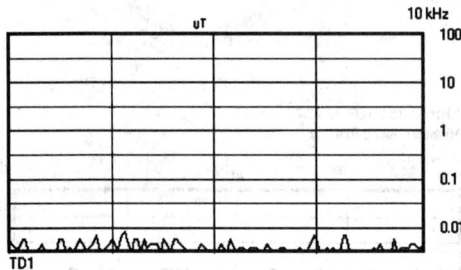

g. TDXX，桩号C1K106+150~C1K106+300

EHP 50 11.05.06 12.45.15
Highest Level:0.01 uT at ....Hz

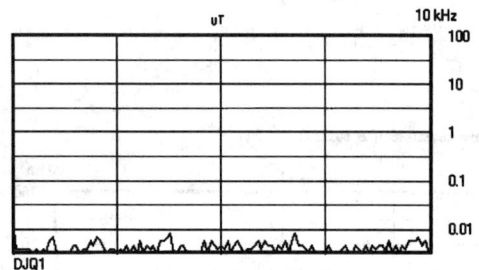

h. DJB主变-牵引变拟建址，桩号
C1K116+480~C1K116+630

图 8-8　线路沿线 5～5kHz 工频磁感应强度测量结果（b）

EHP 50 11.05.06 10.44.19
Highest Level:0.01 uT at ....Hz

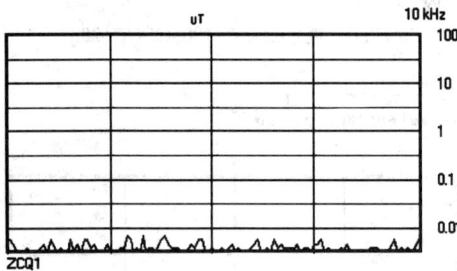

i. ZCQ，桩号C1K119+100~C1K120+300

EHP 50 11.05.06 11.42.07
Highest Level:0.01 uT at 6.525kHz

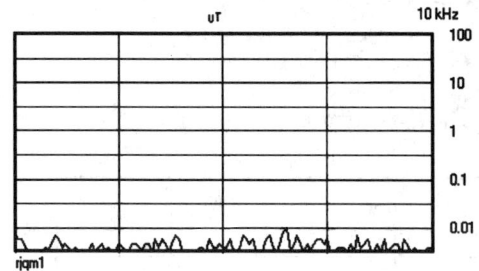

j. RJQM，桩号C1K124+800~C1K125+000

EHP 50 10.05.06 21.55.57
Highest Level:0.04 uT at 0.125kHz

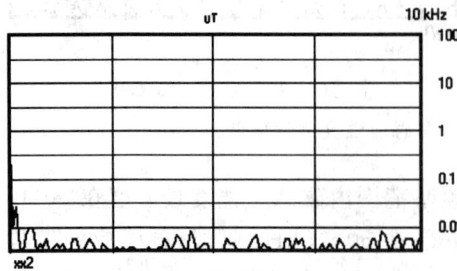

k. YEB，桩号C1K135+420~C1K136+580

EHP 50 10.05.06 17.22.12
Highest Level:0.01 uT at ....Hz

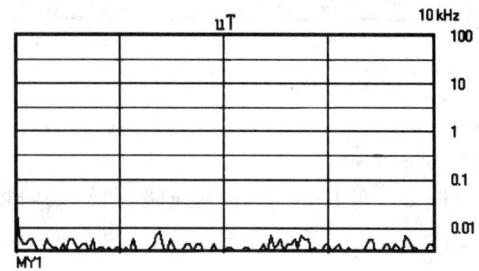

l. MYC，桩号C1K145+520~C1K145+620

图 8-8　线路沿线 5～5kHz 工频磁感应强度测量结果（c）

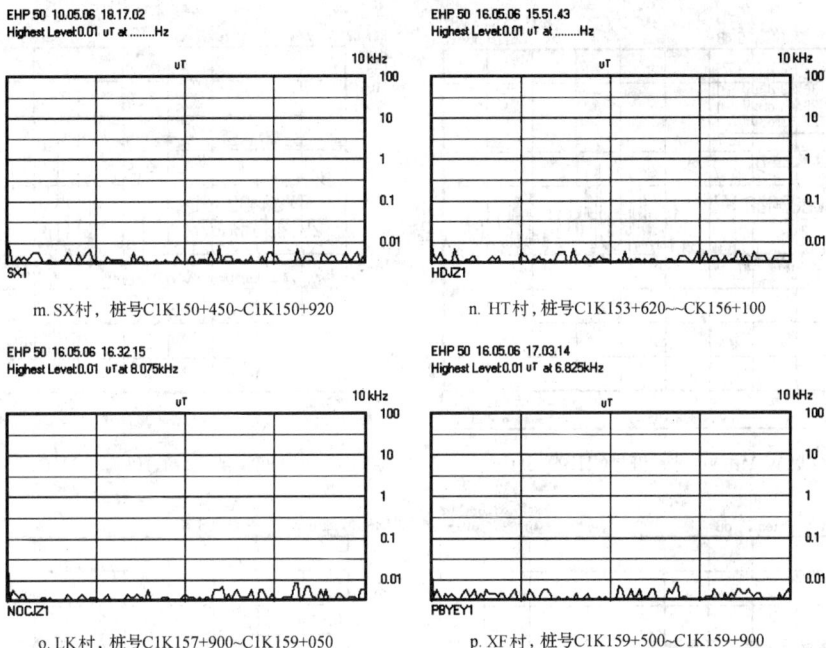

m. SX村，桩号C1K150+450~C1K150+920

n. HT村，桩号C1K153+620~~CK156+100

o. LK村，桩号C1K157+900~C1K159+050

p. XF村，桩号C1K159+500~C1K159+900

图 8-8　线路沿线 5～5kHz 工频磁感应强度测量结果(d)

4.无线电环境

无线电干扰测量结果见表 8-10；当地转播中央电视台一套节目的无线信号现场测量频谱图见图 8-9,ZJ 电视台一套节目的无线信号现场测量频谱图见图 8-10。

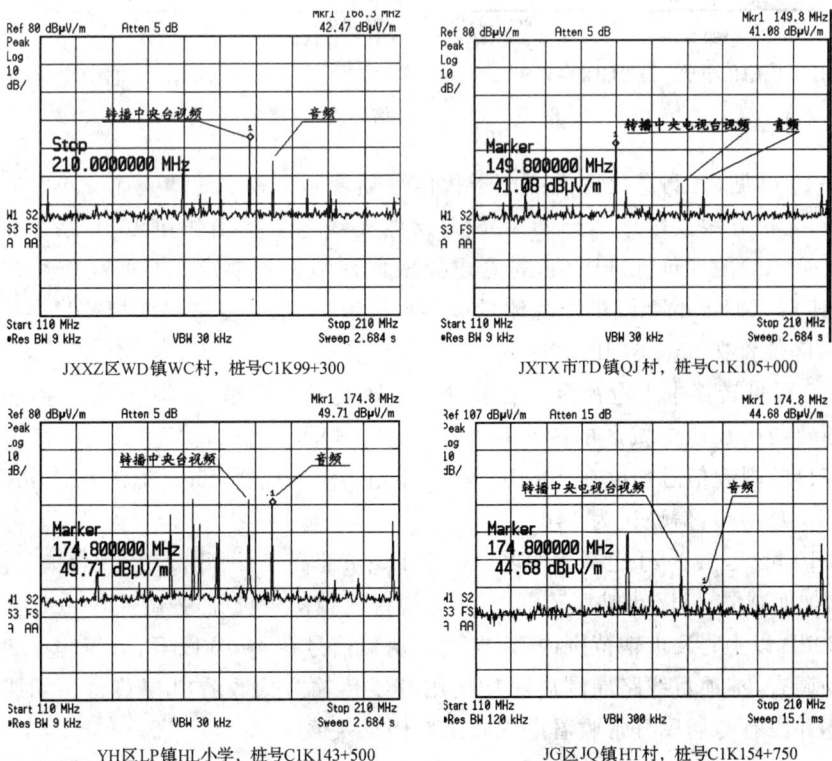

JXXZ区WD镇WC村，桩号C1K99+300

JXTX市TD镇QJ村，桩号C1K105+000

YH区LP镇HL小学，桩号C1K143+500

JG区JQ镇HT村，桩号C1K154+750

图 8-9　转播中央电视台信号峰值频谱

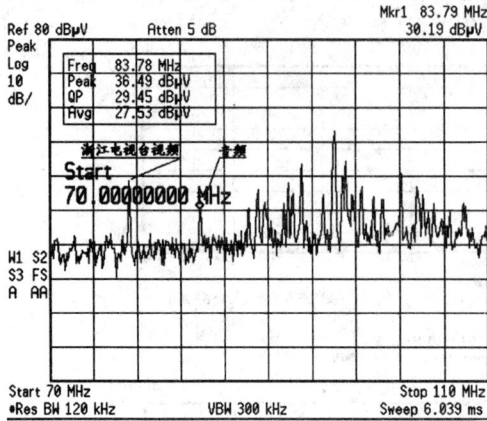

JXXZ区WD镇WC村，桩号C1K99+300

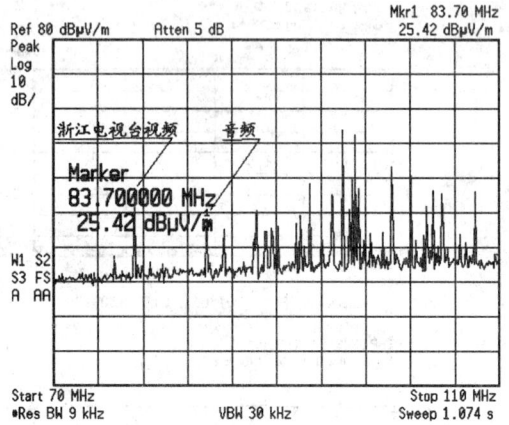

JXTX市TD镇QJ村，桩号C1K105+000

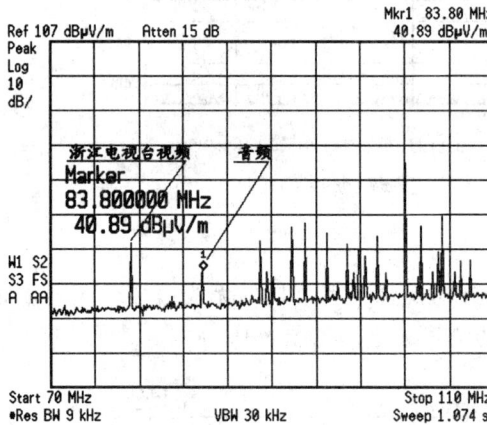

YH区LP镇HL小学，桩号C1K143+500

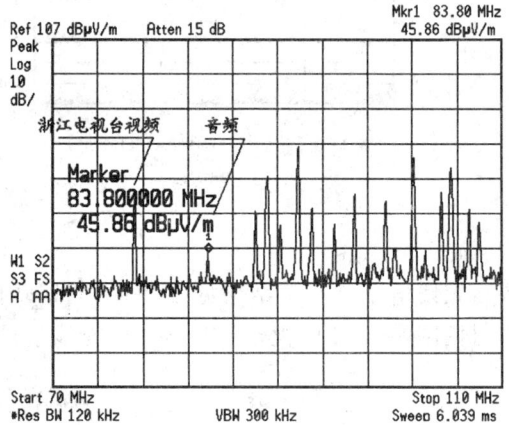

JG区JQ镇HT村，桩号C1K154+750

图 8-10　ZJ 电视台信号峰值频谱

由表 8-10 可见，各测量位置无线电干扰信号随着测量频率的增大而减小。对于 500kV 输电线路下，其边导线投影外 20m 处 0.5MHz 的无线电干扰场强在 40dB(μV/m)以下，远低于 55dB(μV/m)的评价标准限值，符合电磁辐射环境保护要求。在非高压线附近的农村一般地区，其 0.5MHz 的无线电干扰测量值多数区域（包括主变牵引变拟建址）在 30～50dB(μV/m)；局部位置在 55～61dB(μV/m)。

由图 8-9 可见转播中央电视台一套节目由各地发射台承担，由频谱图可见，中央电视台一套信号随着与所在地主城区的距离增加而减弱。JXXZ 区、HZYH 区、JG 区转播中央电视台一套节目的视频信号强度在 40dB(μV/m)以上，信噪比在 25dB 以上。JXTX 市的视频信号为 28dB(μV/m)，信噪比为 14dB。

由图 8-10 可见，由于 ZJ 电视台发射台位于 HZ 市北高峰，因此，ZJ 电视台信号随着与 HZ 市的距离增加而减弱。HZ 市辖区范围内 ZJ 电视台视频信号较好，强度在 50dB(μV/m)以上，信噪比在 20dB 以上；JX 市辖范围内 ZJ 电视台视频信号在 40dB 以下，信噪比在 20dB 左右。

经现场调查，本项目线路周围居民均使用有线传输方式收看电视节目。无线电视信号的质量好坏并没有与居民日常收看电视效果有因果关系。

表 8-10　工程沿线部分无线电干扰现状水平测量结果

编号	点位描述	桩号	频率/MHz	准峰值（标准差）/dB(μV/m)	
				昼间	夜间
1	500kV 5912 线边导线外 20m	C1K56+700～C1K57+100	0.5 20m	32.29(0.14)	—
			0.15 20m	39.13(0.06)	—
			0.25	41.38(0.20)	—
			1.0	47.73(0.50)	—
			1.5	27.11(0.26)	—
			3.0	19.57(0.12)	—
			6.0	16.52(0.22)	—
			10	39.53(0.29)	—
			15	35.71(0.15)	—
			30	15.52(0.12)	—
2	HYB 村	C1K67+100～C1K67+200	0.5	58.25(0.17)	—
			0.15	61.05(0.27)	—
			0.25	52.59(0.17)	—
			1.0	51.37(0.28)	—
			1.5	40.97(0.13)	—
			3.0	33.50(0.14)	—
			6.0	40.37(0.23)	—
			10	33.59(0.34)	—
			15	32.20(0.27)	—
			30	16.27(0.41)	—
3	JX 主变— 牵引变拟建处	C1K85+300～C1K85+600	0.5	39.49(0.21)	—
			0.15	45.94(0.42)	—
			0.25	45.50(0.27)	—
			1.0	47.19(0.56)	—
			1.5	34.60(0.19)	—
			3.0	32.42(0.24)	—
			6.0	18.48(0.21)	—
			10	26.03(0.44)	—
			15	29.56(1.79)	—
			30	15.61(0.21)	—
4	MQB 村	C1K90+150～C1K91+120	0.5	33.67(0.22)	—
			0.15	42.65(0.17)	—
			0.25	38.77(0.10)	—
			1.0	42.70(0.23)	—
			1.5	25.59(0.23)	—
			3.0	22.46(0.97)	—
			6.0	19.57(0.24)	—
			10	23.22(0.57)	—
			15	29.57(0.73)	—
			30	15.64(0.13)	—

续表

编号	点位描述	桩号	频率/MHz	准峰值（标准差）/dB(μV/m)	
				昼间	夜间
5	500kV 5415 线边导线 投影外 20m	C1K98＋150～C1K98＋300	0.5 20m 处	35.26(0.23)	38.65(0.14)
			0.15 20m 处	43.31(0.19)	69.41(0.15)
			0.25	46.38(0.27)	66.11(0.06)
			1.0	53.32(0.52)	57.53(0.18)
			1.5	33.28(0.21)	48.53(0.16)
			3.0	28.44(0.27)	41.41(0.21)
			6.0	38.68(0.40)	39.76(0.10)
			10	43.43(0.39)	36.52(0.10)
			15	30.56(0.26)	50.43(0.26)
			30	15.78(0.19)	16.15(0.28)

8.5.7 电磁环境影响预测与评价

1. 静磁场

（1）本工程对周围环境静磁场影响分析

根据德方提供的技术资料,列车内运行时车内不同高度处静磁场强度数值见图 8-11;导向轨附近不同距离处直流磁场情况见图 8-12。

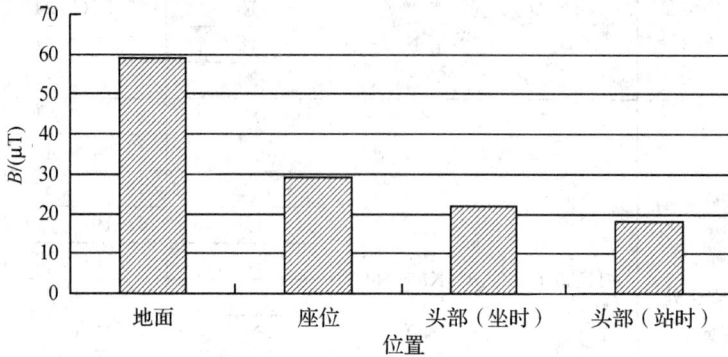

图 8-11　列车内静磁场

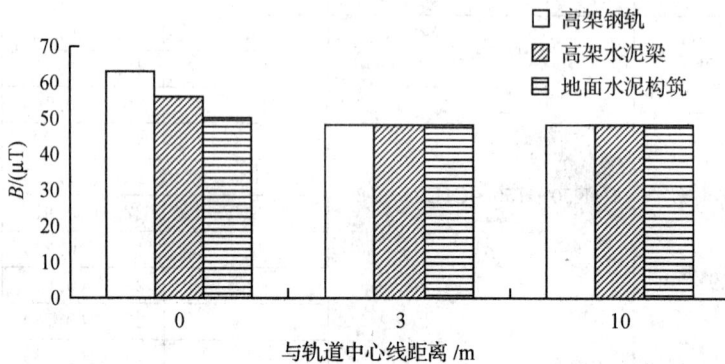

图 8-12　导向轨附近最大静磁场

由图 8-11 可知,列车内静磁场最大值出现在车内地面,为 60μT,随着离地面高度的增加静磁场逐渐衰减,至座位处(距地板 0.5m)为 30μT,至站立头部处(距地板 1.8m)为 15μT。

由图 8-12 可知,导向轨下方无论时在高架钢轨、高架水泥梁或者地面水泥构筑附近,静磁场强度均低于 70μT,随着与轨道中心线距离的增加,静磁场逐渐衰减,至轨道中心线外 3m,静磁场强度趋向与地磁水平。本工程各侧轨道中心线与周围敏感点的距离均大于 10m,因此,不会对敏感点的静磁场环境产生影响。

以上静磁场数值均远低于 10mT 的静磁场评价标准,本工程静磁场影响符合电磁辐射环境保护要求。

(2)外部直流输电线路对本工程影响分析

采用理论计算方法预测 500kV 直流 GN 线对本工程的静磁场影响。将导线近似为无限长直导线,采用毕奥—萨伐尔定律分析计算磁场影响。

线路额定电流取 3000A,双极之间水平距离为 14m,计算结果见表 8-11;输电线路对离轨面 0m 处(支撑电磁铁附近)、2.7m 处(乘客站位头部位置)、3.2m 处(列车顶)的磁场横向分布情况见图 8-13。

表 8-11　GN 线与距离轨顶 16m 时线下静磁场预测结果

单位:μT

与 GN 线中心线 水平距离/(m)		0	5	10	15	20	25	30	35	40	45	50
$h=0\text{m}^a$	垂直	27.4	22.5	11.9	2.8	1.9	3.6	3.9	3.7	3.3	2.9	2.5
	水平	0	12.9	18.5	16.9	12.8	9.0	6.3	4.5	3.2	2.4	1.8
	合成	27.4	25.9	22.0	17.2	12.9	9.7	7.4	5.8	4.6	3.7	3.1
$h=2.7\text{m}$	垂直	37.0	28.9	12.1	0	4.6	5.5	5.2	4.5	3.8	3.2	2.7
	水平	0	19.1	25.7	20.9	14.2	9.2	6.1	4.2	2.9	2.1	1.6
	合成	37.0	34.7	28.4	20.9	14.9	10.8	8.0	6.1	4.8	3.9	3.2
$h=3.2\text{m}$	垂直	39.3	30.4	12.0	0.7	5.3	5.9	5.4	4.6	3.9	3.3	2.8
	水平	0	20.7	27.3	21.7	14.4	9.2	6.0	4.1	2.9	2.1	1.6
	合成	39.3	36.7	29.9	21.7	15.3	11.0	8.1	6.2	4.8	2.9	3.2

注:a. 指与轨面的高度。

由表 8-11 及图 8-13 可知,直流 GN 线离轨面 16m 高度时,其线下同一离轨面高度处磁感应强度垂直分量和合成场强最大值出现在两极导线中间;水平分量最大值出现在两极导线外侧约 3~4m 处。同一垂直面上,磁感应强度基本上随着高度的增加而增加。所有预测结果均小于 40μT,与地磁水平相当。与地面磁场合成后不会超过 2 倍地磁场强度,远低于 10mT 的静磁场评价标准。500kV 直流 GN 线按可研的高度要求迁改后,本工程受其影响符合电磁辐射环境保护要求。

2. 工频(50Hz)电场、磁场

(1)本工程对周围环境工频电磁场影响分析

①列车

a. 垂直方向磁场

b. 水平方向磁场

c. 合成磁场

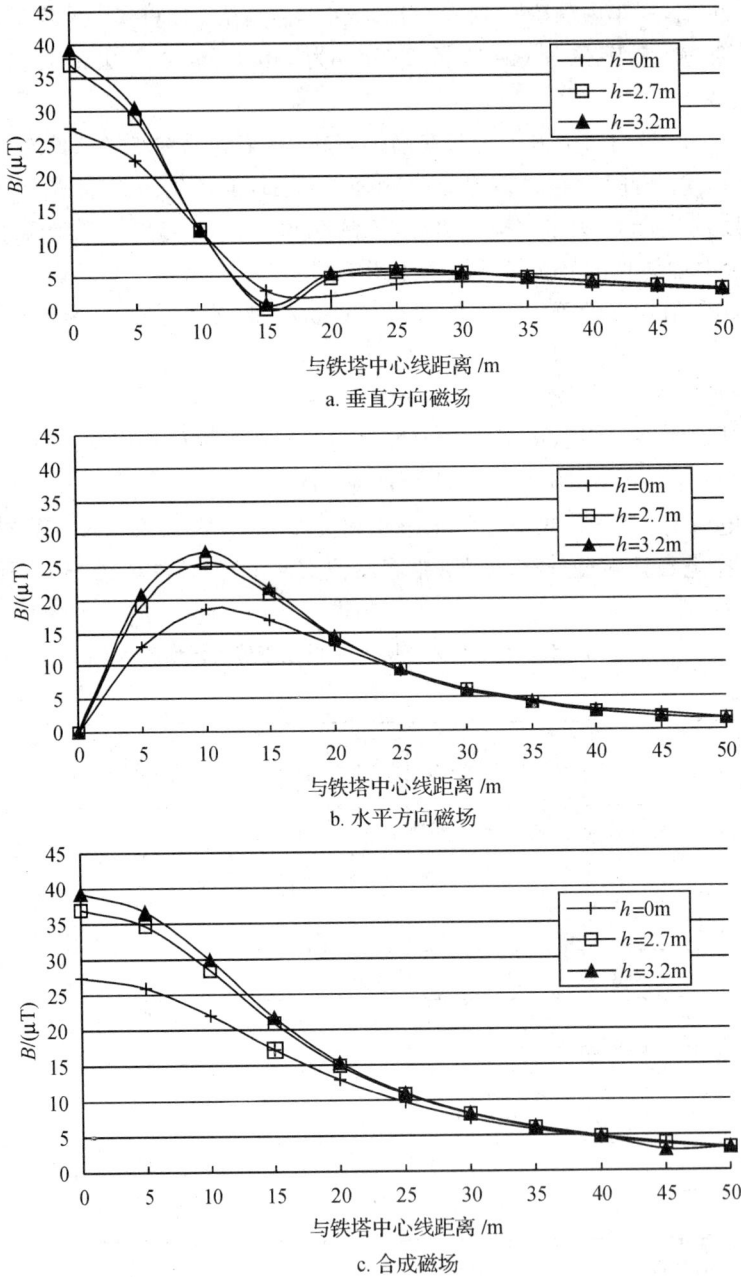

图 8-13　±500kV GN 线 16m 高时离轨面不同高度处磁感应强度横向分布

采用类比监测的方法进行预测。类比监测对象选择目前正常营运的 S 磁悬浮既有线，其列车、轨道、驱动、供电及运行控制等五个部分参数与本工程基本一致，且 S 磁悬浮线沿线涉及市区、郊区，与本工程也相近，因此，具有较好的可类比性。

对列车运行和停驶时车厢内外均进行了测量。其中车厢内点位包括乘客座位、过道、驾驶室的离地板不同高度处；车厢外包括车站、沿线居民区等敏感点。

车内：列车运行时，车厢内工频电场强度在 $1.24 \sim 2.85\text{V/m}$ 之间，平均值为 1.33V/m，其每层高度测得的平均值随距离列车地板高度的升高变化不大；车厢内座位处工频磁感应强度在 $0.06 \sim 4.7\mu\text{T}$ 之间（见表 8-12），其每层高度测得的平均值随与列车地板高度的增加而减小。驾驶室内工频电场强度在1.24～2.85V/m之间,平均值为1.33V/m,其每层高度测得的平均值随与列车地板高度的基本上无相关性;驾驶室内工频磁感应强度在7.1～26.7μT之间(见表8-12),在靠近地板和操控台高度处测量值较高。

表8-12　车厢内不同高度工频磁感应强度

离地板高度/m		0.1	0.5	1.2	1.5	1.7
乘客车厢	平均值/(μT)	1.38[0.2]	0.64[0.06]	0.46[0.03]	0.42[0.03]	0.32[0.02]
	最大值/(μT)			4.7[0.92]		
	最小值/(μT)			0.06[0.02]		
驾驶室	平均值/(μT)	22[0.05]	13.45[0.06]	1.69[0.06]	9.25[0.07]	8.02[0.06]
	最大值/(μT)			26.7[0.08]		
	最小值/(μT)			7.1[0.04]		

注:表中[*]外为列车运行时的值,[*]内为列车停驶时的值。

列车停驶时,车厢内工频电场强度在1.24～3.13V/m,平均值为1.34V/m,其每层高度测得的平均值与距离列车地板高度无相关性;车厢内座位处工频磁感应强度0.02～0.92μT(见表8-12),其每层高度测得的平均值随距离列车地板高度的增加而减小。驾驶室内工频电场强度在1.24～1.82V/m,平均值为1.33V/m,其每层高度测得的平均值随距离列车地板高度的升高变化不大;驾驶室内工频磁感应强度0.04～0.08μT(见表8-12),其每层高度测得的平均值随距离列车地板高度的增加而增加。

在0、100、200、300、400、430km/h等不同的车速下,加速或减速,车厢座位之间,距地1.5m,工频电场强度为1.24～1.34V/m;工频电场强度与车速间基本无相关性。工频磁感应强度,除0km/h速度时较低外,其余为0.17～0.26μT(见表8-13)。

表8-13　不同时速车厢内离地板1.5m工频电磁场监测结果

列车行驶速度/(km/h)	工频电场强度/(V/m)	工频磁感应强度/μT
0(未悬浮时)	1.24	0.09
0(加速时)	1.34	0.02
100(加速时)	1.26	0.27
200(加速时)	1.26	0.26
300(加速时)	1.32	0.2
400(加速时)	1.32	0.27
430(加速时)	1.28	0.24
400(减速时)	1.33	0.24
300(减速时)	1.31	0.17
200(减速时)	1.26	0.25
100(减速时)	1.25	0.26

车站:监测结果见表8-14。由表可见,列车启动并行驶时,车站站台处工频电场强度在1.24～1.25V/m之间,工频磁感应强度在0.24～1.13μT;列车驶离后,工频电场强度为1.25V/m,磁感应强度为0.02μT。比较可见,列车启动行驶对不会影响车站站台的工频电场,但可以使工频磁感应强度有一定增加。

表8-14　车站站台工频电磁场测量结果

车站	测点位置	工频电场强度/(V/m)	工频磁感应强度/(μT)
LY路车站	列车西侧1号车厢西侧1/3处北侧	1.24	0.24
	列车西侧1号车厢西侧2/3处北侧	1.25	0.3
	列车西侧2号车厢西侧1/3处北侧	1.24	0.42
	列车西侧2号车厢西侧2/3处北侧	1.24	0.47
	列车西侧3号车厢西侧1/3处北侧	1.25	0.52
	列车西侧3号车厢西侧2/3处北侧	1.24	0.59
	列车西侧4号车厢西侧1/3处北侧	1.25	0.62
	列车西侧4号车厢西侧2/3处北侧	1.24	0.81
	列车西侧5号车厢西侧1/3处北侧	1.25	1.12
	列车西侧5号车厢西侧2/3处北侧	1.24	1.13
	站台一侧玻璃挡板后[a]	1.25	0.02

注:a. 为列车驶离后测量。

周围敏感目标:周围各敏感目标处监测结果见表8-15。由表8-15可见,周围各敏感点工频电磁场环境与有无列车驶过关系不大,电场强度在1.25~8.25V/m,磁感应强度在0.02~0.05μT,基本与当地工频电磁场背景水平相当。

表8-15　周围敏感点工频电磁场强度类比监测结果

测点位置(距轨道梁距离)	导向轨墩位	工频电场强度/(V/m)	工频磁感应强度/(μT)
LG村1号门口(30m)	P0036	2.06	0.05
(列车驶过时)		2.04	0.07
LG村1号2楼阳台	P0036	1.47	0.04
(列车驶过时)		—	0.04
GS村326号前(30m)	P0356	1.39	0.03
(列车驶过时)		1.44	0.04
BC村南宅57号南楼2楼阳台(40m)	P0212	8.08	0.02
(列车驶过时)		8.25	0.03
HGJZ 2楼阳台(38m)	P0564	3.75	0.03
(列车驶过时)		3.56	0.05
ZJZ 32号2楼阳台(112m)	P0775	1.25	0.02
(列车驶过时)		1.74	0.03

影响评价:从类比监测结果可以预测,本工程建成运行后,无论是车内,还是车站或周围敏感点的工频电磁场强度均远低于各自的评价标准限值(工频电场4kV/m,工频磁场0.1mT),符合电磁辐射环境保护要求。

②主变－牵引变

采用类比监测的方法进行预测。类比对象为既有S磁悬浮线LY路主变－牵引变(简称LY变),可比性分析见表8-16。

表8-16　本工程新建主变－牵引变与LY变可比性参数

名称	性质	类型	布置	电压/(kV)	容量/(MVA)	备注
JX站	新建	主变－牵引	户内	110/20	3×20	2台单列运行,1台备用
DJB	新建	主变－牵引	户内	110/20	3×20	2台单列运行,1台备用
维修基地	新建	主变－牵引	户内	110/20	3×20	2台单列运行,1台备用
LY路	已建	主变－牵引	户内	110/20	2×40	2台单列运行

由表 8-16 可见,本工程新建变电所与既有线 LY 变除容量上有一定差异外,其余参数基本一致。LY 变容量为 2 台 40MVA 主变,新建的三个变电所虽然各有 3 台主变,但其中一台为备用,因此,LY 变实际运行容量将大于新建变电所。从不利情况考虑,LY 变具有较好的可比性。

LY 变工频电磁场类比监测结果见表 8-17,监测点位见图 8-14。

表 8-17　LY 变电磁辐射环境监测结果

序号	测点位置	工频电场强度/(V/m)	工频磁感应强度/(μT)
♯1	110kV 变电房东侧边界外 1 米处	1.26	0.449
♯2	110kV 变电房东南侧边界外 3 米处	1.26	0.202
♯3	110kV 变电房东南侧边界外 5 米处	1.26	0.2
♯4	110kV 变电房西南侧靠东边界外 1 米处	1.25	0.672
♯5	110kV 变电房西南侧靠东边界外 3 米处	1.25	0.176
♯6	110kV 变电房西南侧靠东边界外 5 米处	1.23	0.073
♯7	110kV 变电房西南侧靠西边界外 1 米处	1.26	0.291
♯8	110kV 变电房西南侧靠西边界外 3 米处	1.24	0.158
♯9	110kV 变电房西南侧靠西边界外 5 米处	1.21	0.171
♯10	110kV 变电房西北侧边界外 1 米处	1.25	1.362
♯11	110kV 变电房西北侧边界外 3 米处	1.26	0.693
♯12	110kV 变电房西北侧边界外 5 米处	1.26	0.473
♯13	110kV 变电房东北侧边界外 1 米处	1.26	1.831
♯14	110kV 变电房东北侧边界外 3 米处	1.25	0.787
♯15	110kV 变电房东北侧边界外 5 米处	1.25	0.524
♯16	20kV 变电房东南侧边界外 1 米处	1.27	0.26
♯17	20kV 变电房东南侧边界外 3 米处	1.26	0.157
♯18	20kV 变电房东南侧边界外 5 米处	1.33	0.275
♯19	20kV 变电房西南侧靠东边界外 1 米处	1.27	0.124
♯20	20kV 变电房西南侧靠东边界外 3 米处	1.25	0.108
♯21	20kV 变电房西南侧靠东边界外 5 米处	1.27	0.118
♯22	20kV 变电房西北侧边界外 1 米处	1.24	0.097
♯23	20kV 变电房西北侧边界外 3 米处	1.36	0.03
♯24	20kV 变电房西北侧边界外 5 米处	1.46	0.024
♯25	20kV 变电房东北侧靠西边界外 1 米处	1.26	0.059
♯26	20kV 变电房东北侧靠西边界外 3 米处	1.27	0.053
♯27	20kV 变电房东北侧靠西边界外 5 米处	1.36	0.039
♯28	LY 变电站东南侧围墙外 1 米处	1.26	0.043
♯29	LY 变电站西南侧围墙外 1 米处	1.25	0.143
♯30	LY 变电站西北侧围墙外 1 米处	1.26	0.022
♯31	LY 变电站东北侧围墙外 1 米处	1.26	0.061
♯32	LY 变电站东北侧围墙外 1 米处	1.26	0.357

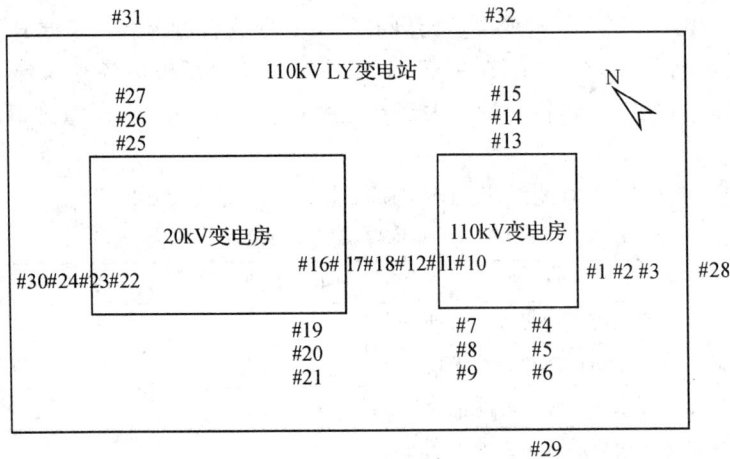

图 8-14　LY 变类比监测点

　　由表 8-17 可见,类比的 LY 变的工频电场强度在 1.21～1.46V/m 之间,随着与变电房的距离改变,工频电场强度变化不大,基本与当地背景水平相当;磁感应强度在 0.022～1.831μT 之间,随着与变电房的距离增加而减小。以上测量结果均远低于评价标准限值。

　　由类比监测结果可以预测,本工程三个新建主变－牵引变建成投运后,其对周围各敏感点的工频电磁场贡献甚小,它们的工频电磁环境基本保持现状的背景水平,符合电磁辐射环境保护要求。

　　③110kV 主变进线

　　考虑 DJB 主变－牵引变 110kV 架空进线的电源均来自 220kV BT 变电站,从减小线路走廊宽度,减小电磁场影响范围,应采用同塔双回路架线。

　　采用理论计算方法预测 DJB 主变－牵引变 110kV 架空进线的工频电磁场影响。计算模式根据"国际大电网会议第 36.01 工作组"推荐的方法(见《500kV 超高压送变电工程电磁辐射环境影响评价技术规范》(HJ/T24-1998)之附录 A 及附录 B)。

　　在参数选取时,按一般线路典型断面考虑,导线为 LGJ-300/25 型,鼓排列,同相序排列(为不利情况),电压为 110kV,电流为 158A(每台主变 30MVA 考虑)。

　　按《110kV～750kV 架空输电线路设计规范》(GB50545－2010)的要求,110kV 架空送电线跨越住宅处时,与屋顶的垂直距离需大于 5m;在居民区无跨越处,对地距离需大于 7m。由此计算线路下居民区地面或跨越不同居民住宅屋顶位置处的工频电场强度和磁感应强度,计算结果见表 8-18。

表 8-18　DJB 110kV 架空输电线路居民区的电场、磁感应强度分布情况

位置		最大工频电场强度/(kV/m)	最大磁感应强度/(μT)
跨越民房屋顶	12m 房高屋顶(离线路 5m)	2.0	7.1
	9m 房高屋顶(离线路 5m)	2.1	7.1
	6m 房高屋顶(离线路 5m)	2.2	7.1
	3m 屋顶(离线路 5m)	2.5	7.1
地面	线路离地 7m	2.2	4.4

　　根据以上理论计算结果可知,110kV 输电线路符合设计规程要求时,其对线路下地面或所跨越的民房的工频电磁场贡献低于评价标准限值,符合电磁辐射环境保护要求。因此,DJB 主变－牵引变进线对地及有跨越民房处的距离可按设计规程要求实施。

为减小对当地规划和居民房屋翻建的影响,建议输电线路路径选择时,尽量避开各规划区,尽量避免跨越民房。贯彻输电线路电磁场"可合理达到尽量低"的原则。

（2）外部输电线路对本工程影响分析

采用理论计算方法预测外部 500kV、110kV、110kV 输电线路对列车运行时的工频电磁场影响,计算参数见表 8-19,计算结果见表 8-20。

表 8-19 理论计算参数

电压	500kV		220kV		110kV	
项目	单回路	双回路	单回路	双回路	单回路	双回路
导线排列方式	三角型	鼓型	三角型	鼓型	三角型	鼓型
导线分裂	四分裂	四分裂	二分裂	二分裂	单股	单股
相序排列	—	逆相序	—	同相序	—	同相序
分裂导线间距/(mm)	450	450	400	400	—	—
次导线半径/(mm)	13.41	13.41	13.41	13.41	11.80	11.80
计算电压/(kV)	525	525	231	231	112	112
相电流/(A)	866	866	473	473	262	262

表 8-20 理论计算结果

	电压		500kV		220kV		110kV	
	项目		单回	双回	单回	双回	单回	双回
	可研中离轨面距离要求/m		16	16	10.8	10.8	10.8	10.8
	离轨面 3.2m 处电场强度/(kV/m)		5.3	5.1	4	4.6	1.1	1.6
	在可研要求基础上是否还需加高		是	是	否	是	否	否
	新的高度要求/m		19	19	10.8	12	10.8	10.8
加高后	离轨面 3.2m 处	磁感应强度/(μT)	12.8	6.6	10.7	12.2	4.8	6.4
		评价标准限值/(μT)	100	100	100	100	100	100
	离轨面 7m 处	磁感应强度/(μT)	20.1	9.0	20.7	19.0	10.3	11.8
		可研报告要求/(μT)	125	125	125	125	125	125

由表 8-18 可见,对于列车穿越的 500kV 高压交流输电线路,可研报告中要求的 16m 高度是不够的,应达到离轨面 19m 的垂直距离。对于 220kV 高压交流单回架设的输电线路,按可研报告要求的抬升高度即可;同塔双回架设的应达到离轨面 12m 的垂直距离。对于 110kV 高压交流输电线路,按可研要求的抬升高度即可。

在符合表 8-18"新的高度要求"时,列车穿越的各电压等级交流输电线路下工频磁感应强度均符合评价标准要求。

3.5Hz～5kHz 磁场

采用类比监测的方法进行预测。类比监测对象也选择目前正常营运的 S 磁悬浮既有线,监测结果见图 8-15。

从图中可见,随着车速的增加,低频磁场频域分布越宽。但基本上控制在 5～750Hz 频段,在该频段内,峰值磁感应强度不大于 1.1μT。

由类比监测结果可以预测,本工程对周围环境 5～5kHz 磁场贡献远低于该频段的评价标准限值,符合电磁辐射环境保护要求。

4.无线电环境

列车、轨道各带电设备产生的无线电干扰,其频率一般在 30MHz 以下,对周围的无线电视信号（频率在 45MHz 以上）产生影响甚小,周围无线电视信噪比将保持现状水平。而且,线路沿线均实现电视信号的有线传输,因此,本工程无线电噪声不会对周围收看电视的质量产生干扰影响。同样,线路沿线移动通信工作频率在 900MHz 和 1800MHz 附近,因此,不会影响周围移动通信的信号传输和通话。

EHP 50 12.01.05 10.34.28
Highest Levet 0.09 μT at 50.0Hz

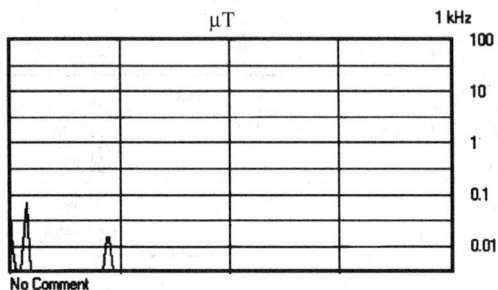

列车静止时

EHP 50 12.01.05 10.48.01
Highest Levet 0.53 μT at ....Hz

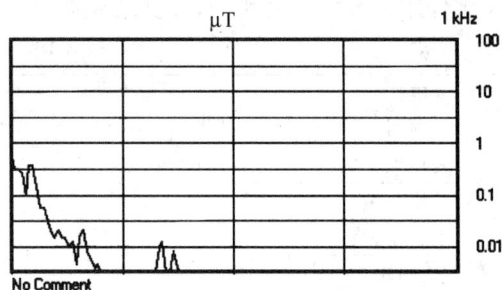

时速 100km/h

EHP 50 12.01.05 10.48.43
Highest Levet 0.71 μT at ....Hz

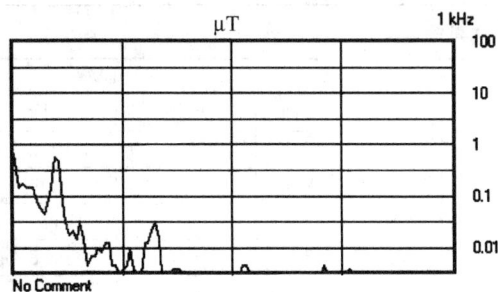

时速 200km/h

EHP 50 12.01.05 10.49.37
Highest Levet 0.87 μT at 12.5Hz

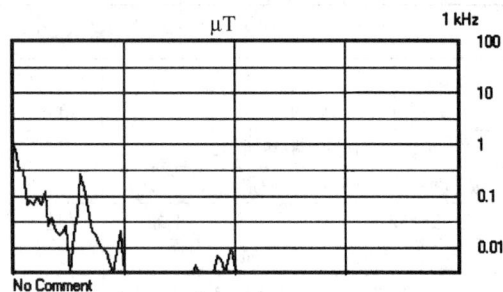

时速 300km/h

EHP 50 12.01.05 10.50.21
Highest Levet 0.91 μT at 12.5Hz

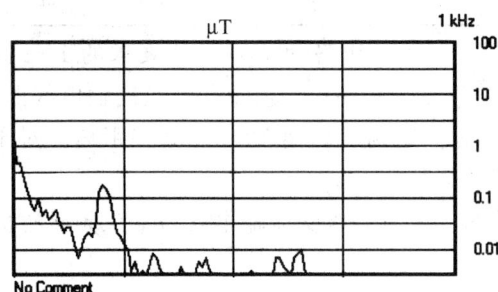

时速 400km/h

EHP 50 12.01.05 10.50.48
Highest Levet 1.01 μT at 15.0Hz

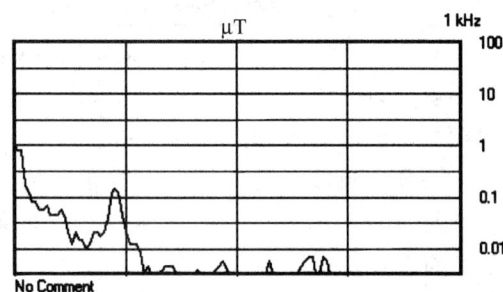

时速 430km/h

图 8-15　不同时速下车厢内离地 1m 处磁感应强度

　　本工程铁路在经过 H 市 G 区附近,靠近 X 机场,该机场目前为军用机场。从目前收集的资料来看,铁路与各导航设备的最近距离大于 300m,和上海某示范线与 PD 国际机场导航设备的距离(小于 200m)相比略大,因此应不会对 X 机场导航设备正常运行产生影响。为慎重起见,建议最终确定轨道线路路径时,征询 X 机场的意见。

　　根据我们对某省内 10 个左右的 110kV 变电所及其架空进线的测量结果统计,在变电所围墙外或架空线路边导线投影外 20m 处,其对 0.5MHz 频率的无线电干扰贡献值均低于 46dB 的评价标准限值,本工程主变—牵引变及其架空进线电压为 110kV,因此,其无线电干扰水平也能符合评价标准要求。

5.37.1～38.5GHz 电磁场

对该频段电磁场的预测也采用对 S 磁悬浮既有线的类比监测,类比监测地点为 2A13 号轨旁天线下及列车驾驶室,监测结果见表 8-21。

表 8-21　既有线 38G 天线类比监测结果

序号	测点位置	综合电场/(V/m) (80MHz～40GHz)	换算成功率密度 /(W/m²)	评价标准 /(W/m²)	达标情况
#1	沿轨道梁,距天线水平 距离约 10 米处	2.32	0.014	<1	达标
#2	沿轨道梁,距天线水平 距离约 20 米处	2.10	0.012	<1	达标
#3	沿轨道梁,距天线水平 距离约 30 米处	2.04	0.011	<1	达标
#4	磁浮列车驾驶室 车门上方 0.5 米处	3.14	0.026	<1	达标

类比监测结果表明,在 38G 天线发射杆(2A13)下,沿轨道水平方向,功率密度(80MHz～40GHz)为 0.011～0.014W/m²,并有随离通信固定天线发射杆距离加大而减小的趋势。磁悬浮快速列车外近驾驶室门框上 0.5 米处,功率密度(80MHz～40GHz)为 0.026W/m²。以上测量结果为 80MHz～40GHz 频率范围内的综合场强,不仅仅是 38G 天线的贡献。

38G 天线方向性好,其主射方向不会正对周围居民房等敏感目标,因此,轨旁 38G 天线对线路沿线各敏感目标的电磁辐射贡献将低于类比监测结果,符合评价标准要求。

车载 38G 天线主要与轨旁天线通信,其主瓣不会正对车厢,因此,虽然车载天线与车厢距离更近,但其对车厢内各位置的电磁辐射贡献也可符合评价标准要求。

6.结　论

(1)列车运行时对车厢内,周围敏感点的静磁场贡献与地磁水平相当,远低于 10mT 的评价标准限值,符合电磁辐射环境保护要求。

列车需要穿越的 500kV 直流 GN 线按可研的高度要求迁改后,轨面至离其 3.2m 高度范围内,静磁场强度不会超过 2 倍地磁场强度,远低于 10mT 的静磁场评价标准限值。本工程受直流 GN 线影响符合电磁辐射环境保护要求。

(2)无论是列车运行还是停驶状态,车厢内乘客位置、驾驶室,车厢外站台,各敏感点工频电磁场强度远低于评价标准限值(电场 4kV/m,磁场 0.1mT),符合电磁辐射环境保护要求。

本工程三个新建主变－牵引变建成投运后,其对周围各敏感点的工频电磁场贡献甚小,它们的工频电磁环境基本保持现状的背景水平,符合电磁辐射环境保护要求。

考虑 DJB 主变－牵引变 110kV 架空进线的电源均来自 220kV BT 变电站,应采用同塔双回路架线。建议输电线路路径选择时尽量避开各规划区,尽量避免跨越民房。确需跨越居民房时,按 GB5045-2010 的要求间隔一定距离,其对线路下地面或所跨越的民房的工频电磁场贡献可低于评价标准限值,符合电磁辐射环境保护要求。

对于列车穿越的 500kV 高压交流输电线路,应达到离轨面 19m 的垂直距离。对于 220kV 高压交流输电线路,同塔双回架设的应达到离轨面 12m 的垂直距离。其他高压输电线路按可研报告的抬升高度要求。

(3)列车内低频磁场频域分布基本上在 5～750Hz 频段,在该频段内,峰值磁感应强度不大于 1.1μT,符合电磁辐射环境保护要求。

(4)本工程无线电噪声不会对周围居民收看电视的质量产生干扰影响,不会影响周围移动通信的信号传输和通话。不会对 X 机场导航设备正常运行产生影响。为慎重起见,建议最终确定轨道线路路径时,征询 X 机场的意见。本工程主变—牵引变及其架空进线无线电干扰水平也能符合评价标准要求。

(5)轨旁 38G 天线对线路沿线各敏感目标的电磁辐射贡献将低于 $0.014W/m^2$,远低于评价标准限值要求;车载 38G 天线对车厢内各位置的电磁辐射贡献将低于 $0.026W/m^2$,低于评价标准限值要求。38G 天线影响符合电磁辐射环境保护要求。

参考文献

[1] 浙江省环境保护科学设计研究,磁浮交通某线工程环境影响报告书.

[2] 电磁环境监测与评价[M].国家环境保护总局核安全与辐射环境管理司.

[3] HJ453-2008.环境影响评价技术导则 城市轨道交通[S].

[4] 环境影响评价技术导则 输变电工程(报批稿).

[5] DL/T988-2005.高压交流架空送电线路、变电站工频电场和磁场测量方法[S].

[6] GB/T14109.电视、调频广播场强测量方法[S].

第 9 章　质量保证

环境电磁监测是科学性很强的工作,其直接产品就是监测数据,因此,监测质量的好坏集中地反映在数据上。准确可靠的监测数据是环境电磁科学研究、评价和综合治理的依据。

近年来,随着我国环境电磁监测与评价技术的不断深化,质量保证工作越来越得到重视和加强,质量保证体系日趋完善。

9.1　质量保证的意义和内容

9.1.1　质量保证的意义

质量保证是环境电磁监测工作的生命线,是十分重要的技术工作和管理工作,应与其他监测工作同时计划、同时实施、同时检查。开展环境监测质量保证工作可将监测数据的误差控制在允许范围内,使其质量满足代表性、完整性、精密性、准确性和可比性的要求。

质量保证与质量控制,是保证监测数据准确可靠的方法,也是对实验室进行科学管理的有效措施,这可以大大提高监测数据的质量,使环境电磁监测建立在可靠的基础之上。

由于环境电磁监测有着复杂的分析对象、不同的分析人员和分析方法、分析实验室以及不同的时间,因此要保证监测数据准确可靠,必须开展质量保证工作。

9.1.2　质量保证的内容

ISO8402 将质量保证定义为:为使人们确信某产品或服务能满足给定的质量要求所必需的全部有计划、有系统的活动。

环境电磁监测质量保证是整个监测过程的全面质量管理,包括保证环境电磁监测数据正确可靠的全部活动和措施。其主要内容是制定良好的监测计划;根据需要和可能、经济成本和效益,确定对监测数据的质量要求;规定相应的分析测试系统等。

ISO8402 将质量控制定义为:为满足质量要求所采取的作业技术和活动。质量控制是监测过程的控制方法,是质量保证的一部分。

环境电磁监测质量保证的目的在于使监测数据(结果)达到预定的准确度和精密度。为达到这一预定目的所采取的措施和工作步骤都是事先规划好的,通过一系列的规约予以确定,并要求有关工作人员按规约行事,由此使监测步骤处于受检状态。

质量保证包括既有区别又有联系的如下两个方面。

1. 质量评定

其含义有两层:①在实验室投入日常例行分析工作前,需对其分析质量(准确度、精密度、灵敏度、专属性等方面)进行评定,评定合格后方可正式工作;②根据实验室日常工作中对分析质量控制的结果,对实验室的分析质量作出评定,如果发现有质量变差趋势,应及时找出原因并予以纠正。质量评定包括实验室自身评定和发自上级主管部门的外来评定。

2.质量控制

质量控制是为达到质量保证的预期目的而对分析过程采用的一系列控制方法。质量控制包括实验室内部的和实验室之间的质量控制。前者是实验室自我实施的分析质量控制,用以检验分析工作的准确度、精密度及分析质量的稳定性。实验室间的质量控制则能找出实验室内部质量评定中不易发现的误差(特别是对分析结果影响较大的系统误差),便于及时校正,提高分析质量。

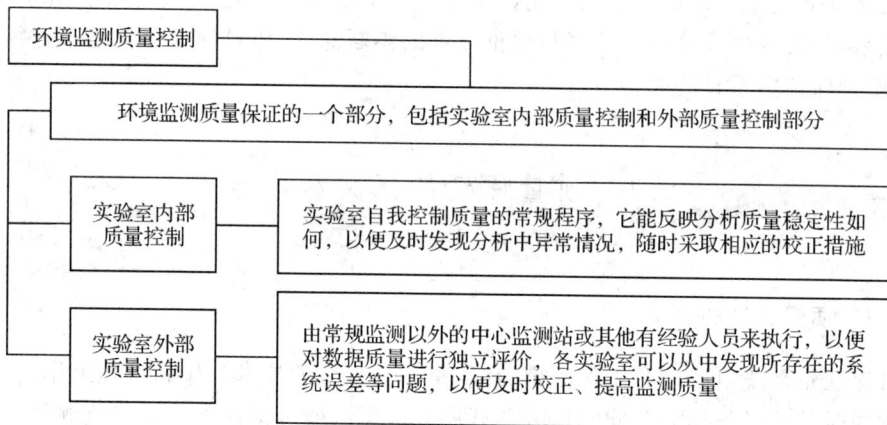

图 9-1 质量控制的分类

环境电磁监测质量保证的主要内容包括监测人员、监测方案、监测仪器与设备、工况核查、监测采样、测量数据及分析、监测报告等方面的质量保证。

9.2 监 测 人 员

环境电磁监测人员实行合格证制度,应经培训,并按照《环境监测人员持证上岗考核制度》要求持证上岗。

持有合格证的人员(以下简称持证人员),方能从事相应的监测工作;未取得合格证者,只能在持证人员的指导下开展工作,监测质量由持证人员负责。

现场监测工作须有 2 名以上监测人员才能进行。在日常工作中要求监测人员:热爱本职工作,明确工作责任,刻苦钻研技术,坚持实事求是的科学态度和一丝不苟的工作作风,严格按规定的技术规程进行工作;爱护仪器仪表等公用设备,对此作经常性检查、校验和维修,发现故障及时排除;对所得到分析数据应及时整理归档,认真填写各种报表,字迹工整,统计正确,按时上报。严禁弄虚作假,伪造数据资料;注意安全,防止事故,经常性地保持实验室整齐清洁;建立健全技术档案,严守国家机密。

9.3 监测方案

9.3.1 制定监测方案的基本原则

1.必须遵循相关法规、标准

必须依据环境保护法规和环境质量标准、污染物排放标准中国家、行业和地方的相关规定。

2.必须遵循科学性、实用性的原则

监测不是目的,是为了保证环保措施的实施;监测数据不是越多越好,而是越有用越好;监测手段不是越现代化越好,而是越准确、可靠、实用越好。所以在制定监测方案时,应做到监测数据满足使用要求即可。

3.全面规划、合理布局

环境问题的复杂性决定了环境监测的多样性,要对监测布点、采样、分析测试及数据处理做出合理安排。现今环境监测技术发展的特点是监测布点设计最优化、自动监测技术普及化、遥感遥测技术实用化、实验室分析和数据管理计算机化,以及综合观测体系网络化。应视不同情况,采取不同的技术路线,发挥各自技术路线的长处。

9.3.2 监测方案的基本内容

环境电磁监测不涉及试样采集、保存与传输,主要应考虑监测点位的优化布设,其监测方案应包括以下基本内容。

1.现场调查与资料收集

应掌握监测项目所在区域环境、污染物执行标准等。

2.监测项目

根据电磁环境相关标准,结合建设项目工程分析,确定监测项目。

我国加入 WTO 以来,为使国内产品打入国际市场并从保护生态环境、人体健康的角度出发以及达到可持续发展的要求,往往需要参照发达国家的相关标准,但监测项目都比参照的标准中项目少。

3.监测范围、点位布设和监测频次

充分考虑项目所在区域的自然环境状况和电磁污染源分布现状,按照相应的监测技术规范要求确定监测范围。优化点位布设和监测频次是在充分考虑电磁场时间、空间分布特征的基础上,取得有代表性监测数据的重要程序。

4.分析测定

根据 1996 年实施的《辐射环境管理导则 电磁辐射监测仪器和方法》(HJ/T10.2-1996)中对上述内容都做了详细规定,可参照执行。

5.全程序质量控制和质量保证(QA/QC)

监测数据是环境监测的产品,只有达到"代表性、准确性、精密性、完整性、可比性"五性要求的数据才符合要求。由于环境电磁污染时间和空间分布的不均匀性和不稳定性,为了如实反映环境质量现状,预测分析电磁环境影响,除了采取优化布点和采样监测频次外,还必须强调全程序 QA/QC。因为时空不可能倒转,必须保证每次采集的环境样品都能得出相应的监测结果。

6.监测方案的实施和承担者的资质要求

必须对实施监测方案的单位即承担监测单位的资质做出相应的规定。

根据我国计量法规定,凡是对社会提供公正性数据的单位必须通过"计量认证"审查,也只有达到"计量认证"要求,加盖 CMA 印章的监测数据才有法律作用。

实验室认可单位也是为社会提供公正性数据的委托单位,虽然我国计量法对实验室认可尚未做出强制性要求,但我国的实验室认可已与国际接轨,有些外国独资企业或合资企业的环评项目,亦可委托通过实验室认可的监测单位实施监测方案。

9.3.3 环境电磁监测方案内容

1.电磁辐射污染源监测方案

电磁辐射污染源的监测方案应包含环境条件、测量仪器、测量时间、测量位置等内容。

2.一般环境电磁辐射监测方案

一般环境电磁辐射的测量方案应包含测量条件(气候条件、测量高度、测量频率、测量时间)、布点方法、测量仪器等内容。

9.4 监测仪器与设备

9.4.1 监测仪器与设备质量保证的内容

1.仪器与设备的检定和校准

属于国家强制鉴定的仪器与设备,应依法送检,并在检定合格有效期内使用;属于非强制检定的仪器与设备应按照相关校准规程自行校准或核查,或送有资质的计量检定机构进行校准,校准合格并在有效期内使用。每年应对仪器与设备检定及校准情况进行核查,未按规定检定或校准的仪器与设备不得使用。

2.仪器与设备的运行和维护

制定仪器与设备年度核查计划,并按计划执行,保证在用仪器与设备运行正常。

监测仪器与设备应定期维护保养,应制定仪器与设备管理程序和操作规程,使用时做好仪器与设备使用记录,保证仪器与设备处于完好状态。每台仪器与设备均应有责任人负责日常管理,责任人应有监督仪器与设备使用规范性的权利与义务。

3.质控检查

每季度现场抽查仪器与设备使用情况和使用记录。检查仪器与设备运行状况是否正常,仪器与设备使用是否按操作规程要求进行,检查仪器与设备使用记录是否真实规范。抽查仪器与设备年度核查执行情况,确认仪器与设备核查使用的标准样品有效。仪器与设备年度核查方法应符合相关标准或检验规程的要求。

9.4.2 环境电磁辐射监测仪器与设备质量保证的具体内容

环境电磁监测所用仪器必须与所测对象在频率、量程、响应时间等方面相吻合,以保证获得真实的测量结果。监测仪器和装置(包括天线或探头)必须进行定期校准。

对于不同的测量应选用不同类型的仪器,以期获取最佳的测量结果。测量仪器根据测量目的分为非选频式宽带辐射测量仪和选频式辐射测量仪。

1. 非选频式辐射测量仪

测量设备的频率范围和量程应满足监测需要,如使用非选频式宽带辐射测量仪实施射频电磁环境监测时,为了确保环境监测的质量,应对这类仪器电性能提出基本要求,见表 9-1。

表 9-1 非选频式宽带辐射测量仪电性能基本要求

项目	指标	
频率响应	在 800MHz～3GHz 之间	探头的线性度应当优于±1.5dB
	在探头覆盖的其他频率上	探头的线性度应当优于±3dB
动态范围	探头的下检出限应当优于 0.125W/m²(0.5V/m) 上检出限应优于 25W/m²(100V/m)	
各向同性	必须对整套测量系统评估其各向同性,各向同性偏差必须小于 2dB	

2. 选频式辐射测量仪

根据具体监测需要,可选择不同量程、不同频率范围的选频式辐射测量仪,仪器选择的基本要求是能够覆盖所监测的频率,量程、分辨率能够满足监测要求,电性能基本要求见表 9-2。

表 9-2 选频式辐射测量仪电性能基本要求

项目	指标
测量误差	小于±3dB
频率误差	小于被测频率的 10^{-3} 数量级
动态范围	探头的下检出限应当优于 0.125W/m²(0.5V/m) 上检出限应优于 25W/m²(100V/m)
各向同性	在其测量范围内,探头的各向同性应优于±2.5dB

9.5 工况核查

污染源监测时企业生产运行负荷、生产工况对监测结果影响十分明显。而现场工况核查过程又比较复杂,需要核查项目较多,在一般现场监测过程中容易被遗漏和忽视。因此,实行严格的现场工况核查可以避免由现场采样操作错误、生产负荷不准确、记录信息量不足对监测结果准确性产生的影响。

工况核查内容主要针对电磁污染源现场监测应重点核查、且易出现偏差的环节而提出的。

9.5.1 运行状况核查

(1)要调查现有送电线路、变电所电压等级、电流、设备容量、架线型式、走向以及电磁辐射(包括电场、磁场和无线电干扰场)现状水平和分布情况的实际测量。

(2)工业、科学和医学中应用的电磁辐射设备,出厂时应定期检查这些设备的漏能水平,不得在高漏能水平下使用,并避免对居民日常生活的干扰。

当工作场所的电磁辐射水平超过限值时,必须对电磁辐射体的工作状态和防护措施进行检查,查明原因,并采取有效治理措施。

(3)现状调查时,应说明项目的名称、性质、辐射频率、功率及性质、运行状态等。调查内容包括现有及计划建设的电磁辐射发射设备,也包括实际测量出的电磁辐射水平分布情况。

9.5.2　电磁辐射设施竣工验收管理规定

环境监测站必须按经审定的竣工验收监测实施方案进行工作。建设单位应配合环境监测站,提供必要的技术资料,保证监测时的正常工况、所需电源或其他必要条件,并承担竣工验收监测经费。

竣工验收监测应在正常生产工况和达到设计规模 75％以上运行情况下进行,并记录监测时的生产工况、生产规模和其他有关参数。

电磁辐射设施应能正常运转,符合交付使用的要求,并具备正常运行的条件,包括经培训的环境保护设施岗位操作人员的到位、管理制度的建立、原材料、动力的落实等。

监测布点与监测频次应能反映真实电磁辐射情况和设施运转效果,并应使工作量最少化,监测布点还应符合有关监测布点的标准与规定。

9.6　监 测 采 样

环境电磁监测时要设法避免或尽量减少干扰,并对不可避免的干扰估计其对测量结果可能产生的最大误差。监测时必须获得足够的数据量,以便保证测量结果的统计学精度。

9.6.1　电磁辐射污染源监测采样方法

1. 环境条件

应符合行业标准和仪器标准中规定的使用条件。测量记录表应注明环境温度、相对湿度。

2. 测量仪器

可使用各向同性响应或有方向性电场探头或磁场探头的宽带辐射测量仪。采用有方向性探头时,应在测量点调整探头方向以测出测量点最大辐射电平。

测量仪器工作频带应满足待测场要求,仪器应经计量标准部门定期鉴定。

3. 测量时间

在辐射体正常工作时间内进行测量,每个测点连续测 5 次,每次测量时间不应小于 15 秒,并读取稳定状态的最大值。若测量读数起伏较大时,应适当延长测量时间。

4. 测量位置

监测点位置的选取应考虑使监测结果具有代表性。

(1)测量位置取作业人员操作位置,距地面 0.5、1、1.7m 三个部位。

(2)辐射体各辅助设施(计算机房、供电室等)作业人员经常操作的位置,测量部位距地面 0.5、1、1.7m.

(3)辐射体附近的固定哨位、值班位置等。

9.6.2　一般环境电磁辐射测量方法

1.测量条件

(1)气候条件

气候条件应符合行业标准和仪器标准中规定的使用条件。测量记录表应注明环境温度、相对湿度。

(2)测量高度

取离地面 1.7m～2m 高度。也可根据不同目的,选择测量高度。

(3)测量频率

取电场强度测量值＞50dBμV/m 的频率作为测量频率。

(4)测量时间

基本测量时间为 5:00～9:00,11:00～14:00,18:00～23:00 城市环境电磁辐射的高峰期。

若 24 小时昼夜测量,昼夜测量点不应少于 10 点。

测量间隔时间为 1h,每次测量观察时间不应小于 15s,若指针摆动过大,应适当延长观察时间。

2.布点方法

(1)典型辐射体环境测量布点

对典型辐射体,比如某个电视发射塔周围环境实施监测时,则以辐射体为中心,按间隔 45°的八个方位为测量线,每条测量线上选取距场源分别 30、50、100m 等不同距离定点测量,测量范围根据实际情况确定。

(2)一般环境测量布点

对整个城市电磁辐射测量时,根据城市测绘地图,将全区划分为 $1×1km^2$ 或 $2×2km^2$ 小方格,取方格中心为测量位置。

(3)按上述方法在地图上布点后,应对实际测点进行考察。考虑地形地物影响,实际测点应避开高层建筑物、树木、高压线以及金属结构等,尽量选择空旷地方测试。允许对规定测点调整,测点调整最大为方格边长的 1/4,允许对特殊地区方格不进行测量。需要对高层建筑测量时,应在各层阳台或室内选点测量。

3.测量仪器

(1)非选频式辐射测量仪

具有各向同性响应或有方向性探头的宽带辐射测量仪属于非选频式辐射测量仪。用有方向性探头时,应调整探头方向以测出最大辐射电平。

(2)选频式辐射测量仪

各种专门用于 EMI 测量的场强仪,干扰测试接收机,以及用频谱仪、接收机、天线自行组成测量系统经标准场校准后可用于此目的。测量误差应小于±3dB,频率误差应小于被测频率的 10^{-3} 数量级。该测量系统经模/数转换与微机联接后,通过编制专用测量软件可组成自动测试系统,达到数据自动采集和统计。

自动测试系统中,测量仪可设置于平均值(适用于较平稳的辐射测量)或准峰值(适用于脉冲辐射测量)检波方式。每次测试时间为 8～10min,数据采集取样率为 2 次/s,进行连续取样。

9.7 测量数据及分析

9.7.1 监测数据的一般处理方法

监测中异常数据的取舍以及监测结果的数据处理应按统计学原理处理。

1.基本概念

(1)误差和偏差

①真值

在某一状态下,某量本身所具有的真实值,它是一个理想的概念,所以在计算误差时,一般用约定真值或相对真值来代替。

②误差及其分类

测定结果与真实值的差别。其中系统误差由恒定因素所造成,如方法、仪器、试剂、人的习惯、环境等,一定条件下可重现,增加测定次数不能减小该误差。随机误差由随机因素的共同作用所造成的。过失误差是由于不应有的错误造成的。

误差的表示方法:

绝对误差 $\qquad A = x - x_t$

相对误差 $\qquad B = \dfrac{x - x_t}{x_t} \times 100\%$

③偏差

绝对偏差 $\qquad d_i = x_i - \bar{x}$

相对偏差 $\qquad c = \dfrac{d}{x} \times 100\%$

平均偏差 $\qquad \bar{d} = \dfrac{1}{n} \sum\limits_{i=1}^{n} |d_i|$

相对平均偏差 $\qquad e = \dfrac{\bar{d}}{x} \times 100\%$

④标准偏差和相对标准偏差

差方和 $\qquad S = \sum\limits_{i=1}^{n} (x_i - \bar{x})^2 = \sum\limits_{i=1}^{n} d_i^2$

样本方差 $\qquad s^2 = \dfrac{1}{n-1} \sum\limits_{i=1}^{n} (x_i - \bar{x})^2 = \dfrac{1}{n-1} S$

样本标准偏差 $\qquad s = \sqrt{\dfrac{1}{n-1} \sum\limits_{i=1}^{n} (x_i - \bar{x})^2}$

相对标准偏差 $\qquad c_v = \dfrac{s}{x} \times 100\%$

总体标准偏差 $\qquad \sigma = \sqrt{\dfrac{1}{N} \sum\limits_{i=1}^{n} (x_i - \mu)^2}$

极差 $\qquad R = x_{\max} - x_{\min}$

(2)总体、样本和平均数

①总体和个体

研究对象的全体称为总体,其中一个单位叫个体。

②样本和样本容量

总体中的一部分叫样本,样本中含有个体的数目叫样本容量。

③平均数

代表一组变量的平均水平或集中趋势。

样本均数
$$\bar{x} = \frac{\sum x_i}{n}$$

总体均数
$$\mu = \frac{\sum x_i}{N} \quad (N \to 无穷大)$$

几何均数
$$\bar{x}_g = (x_1 x_2 \cdots x_{n-1} x_n)^{1/n}$$

中位数:将各数据按大小有序排列后,处于中间位置的数。

众数:出现几率最大的一个数据。

(3)正态分布

正态分布概率密度函数
$$\varphi(x) = \frac{1}{\sigma \sqrt{2\pi}} e^{\frac{-(x-\mu)^2}{2\sigma^2}}$$

2.数据的处理和结果表述

(1)数据修约规则

在拟舍弃的数字中,若左边第一个数字小于5(不包括5)时则舍去,即拟保留的末位数字不变。

在拟舍弃的数字中,若左边第一个数字大于5(不包括5)时,则进一,即所拟保留的末位数字加1。

在拟舍弃的数字中,若左边第一个数字等于5,其右边的数字并非全部为"0",则进一;若5的右边皆为"0",拟保留的末位数字若为奇数则进一,若为偶数(包括"0")则不进。

所拟舍弃的数字,若为两位以上数字时,不得连续进行多次修约,应根据所拟舍弃数字中左边第一个数字的大小,按上述规定一次修约出结果。在修约计算过程中对中间结果不必修约,将最终结果修约到预期位数。

(2)可疑数据的取舍

如采用 Dixion 检验法步骤为:将一组测量数据由小到大顺序排列;根据测定次数计算 Q 值;根据给定的显著性水平(a)和样本容量(n),查得临界值 $Q_a(n)$;进行判断,若 $Q \leqslant Q_{0.05}$,属正常值,若 $Q_{0.05} < Q \leqslant Q_{0.01}$,属偏离值,若 $Q > Q_{0.01}$,属离群值,舍去。

(3)监测结果的表述

①用算术均数$(\bar{x})$代表集中趋势。

②用算术均数和标准偏差表示测定结果的精密度$(\bar{x} \pm s)$。

③用$(\bar{x} \pm s, c_v)$表示结果。

④用置信水平和置信区间表示测定范围$(\mu = \bar{x} \pm \frac{ts}{\sqrt{n}})$。

(4)均数置信区间和"t"值

均数置信区间以样本均数代表总体均数的可靠程度。

t 值是样本均数与总体均数之差对均数标准偏差的比值。

3.测定结果的统计检验

(1)t 检验

有限次测定的统计假设检验,其实质是检验有限次测定的、s 与总体均数 μ 和总体标准偏差 σ 是否吻合及吻合的程度。

①样本均数与总体均数差别的显著性检验

真实值已知的 t 检验步骤为:作出统计假设,即假定 $\bar{x}$ 与 μ 吻合;构造统计量并计算 $t=\dfrac{|\bar{x}-\mu|}{s}\sqrt{n}$;查表 $t_a(n-1)$,$f=n-1$,f 为自由度;进行判断,若 $t\leqslant t_a(n-1)$,则假设成立,两者吻合,若 $t>t_a(n-1)$,则存在显著性差异。

②两种测定方法的显著性检验

通过对两组平均值的比较,判断对同一试样由不同的人、用不同的方法、不同的仪器所测结果是否一致,其步骤为:

设两组数据分别为 $x_1 x_2 \cdots x_{n1}$;$y_1 y_2 \cdots y_{n2}$;则平均值和标准偏差分别为 $\bar{x}$、$\bar{y}$;s_x、s_y;假定相吻合,构造统计量并计算

$$t=\frac{|\bar{x}-\bar{y}|}{\sqrt{(n_1-1)s_x^2+(n_2-1)s_y^2}}\sqrt{\frac{n_1 n}{n_1+n_2}(n_1+n_2-2)}$$

当 $n_1=n_2=n$ 时,$t=\dfrac{\bar{x}-\bar{y}}{s_x^2+s_y^2}\sqrt{n}$

查表 $t_a(n_1+n_2-2)$,若 $t>t_a$,则存在显著性差异;否则不存在显著性差异。

(2)F 检验

比较两组数据方差的一致性,只有方差无显著性差异的两组数据,才能进行"F"检验,其步骤为:求出两组数据的方差 $s_{大}^2$、$s_{小}^2$;计算 $s_{大}^2/s_{小}^2$;查表 $F_a(n_1、n_2)$;若 $F>F_a(n_1、n_2)$,则存在显著性差异,否则不存在显著性差异。

4.直线相关和回归

(1)相关和直线回归方程

变量 x 与变量 y 之间关系主要有两种类型:

①确定关系。　如 x,y 互为倒数,则 $x\cdot y=1$。

②相关关系。　如变量 x 与变量 y 之间有线性相关关系,即

$$y=ax+b$$

式中,$a=\dfrac{n\sum xy-\sum x\sum y}{n\sum x^2-(\sum x)^2}$,　$b=\bar{y}-a\bar{x}$。

(2)相关系数及其显著性检验

相关系数 $\gamma=\dfrac{\sum(x-\bar{x})(y-\bar{y})}{\sqrt{\sum(x-\bar{x})^2\sum(y-\bar{y})^2}}$,若 $0<\gamma<1$,表示正相关;若 $-1<\gamma<0$,表示负相关。

显著性检验步骤为:求出 γ 值;按 $t=|\gamma|\sqrt{\dfrac{n-2}{1-\gamma^2}}$ 求出 t 值;查 t_a 表确定 $t_a(n-2)$ 值;若 $t>t_{0.01}(n-2)$,$P<0.01\gamma$,表示显著相关,若 $t<t_{0.1}(n-2)$,$P>0.1\gamma$,表示关系不显著。

9.7.2　环境电磁监测的数据处理

如果测量仪器读出的场强瞬时值的单位为分贝(dBμV/m),则先按下列公式换算成以 V/m 为单位的场强:

$$E_i = 10^{\left(\frac{X}{20} - 6\right)} \tag{9-1}$$

式中，X 为测量仪器的读数（$dB\mu V/m$）；E 为以伏每米（V/m）为单位的场强测量值。

测量数据参照下列公式处理：

$$\overline{E_i} = \frac{1}{n} \sum_{j=1}^{n} E_{ij} \tag{9-2}$$

$$E_s = \sqrt{\sum_{i=1}^{m} \overline{E_i}^2} \tag{9-3}$$

$$E_G = \frac{1}{k} \sum_{s=1}^{k} E_s \tag{9-4}$$

式中，E_{ij} 为测量点位某频段中频率 i 点的第 j 次场强测量值（V/m）；$\overline{E_i}$ 为测量点位某频段中频率 i 点的场强测量值的平均值（V/m）；n 为测量点位某频段中频率 i 的场强测量次数；E_s 为测量点位某频段中的综合场强值（V/m）；m 为测量点位某频段中被测频率点的个数；E_G 为测量点位 24h（或一定时间内）内测量的某频段的总的综合场强的平均值（V/m）；k 为 24 小时（或一定时间内）内测量某频段电磁辐射的测量频次。

测量的标准误差仍用通常公式计算。

如果测量仪器的是非选频式宽带辐射测量仪，可由式（9-2）和式（9-4）直接计算，公式中的代入量作相应的变动即可。

对于自动测量系统的实测数据，可编制数据处理软件，分别统计每次测量中测值的最大值 E_{max}、最小值 E_{min}、中值、95% 和 80% 时间概率的不超过场强值 $E(95\%)$、$E(80\%)$，上述统计值均以（$dB\mu V/m$）表示，并给出标准差值 σ（以 dB 表示）。

根据需要可绘制电磁辐射场分布图，如时间—场强、距离—场强、频率—场强等对应曲线。

9.8　监测报告

监测报告应执行三级审核制度。审核范围应包括监测采样、实验室分析原始记录、数据报表等。原始记录中应包括质控措施的记录，如质控样品测试结果合格，时空核查结果无误，监测报告方可通过审核。

环境电磁监测报告必须准确、清晰、有针对性地记录每一个与监测结果有关的信息。

9.8.1　基本信息

记录环境温度、相对湿度、天气状况；

记录监测开始及结束时间、监测人员、测量仪器；

绘制监测点位平面示意图。

9.8.2　监测结果

监测结果以功率密度（W/m^2 或者 $\mu W/cm^2$）或电场强度（V/m）表示。选频监测时，建议给出频谱分布图。

9.8.3　结　论

根据不同的监测目的，可按照《电磁辐射防护规定》（GB8702）对监测结果进行分析并给出结论。

参考文献

[1] 何燧源.环境污染物分析监测[M].北京:化学工业出版社,2002.

[2] 《海洋监测质量保证手册》编委会.海洋监测质量保证手册[M].北京:海洋出版社,2000.

[3] 环发[2007]114号.移动通信基站电磁辐射环境监测方法[S].

[4] HJ/T373-2007.固定污染源监测质量保证与质量控制技术规范(试行)[S].

[5] 黄家矩.环境监测人员守则[M].北京:中国环境科学出版社,1994.

[6] GB8702-88.电磁辐射防护规定[S].

[7] HJ/T10.2-1996.辐射环境管理导则 电磁辐射监测仪器和方法[S].

[8] 杨世元,李成,张学增等.监测设备的质量保证[M].北京:国防工业出版社,1997.

第 10 章　环境电磁评价与管理

当今电磁技术在国民经济各个领域中发挥着越来越重要的作用,给人类带来了莫大的利益与方便,但如果应用不当也会造成不良影响或危害。人们现在生活在浩瀚的电磁海洋之中,几乎每个人都很难离开它。现时所指的电磁环境包括有静电磁场、感应电磁场、辐射电磁场以及电压、电流、电功率的集合空间。在这个电磁环境中,有各种各样的电磁辐射体,它们产生具有一定强度的电磁波信号,这些信号经过传导、耦合、感应、辐射等传输途径,就会对有用的电磁信号的接受或传输造成干扰,造成电气和电子设备不能正常运转,甚至导致信息失真,自控系统失灵,通信混乱或中断,人造卫星失控等重大事故。为减少或避免电磁辐射的不良影响或危害,更好地推动电磁技术的进一步应用,必须加强其评价与管理工作。

10.1　环境电磁辐射评价

从环境保护和环境医学的角度出发,对一个地区的环境电磁辐射是优还是劣加以评定,称为电磁辐射环境质量评价。为了评价不同的情况,它又分为电磁辐射环境质量现状评价与电磁辐射环境影响评价两种。电磁辐射环境质量现状评价主要是对一个地区或一个城镇的电磁辐射环境质量现状做出全面评价,以了解这个区域或城镇电磁辐射是否已造成环境污染,便于针对性地制定措施改善和保护环境;电磁辐射环境影响评价主要是预测和评价拟建的大型电磁辐射体,如广播与电视发射塔、雷达站、导航台等建设项目对周围环境可能产生的影响。新建、改建和扩建大型电磁辐射体时,都必须在规划设计完毕而尚未动工兴建之前,进行电磁辐射环境影响评价。

在近年来,我国的环境保护法规、条例、标准日趋完善,目前已广泛开展电磁辐射环境质量现状评价和电磁辐射环境影响评价,并取得了可喜成绩,已走上规范化和经常化的环境影响评价道路。特别是 2002 年 10 月全国人大常委会通过的《中华人民共和国环境影响评价法》的公布与实施,使我国的环境影响评价工作更加法制化,对电磁辐射环境影响评价工作也起到重大推动作用。其中《辐射环境保护管理导则　电磁辐射环境影响评价方法与标准》(HJ/T10.3-1996),对电磁辐射环境影响评价做了具体规定,是环境影响评价的规范性文件与依据,应予认真执行。

10.1.1　环境电磁评价基本程序

环境电磁类环境影响评价工作按照《环境影响评价技术导则　总纲》HJ/T2.1-93 中的规定,大体分为三个阶段,如图 10-1 所示。

第
一
阶
段

```
┌─────────────────────────────────┐
│ 1 环境影响评价委托文件           │
│ 2 建设项目依据文件               │
└─────────────────────────────────┘

┌─────────────────────────────────────────────┐
│ 研究国家和地方有关环境保护的法律法规、政策标准及相关规划 │
└─────────────────────────────────────────────┘
                                        公众参与

┌─────────────────────────────────────────┐
│ 1 研究建设项目的相关技术文件和其他有关文件  │
│ 2 开展初步的环境状况调查                  │
│ 3 进行初步的工程分析                      │
└─────────────────────────────────────────┘

┌─────────────────────────────────────────┐   与初步
│ 1 环境影响因素识别与评价因子筛选          │   工程分
│ 2 确定评价重点和专项评价的范围和工作等级  │   析相比
│ 3 明确各专项评价范围和保护目标            │   有重大
└─────────────────────────────────────────┘   变化

┌─────────────────────────────────────────┐
│ 编制工作方案或环境影响评价大纲            │
└─────────────────────────────────────────┘
```

第
二
阶
段

```
┌──────────┐          ┌─────────────────────────┐   ┌──────┐
│ 环境现状 │          │ 1 环境影响预测          │   │ 工程 │
│ 调查、监 │          │ 2 规划相符性分析        │   │ 分析 │
│ 测及评价 │          │ 3 选址选线和环境保护措施论证 │   └──────┘
└──────────┘          └─────────────────────────┘

┌──────────┐
│ 国家和地方有 │      ┌─────────────────────────┐
│ 关环境保护的 │      │ 评价建设项目的环境影响   │
│ 法律法规政策 │      └─────────────────────────┘
│ 标准、产业政 │
│ 策及相关规划 │                              公众参与
└──────────┘
```

第
三
阶
段

```
┌─────────────────────────────────────────┐
│ 1 提出环境保护措施与建议                  │
│ 2 给出建设项目环境可行性的评价结论        │
└─────────────────────────────────────────┘
```

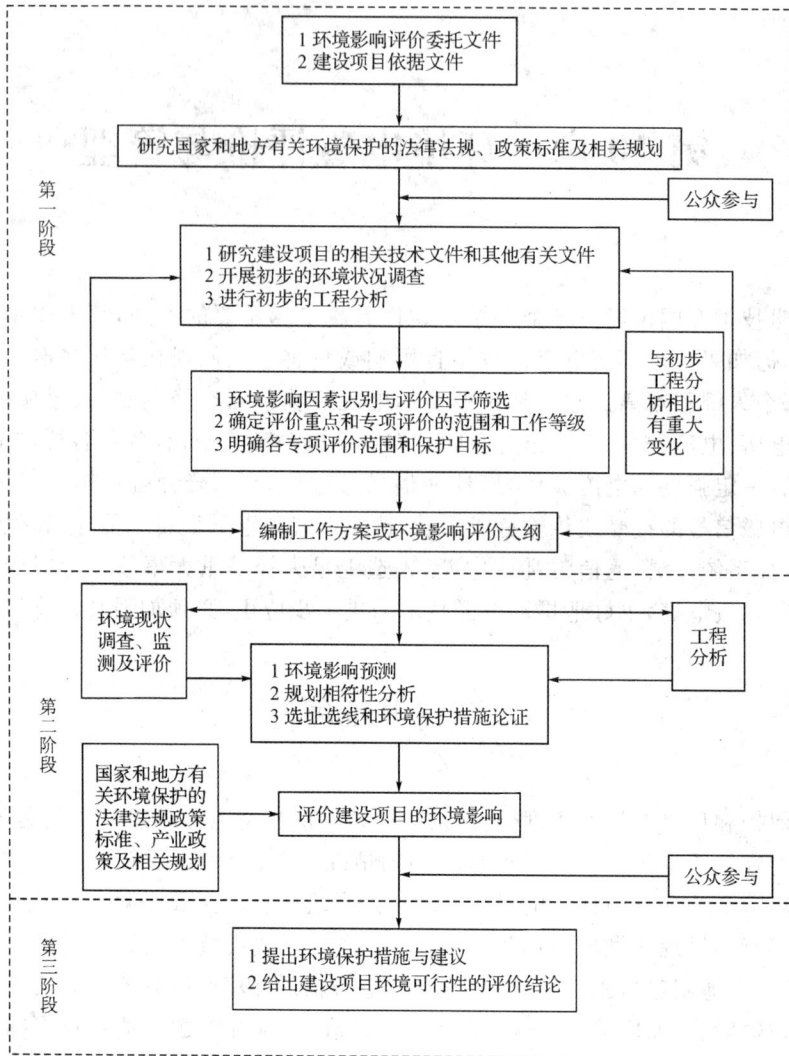

图 10-1　电磁环境影响评价工作程序

1. 准备阶段

　　环境电磁影响评价第一阶段,主要完成以下工作内容:首先是研究有关文件,包括国家和地方的法律法规、发展规划和环境功能区划、技术导则和相关标准、建设项目依据、可行性研究资料及其他有关技术资料。其次需进行初步的工程分析和环境现状调查,结合初步工程分析结果和环境现状资料,识别建设项目的环境影响要素,筛选主要的环境影响评价因子,明确评价重点。最后确定各专项环境影响评价的范围和工作等级。如果是编制环境影响报告书的建设项目,该阶段的主要成果是编制完成环境影响评价大纲,如果是编制环境影响报告表的建设项目,无需编制环境影响评价大纲。

2. 正式工作阶段

　　环境影响评价第二阶段,主要是作进一步的工程分析,进行充分的环境现状调查、监测并开展环境质量现状评价,之后根据污染源和环境现状资料进行建设项目的环境影响预测,分析环境保护措施的经济、技术可行性,公众参与,论证工程选线或选址的环境可行性。

3.环境影响报告编制阶段

环境影响评价第三阶段,其主要工作是汇总、分析第二阶段工作所得的各种资料、数据,从环境保护的角度确定项目建设的可行性,给出评价结论和提出进一步减缓环境影响的建议,并最终完成环境影响报告书或报告表的编制。

在输变电工程的环境影响评价中,如需进行多个选线或选址方案的优选,则应分别对各个选线或选址方案进行环境现状调查、影响预测和评价;如输变电工程已通过工程审查确定了选线或选址推荐方案,则应说明审查情况,简要分析工程方案比选的环境合理性,并针对具有环境合理性的推荐方案开展环境影响评价工作。

如通过评价对输变电工程原选线或选址给出否定结论时,应按环境影响评价程序对新的选线或选址方案进行重新评价。

10.1.2 环境电磁现状调查与评价

1.环境电磁现状调查的一般原则

(1)根据建设项目电磁污染源、影响因素及所在地区的环境特点,结合各电磁环境影响评价的工作深度要求,确定电磁环境现状调查范围,并筛选出应调查的有关参数,包括项目及重点因子。

(2)环境现状调查时,首先应收集现有的资料,当这些资料不能满足要求时,需进行现场调查和测试。搜集现有资料应注意其有效性。

(3)环境现状调查时,对环境中与评价项目有密切关系的部分,应进行全面、详细的调查,对这些部分的环境质量现状应有定量的数据分析和评价。

2.环境电磁现状调查的方法及特点

环境现状调查的常见方法主要有两种:收集资料法、现场调查法。

(1)收集资料法应用范围广、收效大,比较节省人力、物力和时间。环境现状调查时,应首先通过此方法获得现有的各种有关资料,但此方法只能获得第二手资料,而且往往不全面,不能完全符合要求,需要其他方法补充。

(2)现场调查法可以针对使用者的需要,直接获得第一手的数据和资料,以弥补收集资料法的不足。

10.1.3 环境电磁影响评价

1.电磁辐射环境影响报告书主要章节和内容

HJ/T10.3-1996《辐射环境保护管理导则 电磁辐射环境影响评价方法与标准》中给出了电磁辐射环境影响初级评价报告书的主要章节和内容。

(1)评价依据

此部分要给出项目建议书、区域规划批准文件、编制环境影响评价报告书的委托文件及评价标准等。

(2)评价对象说明

在评价对象说明这一部分中应该说明项目的名称、性质、辐射频率、功率及性质、运行状态等。

(3)环境描述

描述项目所在位置(附图)及其周围居民分布、建筑布局、土地利用情况以及发展规划、敏感对象分布和特征等。

(4)电磁辐射背景值现状调查

调查内容包括现有计划建设的电磁辐射设备,也包括实际测量出的电磁辐射水平分布情况。

(5)模拟类比测量

模拟本项目电磁设备的正常工况或利用类似本项目电磁设备规模、性质、功率、辐射频率、使用条件的其他已营运设备进行电磁环境辐射强度的实际测量,用于预测本项目建成后电磁环境变化的定量数据。

(6)环境影响评价分析

环境影响评价应对公众受到电磁辐射的水平和家用电器及其他敏感设备受到的影响两方面进行计算和分析。

(7)防治措施描述

防治污染措施包括管理措施、技术措施和上岗人员素质三方面的描述。

(8)代价利益分析

说明建设项目的建设和运行所带来的直接利益和间接利益,并从经济、社会、环境等方面论述项目的建设和运行所付出的代价。

(9)结论

全面分析后,给出评价结论。结论部分包括问题、对策和建议等。

报告书编制的主要章节和内容如下:

(1)项目名称、规模及基本构成

此部分要给出建设项目规模和基本构成情况。

(2)评价依据

(3)电磁辐射环境影响和保护目标

运行期电磁辐射实际影响说明;电磁辐射实际影响敏感点的分布、名称和相对位置。

(4)评价范围、评价标准

(5)电磁辐射环境现状测量

受条件限制不能实测时,应作类比测量或理论计算。

(6)运行期实际环境影响评价

评价工程项目全部(或分阶段)设施投入运行后环境电磁辐射的增量和总量。

(7)环境效益实际分析

如送电线路邻近居民区及敏感区环境影响实际减缓措施和投资;变电所邻近居民区及敏感区环境影响实际减缓措施和投资;移民安置落实;环保效益、经济效益和社会效益的实际分析。

(8)结论

评价结论,存在的问题和对策。

2.环境电磁评价范围

(1)功率>200kV 的辐射设备,以发射天线为中心,要对半径 1km 的范围进行全面评价,如辐射场强最大处的地点超过 1km,则应在选定方向评价到最大场强处和低于标准限值处。

(2)其他陆地发射设备,评价范围以天线为中心:发射机功率 $P > 100kW$ 时,其半径为1km;发射机功率 $P \leq 100kW$ 时,半径为 0.5km。

对于有方向性的天线,按天线辐射主瓣的半功率角内评价到 0.5km;如果高层建筑的部分楼层进入天线辐射主瓣的半功率角以内时,应选择不同高度对该楼层进行室内或室外的场强测量。

（3）工业、科教、医疗电磁辐射设备，如高频热合机、高频淬火炉、热疗机等评价范围为：以设备为中心的 250m。

（4）对高压输电线路和电气化铁道，评价范围以有代表性为准，对具体线路做具体的分析而定。

《环境影响评价技术导则　输变电工程》（报批稿）给出了输变电工程电磁环境评价范围，详见表 10-1。

表 10-1　输变电工程电磁环境评价范围

电压等级	评价范围	
	线路	变电站或换流站
110kV	边导线地面投影外两侧各 30m	围墙外 30m
220～330kV	边导线地面投影外两侧各 40m	围墙外 40m
500kV 及以上	边导线地面投影外两侧各 50m	围墙外 50m
直流工程	边导线地面投影外两侧各 50m	围墙外 50m

（5）对可移动式电磁辐射设备，一般按移动设备载体的移动范围确定评价范围。对于陆上可移动设备，如可能进入人口稠密区的，应考虑对载体外公众的影响。

3. 电磁环境影响评价工作等级

根据《环境影响评价技术导则　输变电工程》（报批稿），输变电工程环境影响评价工作按照输变电工程的电压等级和电磁环境评价范围内是否有电磁环境敏感目标分为三级：

一级：对于直流输电线路工程、换流站工程以及评价范围内存在电磁环境敏感目标的 500kV 及以上的交流输变电工程，其电磁环境影响评价应按一级评价进行工作。

二级：对于评价范围内存在电磁环境敏感目标的 500kV 以下、110kV 及以上的交流输变电工程，其电磁环境影响评价应按二级评价进行工作。

三级：对于评价范围内不存在电磁环境敏感目标的 110kV 及以上的交流输变电工程，其电磁环境影响评价按三级评价进行工作。

4. 评价方法

（1）说明或描述。对于评价依据，项目说明，环境描述，结论章节，可以采用说明或描述方式编制。

（2）现场测量。项目建设之前背景值以及建成后的实际影响应采用现场测量办法取得真实数据。现场测量，应按《电磁辐射监测仪器和方法》（HJ/T10.2-1996）推荐的方法进行。采用 HJ/T10.2-1996 未提供的测量方法时，在报告书中应对所用方法的可靠性进行说明。

（3）模拟计算。对公众和仪器设备的影响需要了解电磁辐射场的分布。对电磁辐射场的分布可以采用经过考证的数学模式进行计算。对所采用的计算公式和参数要在报告书中给出。

（4）模拟类比测量。应说明模拟或类比的电磁辐射设备概况、测量地点和条件、测点分布、使用仪表、测量方法、数据处理和统计、测量结果及分析。

（5）对公众受照射的评价。对于公众受照评估分受照个体剂量估算和群体剂量评估；对于公众个人剂量估算，要给出最大受照个体剂量；对于群体受照剂量评估要给出人口与受照射剂量的分布关系。

（6）对仪器设备影响的评价。对仪器设备受到电磁辐射的影响主要根据计算分析和实际调查进行评价。评价要给出受影响设备种类、严重程度和距离范围等。

5. 评价标准

环境质量评价应根据输变电工程所在地区的环境功能区划及环境保护规划的要求执行相应环境要素的现行国家标准。在缺乏对应的环境功能区划要求时,应征求地方环保部门的意见,并以地方环保部门的批复为准。

公众总的受照射剂量包括各种电磁辐射对其影响的总和,即包括拟建设施可能造成或已经造成的影响,还要包括已有背景电磁辐射的影响。总的受照剂量不应大于国家标准《电磁辐射防护规定》[该标准修订中,已形成《电磁环境公众曝露控制限值》(报批稿)]。对于单个项目的影响,为使公众受到总照射剂量小于 GB8702-88 的规定值,对单个项目的影响必须限制在 GB8702-88 限值若干分之一。在评价时,对于环境保护部负责审批的大型项目可取 GB8702-88 中场强限值的 $1/\sqrt{2}$,或功率密度限值的 1/2。其他项目则取场强限值的 $1/\sqrt{5}$,或功率密度限值的 1/5 作为评价标准。此外,国内在电磁辐射领域颁布了许多行业标准,在编制报告书时,有时需要与这些行业标准比较。如不能满足有关行业标准时,在报告书中要论证其超过行业标准的原因。

6. 有关环境电磁影响评价的标准

(1)《电磁环境公众曝露控制限值》(报批稿)

根据《电磁环境公众曝露控制限值》(报批稿),对公众有一定时间滞留或活动的场所,除交流输变电设施周围外,其电场、磁场、电磁场有关场量应符合表 10-2 给出的限值要求。

表 10-2　一般环境公众曝露控制限值(均方根值)

频率范围	电场强度 $E/(V/m)$	磁场强度 $H/(A/m)$	磁感应强度 $B/(\mu T)$	等效平面波功率密度 $S_{eq}/(W/m^2)$
1Hz 以下	—	32000	40000	
1Hz～8Hz	8000	$32000/f^2$	$40000/f^2$	—
8Hz～25Hz	8000	$4000/f$	$5000/f$	—
0.025kHz～1.2kHz	$200/f$	$4/f$	$5/f$	—
1.2kHz～3kHz	$200/f$	3.3	4.1	—
3kHz～5kHz	$200/f$	$10/f$	$12/f$	—
5kHz～100kHz	39	$10/f$	$0.12/f$	—
0.1MHz～3MHz	39	0.1	0.12	4
3MHz～30MHz	$67/f^{1/2}$	$0.17/f^{1/2}$	$0.21/f^{1/2}$	$12/f$
30MHz～3000MHz	12.3	0.033	0.04	0.4
3GHz～15GHz	$7.1f^{1/2}$	$0.021f^{1/2}$	$0.026f^{1/2}$	$f/6.25$
15GHz～300GHz	27.5	0.073	0.092	2

注:①频率 f 的单位为所在行中第一栏的单位。

②100kHz 以上频率,在远场区,可以只限制电场强度或磁场强度(或磁感应强度)或等效平面波功率密度,在近场区,需同时限制电场强度和磁场强度(或磁感应强度);100kHz 以下频率,需同时限制电场强度和磁场强度(或磁感应强度)。

③对于频率为 100kHz～10GHz,S_{eq}、E^2、H^2、B^2 均是任意 6 分钟内的平均值。

④对于 100kHz 以下的频率,场强的峰值限值可以通过表中给出的场强限值乘以 $2^{1/2}$(约为 1.414)获得。对于周期为 t_P 的脉冲的限值,对应于表中频率为 $1/(2t_P)$ 的限值。

⑤对于 100kHz～10MHz 之间的频率 f_x,场强的峰值限值为表中给出的场强限值的 $10^{0.6645(\lg f_x-5)+0.1761}$ 倍(计算时 f_x 单位为 Hz);对于超过 10MHz 的频率,等效平面波功率密度在脉冲宽度内平均时,其峰值限值为表中给出的 S_{eq} 限值的 1000 倍,或者场强的峰值限值为表中给出的场强限值的 32 倍。

⑥对于超过 10GHz 的频率,S_{eq}、E^2、H^2、B^2 均是任意 $68/f^{1.05}$ 分钟(f 单位为 GHz)内的平均值。

交流输变电设施周围环境工频电场、工频磁场场量限值见表 10-3。

表 10-3　交流输变电设施周围环境工频电场、工频磁场场量限值(均方根值)

分类	场所	工频电场强度 $E/(kV/m)$	工频磁场强度 $H/(A/m)$	工频磁感应强度 $B/(\mu T)$
1	住宅、学校、幼儿园、医院、疗养院、办公楼和写字楼①	4	80	100
2	输变电设施周围,除 1 类场所外公众有一定时间滞留或活动的建筑物②	5	80	100

注:①含其法定边界内公众有一定时间滞留或活动的阳台、操场、走道、花园等位置。
　　②如厂房、值班房、蔬菜大棚,含建筑物上公众有一定时间滞留或活动的阳台。

在新标准未正式发布之前,仍执行《电磁辐射防护规定》(GB8072-88)。

(2)《500kV 超高压送变电工程电磁辐射环境影响评价技术规范》(HJ/T24-1998)

本规范根据国家环境保护总局 18 号令《电磁辐射环境保护管理办法》及《辐射环境保护管理导则　电磁辐射环境影响评价方法与标准》(HJ/T10.3-1996)制定。

本规范制定的目的在于指导 500kV 超高压送变电工程电磁辐射环境影响报告书的编写,统一格式及规范内容。适用于 500kV 超高压送变电工程电磁辐射环境影响的评价,也可参照本规范应用于 110kV、220kV 及 330kV 送变电工程电磁辐射环境影响的评价。

该技术规范主要给出了 500kV 超高压送变电工程电磁辐射环境影响评价报告书编制的主要章节和内容。

(3)《高压交流电架空送电线无线电干扰限值》(GB15707-1995)

该标准规定了高压交流架空送电线在正常运行时的无线电干扰限值。本标准适用于运行时间半年以上的 110～500kV 高压交流架空送电线产生的频率为 0.15～30MHz 的无线电干扰。

频率为 0.5MHz 时,高压交流架空送电线无线电干扰限值如表 10-4 所示。

表 10-4　无线电干扰限值(距边导线投影 20m 处)

电压/kV	110	220～330	500
无线电干扰限值/dB$(\mu V/m)$	46	53	55

频率为 1MHz 时,高压交流架空送电线无线电干扰限值为表 10-4 中数值分别减去 5 dB$(\mu V/m)$。

(4)《输电线路对无线电台影响防护设计规程》(DL/T5040-2006)

该标准规定了交流高压架空输电线路(简称输电线路)与各类无线电台的防护间距。输电线路与各类无线电台的防护间距应满足表 10-5 要求。

表 10-5   输电线路与无线电台的防护间距   单位:m

序号	无线电台名称		输电线路电压等级/kV		
			110	220~330	500
1	调幅广播收音台	一级	800	1000	1200
		二级	500	700	900
		三级	300	400	500
2	调幅广播监测台	一级	1400	1600	2000
		二级	600	800	1000
		三级	300	400	500
3	短波无线电收信台	一级	1000	1300	1800
		二级	600	800	1100
		三级	500	600	700
4	短波无线电测向台		1000	1600	2000
5	电视差转台、转播台	VHF(Ⅰ)	300	400	500
		VHF(Ⅲ)	150	250	350
6	VHF/UHF航空无线电通信台		200	250	300
7	对空情报雷达站	(80~300)MHz	1000	1200	1600
		(300~3000)MHz	700	800	1000
8	空管雷达站		450		
9	中波导航台		500		
10	超短波定向台		700		
11	对海无线电导航台		400		

此外还有如下与电磁辐射有关的标准:

《对海中远程无线电导航台站电磁环境要求》(GB13613-92);

《短波无线电测向台(站)电磁环境要求》(GB13614-92);

《地球站电磁环境保护要求》(GB13615-92);

《微波接力站电磁环境保护要求》(GB13616-92);

《短波无线电收信台(站)电磁环境要求》(GB13617-92);

《对空情报雷达站电磁环境防护要求》(GB13618-92);

《航空无线电导航台电磁环境要求》(GB6364-86);

《架空电力线路、变电所对电视差转台、转播台无线电干扰防护间距标准》(GBJ143-90)。

10.1.4 环境电磁污染防治对策

电磁辐射防护与治理的目的是为了减少、避免或者消除电磁辐射对人体健康的各种电子设备产生的不良影响或危害,以保护人群身体健康、保护环境。基于这一目的,就要求对各种产生电磁辐射的设备,从设计、制造到使用都要特别注意电磁辐射的污染问题。

电磁污染防治可以从以下几方面来综合考虑。

1.控制电磁污染源

电磁污染防治首先应控制电磁污染源。对于工作中伴随电磁污染的系统,如电力系统和电气化铁路牵引供电系统,应根据国家有关标准,将电磁环境有关量控制在允许水平;对于发射有用信号的系统,如广播电视发射台等,应根据有关规定合理布局,控制发射功率等。

对一些电磁污染源可以采用电磁屏蔽、接地的方法控制对外界的电磁污染。屏蔽是将对电磁污染比较敏感的设备用金属壳体、金属网格包围起来,消除或减弱外界电磁场对敏感设备的作用。接地的基本原理是将导电的物体或金属壳体与大地连接,提供电磁干扰引起的电流或电荷流入大地的通道,维持导电的物体或金属壳体较低的电位。屏蔽设施本身也必须有很好的单独接地。

为了防止、减少或避免高频电磁辐射对人体健康的危害和对环境的污染,应当采取防护与治理措施,其中很重要的是对高频电磁设备采取屏蔽、吸收、滤波等技术方法。电磁屏蔽必须根据电磁污染源的频率来确定相应的屏蔽材料。

对于电子设备以及电子系统的电磁污染以及其他电磁污染源,采用一定的技术方法如产品设计、线路走向、电磁屏蔽、滤波等方法将电磁污染限制在尽量低的水平,以达到各自相应的电磁污染限值要求,包括国家标准和相应的国际标准。

另一种电磁污染的方式是电力系统短路时在变电所接地网及杆塔接地装置附近产生的地电位分布,以及雷击建筑物及其他设施时,雷击电流流入接地装置产生的危险的地电位分布。防止地电位对人身产生危险的接触电压和跨步电压的主要措施有:降低接地装置的接地电阻;在地表敷设高电阻率层,如绝缘水泥、鹅卵石、碎石、沥青等来提高人体的允许接触电压和跨步电压;在接地装置附近设置安全区域,防止人员进入。

2.控制电磁污染途径

电磁污染的途径包括空间途径和沿线路的传导途径。沿线路的电磁污染主要是指电磁干扰沿与污染源相连的线路直接传播到被污染的设备上。空间途径的电场、磁场及电磁场可以直接作用在被污染的对象上,也可以通过电磁耦合在与被污染设备相连的线路上传播到设备上而产生电磁干扰。对信号线,可以采用屏蔽的方式减弱外界电磁污染的干扰;另外,可以采取电磁干扰隔离设备或采用光缆等方式来隔断外界电磁干扰传入电子设备及系统。

可对某些特定区域或者某些特定人群采用被动屏蔽防护方法将电磁辐射屏蔽在外,从而达到减少电磁辐射对其造成影响或危害的目的。另外,要注意清除工作现场二次辐射源,避免或减少二次辐射。

另一种控制污染途径的最有效的措施就是确保污染源和被污染区域及人群的距离,如确保根据国家标准制定的输电线路的走廊宽度,确保输电线路与民房的距离,确保微波发射设备及无线电发射设备与公众之间的最小距离等。

3.被污染对象的防护

首先是屏蔽工作地点。可以对被污染区域、设备或系统采取屏蔽、接地措施,如计算机房采用六面屏蔽的屏蔽室结构,加密建筑物的钢筋来增加建筑物对工频电场的屏蔽效果。采用吸收材料,减少辐射源的直接辐射。

除了屏蔽和接地两项基本措施外,暴露在电磁环境中的与设备相连的电源线和信号线在进入设备处采取滤波、隔离等措施,有时还要安装保护器件,限制干扰电压。另外可以对进入电子设备的信号采取调频、编码等防止干扰。

对于电子设备及系统而言,电磁污染防护与治理应与电磁兼容(EMC)相联系,因为它们相互之间在技术上有共同之处,特别是其中的电磁屏蔽及滤波技术。简单而言,可以说把电子设备和电子系统的电磁兼容问题解决好,特别是电磁屏蔽问题及滤波问题解决好了,就能主动解决电磁辐射的污染问题。

对进入或工作在电磁污染区域的人员,应加强个人防护,如穿有屏蔽功能的工作服,戴具有屏蔽功能的工作帽和眼镜等。

10.2　环境电磁管理

10.2.1　电磁类建设项目竣工环保验收工作

1.验收调查工作程序

以输变电工程竣工环境保护验收为例,调查工作可分为准备阶段、初步调查阶段、制定实施方案阶段、现场监测与调查阶段、编制验收调查报告阶段。具体工作程序见图 10-2。

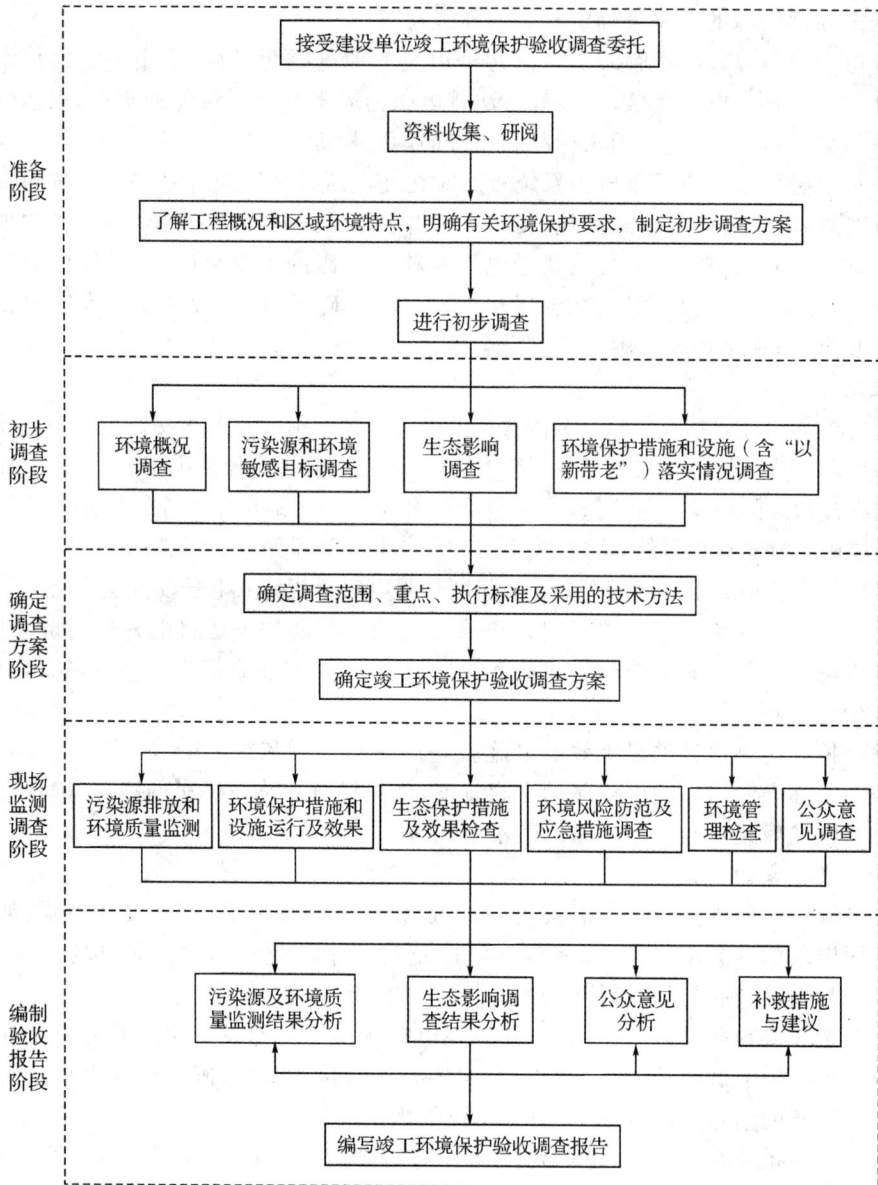

图 10-2　电磁类建设项目竣工环保验收调查程序

（1）准备阶段

资料收集、查阅、分析工程有关的文件和资料，了解工程概况和项目建设区域的基本生态特征和环境功能，明确环境影响评价文件和环境影响评价审批文件有关要求，制定初步调查工作方案。

（2）初步调查阶段

核查工程设计、建设变更情况及环境敏感目标变化情况，初步掌握环境影响评价文件和环境影响评价审批文件要求的环境保护措施落实情况、与主体工程配套的污染防治设施完成及运行情况和生态保护措施执行情况，获取相应的影响资料。

（3）制定实施方案阶段

确定验收调查监测标准、范围、重点及采用的技术方法，制定验收调查监测实施方案。

（4）现场监测与调查阶段

在初步调查的基础上，按照验收调查监测实施方案，进行电磁环境监测；对工程建设期和试运行期造成的生态影响进行调查。对环境敏感目标、公众意见、拆迁安置情况进行调查。对环境影响评价文件和初步设计文件提出的环境保护措施落实情况、运行情况、有效性和环境影响评价审批文件有关要求的执行情况进行详细核查。

（5）编制验收调查报告阶段

对输变电工程建设造成的实际环境影响、"三同时"环境保护措施的落实情况进行论证分析，针对尚未达到环境保护要求的各类环境保护问题，提出整改与补救措施，明确验收调查结论，编制验收调查报告文本。

根据国家建设项目环境保护分类管理的规定，编制环境影响报告书的建设项目应编制建设项目竣工环境保护验收调查报告；编制环境影响报告表的建设项目应编制建设项目环境保护验收调查表。

2.验收调查条件

验收调查应在工程完成拆迁安置并进行迹地恢复的条件下进行；验收调查应在主体工程运行稳定，运行电压达到设计电压等级，环保保护措施运行正常的条件下进行；对分期建设、分期投入生产的建设项目应分阶段开展验收调查工作。

3.验收调查时段和范围

根据工程建设过程，验收调查考核内容一般分为工程前期、施工期、试运行期三个时段。验收调查范围原则上与环境影响评价文件的评价范围一致；当工程实际建设内容发生变更或环境影响评价文件未能全面反映出项目建设的实际生态影响和其他环境影响时，根据工程实际变更和实际环境影响情况，结合现场踏勘对调查范围进行适当调整。

4.电磁环境影响调查重点

重点调查工程电磁环境敏感目标受工频电场、工频磁场、合成直流电场、直流磁场、离子流密度、无线电干扰的影响程度，调查环境影响报告书（表）中提出的电磁防护措施的落实情况，对敏感目标提出降低治理措施。

5.调查内容与监测因子

根据输变电工程建设期和运行期环境影响的特点，确定输变电工程竣工环境保护验收的主要调查内容与监测因子见表 10-6。验收监测因子原则上应与环评时的评价因子一致。

表 10-6　主要调查内容与监测因子

调查对象	调查内容	监测因子
交流输电线路	（1）工程调查 （2）敏感目标调查 （3）区域环境状况及工程环境影响调查 （4）环境措施落实情况及有效性调查 （5）环境风险调查 （6）环境管理调查 （7）公众意见调查	（1）工频电场 （2）工频磁场 （3）无线电干扰 （4）噪声（等效连续 A 声极）
直流输电线路		（1）合成电场 （2）噪声（等效连续 A 声极）
变电站（含开关站）		（1）工频电场 （2）工频磁场 （3）无线电干扰 （4）噪声（等效连续 A 声极）
换流站（含接地极及接地极线路）		（1）合成电场 （2）工频电场 （3）工频磁场 （4）噪声（等效连续 A 声极）

6. 验收调查准备阶段技术要求

（1）资料收集

环境影响评价文件应包括项目环境影响报告书（表）及有关环境监测评价资料。环境影响评价审批文件应包括行业主管部门对建设项目环境影响评价文件的预审意见，各级环境保护行政主管部门对建设项目环境影响评价文件的审批意见。工程基础资料包括建设项目可行性研究报告、设计报告、环境保护设计资料及其审批文件，项目实施过程中的设计变更资料和变更审批文件；施工期环境保护总结报告、工程监理（环保监理）报告、建设单位环境管理报告和施工期临时环境保护设施运行资料；工程竣工图；工程运行资料，环境保护设施的规模及运行资料等；环境保护专项工程合同、协议文件和环保投资落实资料；其他基础资料，如项目评价区域的自然保护区、风景名胜区、文物古迹等环境敏感目标的规划资料，包括保护内容、保护级别（国家级、省级、市级、县级）及相应管理部门管理文件；申请建设项目竣工环境保护验收的函和试运行文件。

（2）现场勘察

在收集、研阅资料的基础上，针对输变电工程的建设内容、环境保护设施及措施情况进行现场调查；核实工程技术文件、资料的准确性，包括主体工程的完成及变更情况；逐一核实环境影响评价文件及环境影响评价审批文件要求的环境保护设施和措施的落实情况；调查工程影响区域内环境敏感目标情况，包括规模、与工程的位置关系、受影响情况等；核查工程实际环境影响及环境保护设施和措施的完成、运行情况；工程所在区域环境状况调查；环境保护管理机构、人员配置及有关环境保护规章制度和档案建立情况。

7. 验收调查技术要求

（1）环境敏感目标调查

调查工程附近民房等敏感目标的分布情况。对比分析调查得到的敏感目标与环评时的敏感目标变化情况及变化原因。

（2）工程调查

工程概况调查主要调查工程基本情况，包括建设项目性质、地理位置、工程内容、工程规模、占地规模、绿化面积、总平面布置、主要经济技术指标等；工程建设过程调查，主要说明建设项目立项时间和审批部门，初步设计完成及批复时间、环境影响评价文件完成及审批时间、工程开工建设时间、投入试运行时间等；工程变更情况调查，应对工程变更如工程名称、地理位置、工程规模、技术方案、环保设施和措施进行调查，调查变更原因及变更审批程序是否完善。

（3）环境保护措施落实情况调查

调查工程在设计、施工、运行阶段针对电磁环境影响所采取的环境保护措施，并对环境影响评价文件及环境影响评价审批文件所提各项环境保护措施的落实情况一一予以核实、说明；给出环境影响评价、设计和实际采取的电磁污染防治措施对照、变化情况，并对变化情况予以必要的说明；对无法全面落实的措施，应说明实际情况并提出后续措施、改进的建议；对于分期实施、分期验收的项目，应调查各期环保措施之间的关系、后续项目中"以新带老"环境保护措施落实情况。

（4）电磁环境影响调查

开展实际电磁环境影响监测。变电站电磁环境监测因子包括工频电场、工频磁场和无线电干扰；换流站电磁环境监测因子为工频电场、工频磁场、合成场强、直流磁场、离子流密度及无线电干扰；交流输电线路电磁环境监测因子为工频电场、工频磁场以及无线电干扰；

直流输电线路监测因子为合成场强、直流磁场、离子流密度以及无线电干扰。

（5）环境管理状况及监控计划落实情况调查

按施工期和运行期两个阶段分别进行调查。主要调查建设单位环境保护管理机构及规章制度制定、执行情况、环境保护人员专兼职设置情况；建设单位环境保护相关档案资料的齐备情况；环境影响评价文件和初步设计文件中要求建设的环境保护设施的运行、监测计划落实情况。

（6）公众意见调查

调查内容可根据输变电工程特点和周围环境特征设置，一般包括：工程施工期是否发生过环境污染事件或扰民事件；公众对建设项目施工期、试运行期存在的主要环境问题和可能存在的环境影响方式的看法与认识，应针对电磁环境要素设计问题；公众对建设项目施工期、试运行期采取的环境保护措施效果的满意度及其他意见；公众最关注的环境问题；公众对建设项目环境保护工作的总体评价。

（7）调查结论与建议

总结输变电工程对环境影响评价文件及环境影响评价审批文件要求的落实情况。重点概括说明工程建设成后产生的主要环境问题及现有环境保护措施的有效性，在此基础上，对环境保护措施提出改进措施和建议；根据调查和分析的结果，客观、明确地从技术角度论证工程是否符合建设项目竣工环境保护验收条件。

10.2.2　环境电磁辐射管理办法

现行《电磁辐射环境保护管理办法》主要规定如下：

1. 电磁辐射的监督和管理

（1）国务院环境保护行政主管部门负责下列建设项目环境保护申报登记和环境影响报告书的审批，负责对该类项目执行环境保护设施与主体工程同时设计、同时施工、同时投产使用（以下简称"三同时"制度）的情况进行检查并负责该类项目的竣工验收，这些项目包括：总功率在 200 千瓦以上的电视发射塔；总功率在 1000 千瓦以上的广播台、站；跨省级行政区电磁辐射建设项目；国家规定的限额以上电磁辐射建设项目。

（2）省、自治区、直辖市（以下简称"省级"）环境保护行政主管部门负责除第六条规定所列项目以外、豁免水平以上的电磁辐射建设项目和设备的环境保护申报登记和环境影响报告书的审批；负责对该类项目和设备执行环境保护设施"三同时"制度的情况进行检查并负责竣工验收；参与辖区内由国务院环境保护行政主管部门负责的环境影响报告书的审批、环境保护设施"三同时"制度执行情况的检查和项目竣工验收以及项目建成后对环境影响的监督检查；负责辖区内电磁辐射环境保护管理队伍的建设；负责对辖区内因电磁辐射活动造成的环境影响实施监督管理和监督性监测。

（3）市级环境保护行政主管部门根据省级环境保护行政主管部门的委托，可承担第七条所列全部或部分任务及本辖区内电磁辐射项目和设备的监督性监测和日常监督管理。

（4）从事电磁辐射活动的单位主管部门应督促其下属单位遵守国家环境保护规定和标准，加强对所属各单位的电磁辐射环境保护工作的领导，负责电磁辐射建设项目和设备环境影响报告书（表）的预审。

（5）任何单位和个人在从事电磁辐射的活动时，都应当遵守并执行国家环境保护的方针政策、法规、制度和标准，接受环境保护部门对其电磁辐射环境保护工作的监督管理和检查；

做好电磁辐射活动污染环境的防治工作。

（6）从事电磁辐射活动的单位和个人建设或者使用《电磁辐射建设项目和设备名录》（见第10.3节）中所列的电磁辐射建设项目或者设备，必须在建设项目申请立项前或者在购置设备前，按本办法的规定，向有环境影响报告书（表）审批权的环境保护行政主管部门办理环境保护申报登记手续。

有审批权的环境保护行政主管部门受理环境保护申报登记后，应当将受理的书面意见在30日内通知从事电磁辐射活动的单位或个人，并将受理意见抄送有关主管部门和项目所在地环境保护行政主管部门。

（7）有审批权的环境保护行政主管部门应根据申报的电磁辐射建设项目所在地城市发展规划、电磁辐射建设项目和设备的规模及所在区域环境保护要求，对环境保护申报登记作出以下处理意见：

①对污染严重、工艺设备落后、资源浪费和生态破坏严重的电磁辐射建设项目与设备，禁止建设或者购置。

②对符合城市发展规划要求、豁免水平以上的电磁辐射建设项目，要求从事电磁辐射活动的单位或个人履行环境影响报告书审批手续。

③对有关工业、科学、医疗应用中的电磁辐射设备，要求从事电磁辐射活动的单位或个人履行环境影响报告表审批手续。

（8）省级环境保护行政主管部门根据国家有关电磁辐射防护标准的规定，负责确认电磁辐射建设项目和设备豁免水平。

（9）本办法施行前，已建成或在建的尚未履行环境保护申报登记手续的电磁辐射建设项目，或者已购置但尚未履行环境保护申报登记手续的电磁辐射设备，凡列入《电磁辐射建设项目和设备名录》中的，都必须补办环境保护申报登记手续。对不符合环境保护标准，污染严重的，要采取补救措施，难以补救的要依法关闭或搬迁。

（10）按规定必须编制环境影响报告书（表）的，从事电磁辐射活动的单位或个人，必须对电磁辐射活动可能造成的环境影响进行评价，编制环境影响报告书（表），并按规定的程序报相应环境保护行政主管部门审批。

（11）从事电磁辐射活动的单位主管部门应当对环境影响报告书（表）提出预审意见；有审批权的环境保护行政主管部门在收到环境影响报告书（表）和主管部门的预审意见之日起180日内，对环境影响报告书（表）提出审批意见或要求，逾期不提出审批意见或要求的，视该环境影响报告书（表）已被批准。

凡是已通过环境影响报告书（表）审批的电磁辐射设备，不得擅自改变经批准的功率。确需改变经批准的功率的，应重新编制电磁辐射环境影响报告书（表），并按规定程序报原审批部门重新审批。

（12）从事电磁辐射环境影响评价的单位，必须持有相应的专业评价资格证书。

（13）电磁辐射建设项目和设备环境影响报告书（表）确定需要配套建设的防治电磁辐射污染环境的保护设施，必须严格执行环境保护设施"三同时"制度。

（14）从事电磁辐射活动的单位和个人必须遵守国家有关环境保护设施竣工验收管理的规定，在电磁辐射建设项目和设备正式投入生产和使用前，向原审批环境影响报告书（表）的环境保护行政主管部门提出环境保护设施竣工验收申请，并按规定提交验收申请报告等有关资料。验收合格的，由环境保护行政主管部门批准验收申请报告，并颁发《电磁辐射环境验收合格证》。

(15)从事电磁辐射活动的单位和个人必须定期检查电磁辐射设备及其环境保护设施的性能,及时发现隐患并采取补救措施。

在集中使用大型电磁辐射发射设施或高频设备的周围,按环境保护和城市规划要求划定的规划限制区内,不得修建居民住房和幼儿园等敏感建筑。

(16)电磁辐射环境监测的主要任务包括:对环境中电磁辐射水平进行监测;对污染源进行监督性监测;对环境保护设施竣工验收的各环境保护设施进行监测;为编制电磁辐射环境影响报告书(表)和编写环境质量报告书提供有关监测资料;为征收排污费或处理电磁辐射污染环境案件提供监测数据;进行其他有关电磁辐射环境保护的监测。

(17)电磁辐射建设项目的发射设备必须严格按照国家无线电管理委员会批准的频率范围和额定功率运行。

工业、科学和医疗中应用的电磁辐射设备,必须满足国家及有关部门颁布的"无线电干扰限值"的要求。

2.污染事件处理

(1)因发生事故或其他突然性事件,造成或者可能造成电磁辐射污染事故的单位,必须立即采取措施,及时通报可能受到电磁辐射污染危害的单位和居民,并向当地环境保护行政主管部门和有关部门报告,接受调查处理。

环保部门收到电磁辐射污染环境的报告后,应当进行调查,依法责令产生电磁辐射的单位采取措施,消除影响。

(2)发生电磁辐射污染事件,影响公众的生产或生活质量或对公众健康造成不利影响时,环境保护部门应会同有关部门调查处理。

3.奖励与惩罚

(1)对有下列情况之一的单位和个人,由环境保护行政主管部门给予表扬和奖励:在电磁辐射环境保护管理工作中有突出贡献的;严格遵守本管理办法,减少电磁辐射对环境污染有突出贡献的;对研究、开发和推广电磁辐射污染防治技术有突出贡献的;对举报严重违反本管理办法的,经查属实,给予举报者奖励。

(2)对违反本办法,有下列行为之一的,由环境保护行政主管部门依照国家有关建设项目环境保护管理的规定,责令其限期改正,并处罚款。

①不按规定办理环境保护申报登记手续,或在申报登记时弄虚作假的;

②不按规定进行环境影响评价、编制环境影响报告书(表)的;

③拒绝环保部门现场检查或在被检查时弄虚作假的。

(3)违反本办法规定擅自改变环境影响报告书(表)中所批准的电磁辐射设备功率的,由审批环境影响报告书(表)的环境保护行政主管部门依法处以 1 万元以下的罚款,有违法所得的,处违法所得 3 倍以下的罚款,但最高不超过 3 万元。

(4)违反本办法的规定,电磁辐射建设项目和设备的环境保护设施未建成,或者未经验收合格即投入生产使用的,由批准该建设项目环境影响报告书(表)的环境保护行政主管部门依法责令停止生产或者使用,并处罚款。

(5)承担环境影响评价工作的单位,违反国家有关环境影响评价的规定或在评价工作中弄虚作假的,由核发环境影响评价证书的环境保护行政主管部门依照国家有关建设项目环境保护管理的规定,对评价单位没收评价费用或取消其评价资格,并处罚款。

（6）违反本办法规定,造成电磁辐射污染环境事故的,由省级环境保护行政主管部门处以罚款。有违法所得的,处违法所得 3 倍以下的罚款,但最高不超过 3 万元;没有违法所得的,处 1 万元以下的罚款。

造成环境污染危害的,必须依法对直接受到损害的单位或个人赔偿损失。

（7）环境保护监督管理人员滥用职权、玩忽职守、徇私舞弊或泄露从事电磁辐射活动的单位和个人的技术和业务秘密的,由其所在单位或上级机关给予行政处分;构成犯罪的,依法追究刑事责任。

10.2.3　进一步加强环境电磁辐射管理

1.健全法规、标准

对电磁辐射进行管理,必须依靠法律、法规。《中华人民共和国环境保护法》在第二十四条明确提出电磁辐射对环境的污染和危害。这是我们进行电磁辐射环境管理的法律依据。应根据这个依据制定电磁辐射有关法规、管理条例、标准、监测方法等。自 20 世纪 80 年代以来,我国先后制定了一系列与电磁辐射相关的标准、法规、法律。这些法律法规等在电磁辐射职业卫生和环境保护中发挥了重要作用,取得了很多成绩与管理经验。为了适应国民经济发展,特别是我国加入世贸组织以后,还需要加大力度,完善我国的电磁辐射有关标准、法规等。做到有法可依、严格执法,必将有力推进我国的电磁辐射环境保护事业的发展。

2.建设高素质专业队伍

对于我们这么地大人多的一个大国来说,在面临着电磁辐射污染日益明显的形势下,建立健全有较高素质的专业队伍就显得特别重要。

（1）建立专业队伍

从过去的经验看,职业方面电磁辐射问题由卫生部门、职业病防治机构去监测管理;环境电磁辐射方面的问题由环境保护部门监测管理。各自取得了长足进展,但还不够,队伍还比较薄弱,所应有的手段、技术、方法与仪器设等多数较匮乏,人员素质有的较低,远不能适应实际工作的需要。在不少地区、部门尚无专人管理,有不少还是其他部门兼管,这就显得力不从心。例如,有不少地区、部门由放射性队伍来代管,没有配备电磁辐射专业人员,这样该队伍就难免出现一条腿长、一条腿短的现象,有可能电磁辐射管理流于形式,所以一定要建立专业队伍。有条件的省、市、地区或大型部门与单位,应首先建立自己的专业队伍。

（2）培训专业人才

加强在职培训,对已有从事这方面工作的人员进行继续教育,进行在职培训,提高专业水平,可由政府或职能部门协同有条件的大学、研究机构组织实施,使得这部分专业人员知识、技术不断更新,掌握最新技能与方法,提高服务与管理水平。

为培养高素质专业人才,还可开展电磁辐射专业教育。为适应形势发展要求,可在有条件的高校设立电磁辐射学科教育,开展此专业内容的课程设置。

3.建立健全电磁辐射建设项目环境影响评价及审批制度

（1）目的

建立电磁辐射建设项目环境影响评价和审批制度,目的是通过评价、审批、验收可以避免建设项目的盲目性、减少或避免电磁辐射体可能带来的污染。其最终是有利于电磁辐射事业的发展,又能达到保护好环境和保护人群健康的目的。

（2）要求

电磁辐射项目都应向主管部门申请,除按规定拥有豁免水平以上电磁辐射设备外,其他都应办理审批手续。其中大型电磁辐射体还要进行环境影响评价和组织验收,达到合格要求才能准许立项修建或投入使用。为了更好地把关,其中大型项目,例如 200kW 以上广播电视项目等,由国家环保部组织评审验收。北京的中央广播电视塔、上海的东方明珠广播电视塔、天津的天津广播电视塔分别由原国家环境保护总局组织专家进行了评价和验收,事后证明,组织评审验收确是受到了很好效果。一些中、小型项目可分别由各省、市、自治区组织评审验收。

（3）实施

这种制度应由政府及其职能部门组织实施,是强制性的、必须遵守的制度。根据工作需要各级政府可以组织有关专业人员成立评审组,在政府领导下去完成评审与验收工作。如原国家环境保护总局于 1996 年组织成立的"国家环境保护总局电磁辐射环境影响审评专家委员会"就是这样一个组织,它是由全国知名专家组成,在环境保护部领导下,做了大量的重大项目审批与验收工作,事实证明,已经收到了较好的社会效益、经济效益和环境效益。

4.建立以监督为主的科学管理体系

电磁辐射环境管理,指的是完整而有效的科学管理体系的建立与健全,要想实现科学管理,应当做到:

（1）监督管理

没有监督,只有一般公式化管理,既没有定性也没有定量手段是达不到管理目标的,所以监督是实现科学管理的重要手段,对拥有电磁辐射设备的单位,不仅要进行环境影响评价和审批验收,更要在设备运行期间进行监督,监督能获得第一手材料。监督内容要赴现场检查环境保护设施,检查污染源运行记录,并进行定期和不定期的检查,开展实地监测等,都是实施监督管理的重要步骤。

（2）监测管理

公众环境监测和作业环境监测为环境管理服务提供了可靠的支持。没有电磁辐射公众与作业场所的环境监测就不可能获得实际数据与资料,没有电磁辐射监测,管理就谈不上科学化、定量化、法制化,因此也谈不上真正的管理。所以一定要进行实地监测,掌握第一手数据资料,只有这样才能实现更好的管理。

（3）建立档案和数据资料库

应把五大系统电磁辐射设施、设备档案完善地建立健全起来,这样既便于服务,又有利于科学管理。

10.3　电磁辐射建设项目和设备名录

10.3.1　发射系统

（1）电视（调频）发射台及豁免水平以上的差转台;

（2）广播（调频）发射台及豁免水平以上的干扰台;

（3）豁免水平以上的无线电台;

（4）雷达系统;

(5)豁免水平以上的移动通信系统。

10.3.2   工频强辐射系统

(1)电压在100千伏以上送、变电系统；

(2)电流在100安培以上的工频设备；

(3)轻轨和干线电气化铁道。

10.3.3   工业、科学、医疗设备的电磁能应用

(1)介质加热设备；

(2)感应加热设备；

(3)豁免水平以上的电疗设备；

(4)工业微波加热设备；

(5)射频溅射设备。

建设上列电磁辐射建设项目应在建设项目立项前办理环境保护申报登记手续，使用上列电磁辐射设备应在购置设备前办理环境保护申报登记手续。

豁免水平的确认由省级环境保护行政主管部门依据《电磁辐射防护规定》GB8702-88有关标准执行。

参考文献

[1]　刘文魁,庞东.电磁辐射的污染及防护与治理[M].北京:科学出版社,2003.

[2]　姚耿东等.电磁辐射的危害及防护[M].北京:北京医科大学、中国协和医科大学联合出版社,1994.

[3]　赵玉峰等.电磁辐射防护学[M].北京:中国铁道出版社,1991.

[4]　环境保护部环境工程评估中心编.全国环境影响评价工程师职业资格考试系列参考教材——环境影响评价技术导则与标准.北京:中国环境科学出版社,2008.

[5]　赵亚民.电磁辐射环境管理[J].电磁辐射环境影响及电磁兼容学术会议论文集[C].北京:中国环境科学出版社,1996.

[6]　施锦华.浅谈电磁辐射环境管理中的几个问题[J].电磁辐射环境影响及电磁兼容学术会议论文集[C].北京:中国环境科学出版社,1996.

[7]　全国勘察设计注册工程师环保专业管理委员会、中国环境保护产业协会编写.注册环保工程师专业考试复习教材(第二分册).北京:中国环境科学出版社,2008.